# 액체 로켓 엔진

KMS 항공우주산업시리즈

Liquid Rocket Engine

# 액체 로켓 엔진

김철웅 지음

KM 경문사

## 개요

액체로켓엔진의 설계과정에 대한 이해로부터 가압식과 터보펌프 추진제 공급방식 엔진의 구조, 추진제 선정, 엔진 사이클의 결정, 엔진시스템의 주요 파라미터 선정, 엔진 구성품의 성능요구조건 계산 등 엔진설계에 필수적인 내용만을 설계 순서에 따라 설명함으로써 독자들이 점진적으로 안목을 높일 수 있도록 기술하였다.

더불어 액체로켓엔진의 주요 연료(케로신, 액체수소, 액체메탄)와 사이클(가압식 사이클, 가스발생기 사이클, 다단연소 사이클, 팽창식 사이클, 전기펌프 사이클)에서 엔진시스템의 성능파라미터를 결정하는 방법과 예시를 보여줌으로써 엔진 설계를 시작하려는 개발자와 엔진 설계에 관심이 있는 독자에게 어렵게 느껴지는 액체로켓엔진 설계에 대하여 쉽게 이해할 수 있도록 하였다.

이 책은 액체로켓엔진을 설계하고자 하는 개발자, 로켓 산업 종사자와 로켓에 대해 깊이 있게 이해하고자 하는 독자에게 좋은 지침서가 될 것이다.

20여 년 전 조인석, 정강훈, 윤원구, 김종욱님의

따뜻한 배려에 감사드립니다.

# 서문

Preface

"그것은 로켓과학이 아니야!"(It's not rocket science!)라는 말은 미국에서 관용적으로 사용되는 표현인데, 언급된 대상이 '로켓 기술만큼 어려운 것이 아니다'라는 뜻입니다. 그만큼 로켓기술은 어렵고 접근하기 힘든 분야로 인식되어 왔습니다. 그런데 최근에 들어서 전세계적으로 민간기업들이 로켓개발사업에 뛰어들어서 큰 성과를 거두고 있으며, 국내에서도 스타트업을 포함한 민간기업이 위성 발사체 시장에 진출하면서 로켓의 개발을 시도하고 있습니다. 바야흐로 국내에서도 민간 우주개발시대가 열리기 시작하였습니다.

로켓은, 인공위성 등의 화물을 원하는 지구 궤도에 올려놓기 위해, 독특한 외부환경과 극한의 내부조건에서 많은 구성품들이 서로 맞물려서 작동하는 매우 복잡한 시스템으로, 일부 부품의 결함이나 단순한 인적 과실로도 발사의 실패를 가져올 수 있습니다.

특히 로켓엔진은 개발비용과 사고 빈도가 로켓 전체의 50% 정도에 이르는 핵심 요소이며, 종류에 따라 짧게는 5년에서 길게는 10년이 넘는 개발기간이 필요합니다.

초기에 엔진의 설계를 잘못하면 개발이 진척됨에 따라 오류의 수정비용이 급격히 증가하고, 로켓에서 요구하는 성능과 신뢰도를 만족시키지 못하거니, 발사 준비작업의 난이도와 운용 비용을 크게 증가시키기도 합니다.

이 책은 로켓엔진을 직접 제작하고자 하는 개발자를 돕기 위하여 기획되었고, 따라서 로켓 개발을 시작하고자 할 때 엔진설계에서 직면할 수 있는 문제와 해결책을 지난 70년간 축적된 해외의 로켓기술과 연구경험을 바탕으로 정리하고자 하였습니다.

책을 집필하면서 서구의 문헌과 함께 로켓엔진의 설계에 대한 실용적이고 깊이 있는 내용을 담고 있는 상업적이지 않은 동구권의 저서들도 많이 참고하였습니다.

책은 독자가 점진적으로 지식을 획득할 수 있도록 고려되었고, 목차는 엔진의 설계과정과 동일한 순서로 배치하였습니다.

1장에서는 액체로켓엔진의 설계에 대한 이해를 돕고, 엔진 설계를 시작하기 위한 기본적인 환경과 조건을 다루고 있습니다.

2장은 가장 상위시스템인 로켓으로부터 추진기관과 엔진 순으로 설명함으로써 로켓시스템의 관점에서 엔진의 기능과 역할을 보여주고, 가압식 엔진을 예로 하여 엔진에 대한 이해를 도왔습니다.

3장에서는 액체로켓엔진의 보편적인 형태인 터보펌프를 이용한 추진제 공급방식에 대한 설명과 함께 추진제 선정, 엔진의 사이클 선정, 연소압 결정 등 엔진시스템 차원에서 주요한 설계 파라미터들을 정하는 방법에 대해 서술하였습니다.

4장에서는 팽창식 사이클, 다단연소 사이클, 가스발생기 사이클 및 전기펌프 사이클 엔진에 대해 구성품 차원에서 주요 설계 파라미터들을 결정하는 방법(에너지 밸런스 해석)을 기술하였습니다. 세 가지 사이클 중에서 상대적으로 이해가 쉬운 팽창식 사이클 엔진을 먼저 설명하고, 다음으로 구조적으로 팽창식 사이클과 유사한 다단연소 사이클을, 이어서 가스발생기 사이클과 전기펌프 사이클 순서로 서술하였습니다. 이 사이클 해석결과는 엔진 구성품의 설계 요구조건이 됨으로 엔진시스템 설계에서 매우 중요한 부분을 차지합니다.

5장에서는 4장에서 설명한 엔진 구성품의 주요 파라미터의 결정 방법을 실제 예를 들어 설명함으로써 엔진개발자나 독자가 엔진의 설계를 명확히 이해하고 활용할 수 있도록 하였습니다.

6장은 액체로켓엔진의 예로서 케로신을 연료로 사용하는 엔진(가스발생기 사이클의 Merlin 1D 엔진, 다단연소 사이클의 RD-170계열 엔진과 전기펌프 사이클의 Rutherford 엔진), 수소를 연료로 사용하는 엔진(가스발생기 사이클의 Vulcain 엔진, 다단연소 사이클의 SSME 엔진, 팽창식 사이클의 RL10 엔진), 그리고 메탄을 연료로 사용하는 엔진(가스발생기 사이클의 Prometheus 엔진, 다단연소 사이클의 BE-4와 Raptor 엔진, 팽창식 사이클의 M10 엔진)을 차례대로 제시하였습니다.

부록에는 1～6장에서 가독성을 위하여 생략한 물리적인 원리나 배경, 수학적 설명들을 모아서 독자의 지적 호기심을 충족시키고자 하였습니다.

즉, 이 책은,

- 액체로켓엔진의 설계과정 이해와 설계의 준비 (1장)
- 액체로켓엔진의 구조와 작동 원리 (2장)
- 액체로켓엔진 시스템의 주요 파라미터 선정 (3장)
- 액체로켓엔진 구성품의 성능 파라미터 결정 방법 (4장)
- 액체로켓엔진 구성품의 성능 파라미터 계산 예 (5장)
- 외국의 주요 액체로켓엔진들에 대한 설명 (6장)
- 보충 설명 (부록)

순으로 기술하여 엔진시스템의 본질과 설계에 대한 이해를 높이고 실제 엔진 설계에 활용할 수 있도록 고려하였습니다.

책을 쓰기 시작할 때 상업성을 떠나 독자에게 진정한 도움을 줄 수 있는 독창적인 책을 완성하고자 목표하였고, 저술 기간 동안 초심을 잃지 않고자 노력하였지만, 저자의 지식과 능력의 한계로 인하여 부족한 부분이 불가피하리라 생각합니다. 오류나 보완 의견을 메일(kimcw@kari.re.kr)로 주시면 성의껏 검토하겠습니다.

마지막으로 이 책의 저술에 큰 도움을 주신 비탈리 베르샤드스키 박사님과 예브게니 벨랴예프 교수님께 깊은 감사의 마음을 전합니다. 그리고 수학과 항공우주공학에 관심과 애정을 간직한 경문사의 무궁한 발전을 기원합니다.

2020년 11월

김 철 웅

# 차례

Contents

## 제6장 로켓엔진의 예



## 부록

# 표준 용어

책에서 사용하는 표준 용어는 다음과 같다.

엔진 개발 현장에서는 유사 용어들도 통용되지만 이 책에서 혼돈을 피하기 위하여 표준 용어를 정리하였다.

| 책에서 사용하는 용어 | 유사 용어 | 이 유 |
|---|---|---|
| 가스발생기 (프리버너) | 예연소기 | 터빈을 돌리기 위한 구동가스를 만드는 연소장치를 가스발생기 사이클에서는 가스발생기, 다단연소 사이클에서는 프리버너(예연소기)라고 부른다. |
| 가스발생기 온도 (터빈 입구온도) | | 가스발생기와 터빈이 바로 연결되어 있으므로 가스발생기의 온도와 터빈 입구온도는 유사하다. 가스발생기 온도를 주로 쓰되 터빈 관점에서 설명이 필요한 부분에서는 터빈 입구온도(TIT: Turbine Inlet Temperature)를 사용하였다. |
| 노즐 출구압 | 노즐 끝단면 압력 | 노즐 끝단면에서 압력을 노즐 출구압으로 정의하였다. |
| 노즐 팽창비 | 노즐 확대비 | 노즐 팽창비는 노즐 출구단면적을 노즐 목면적으로 나눈 값이다. |
| 로켓 (발사체) | | 로켓과 발사체 모두 많이 사용되는데, 책에서는 주로 로켓을 사용하였다. |
| 분사기 | 인젝터 | 항공우주용어집(대한항공 항공우주사업본부)에서는 injector를 주입기로 번역하였으나, 로켓분야에서는 분사기와 인젝터가 널리 사용한다. |
| 비열비 | 단열계수 | 정압비열을 정적비열로 나눈 값이다. |
| 사이클 해석 (에너지 밸런스 해석) | | 엔진의 사이클 해석은 엔진 구성품들의 주요 파라미터를 결정하는 것으로, 에너지 밸런스 해석으로도 불리운다. 책에서는 두 용어를 혼용한다. |
| 설계 파라미터 | 성능 파라미터<br>작동 파라미터 | 엔진 설계의 관점에서 엔진 및 그 구성품의 압력, 온도, 유량, 효율, 동력, 회전수 등을 설계 파라미터라고 칭하였다. 엔진의 성능 파리미터와 작동 파라미터라는 용어도 널리 사용된다. |
| 수트 | 검댕<br>그을음<br>매연 | 수트(soot)는 탄화수소(hydrocarbon)계열의 연료가 연소될 때 매연의 형태로 나오는 불완전 연소 찌꺼기이다. 케로신 연료를 사용하는 엔진의 경우 산소량이 적고 케로신량이 많을 때 다량으로 수트가 발생한다. |

| 책에서 사용하는 용어 | 유사 용어 | 이 유 |
|---|---|---|
| 양정 | 수두, 헤드 | 펌프의 양정은 펌프 출구수두에서 펌프의 입구수두를 뺀 것으로, 펌프가 유체를 끌어 올릴 수 있는 높이를 의미한다. |
| 엔진 구성품 | 엔진 서브시스템 | 엔진 구성품은 연소기, 터보펌프, 밸브, 시동 장치 등 엔진에서 기능을 하는 구성요소이다. |
| 엔진 사이클 | | 엔진은 일반적으로 가압식, 가스발생기 사이클, 다단연소 사이클, 팽창식 사이클, 전기펌프 사이클로 나뉜다. |
| 엔진 요구조건 | 엔진 요건 | 엔진을 주문하는 고객이 엔진개발자에게 "이러한 엔진이 필요하다"라고 제시하는 항목으로, 엔진이 갖추어야 하는 사양을 뜻한다.<br>이 책에서는 엔진 주문자의 입장에서 엔진의 성능, 무게 등의 필요 사항을 엔진 요구조건이라고 정의하였다. |
| 엔진 개발요구조건 | | 엔진 개발자가 엔진을 가장 효율적으로 개발하기 위해서 자체적으로 필요한 항목을 규정한 것을 엔진 개발요구조건으로 정의하였다. |
| 엔진 유공압구조 | 엔진 스킴, 엔진 스키메틱, 엔진의 구성도 | 엔진의 구성품들과 추진제 라인들이 표현된 구조도이다. 엔진 스킴(engine scheme) 또는 엔진 스키메틱(engine schematic)으로도 불린다. |
| 정격 추력 | 공칭 추력 | 엔진의 설계 추력(100% 추력, rated thrust)을 의미한다. |
| 주산화제 펌프<br>주연료 펌프 | | main pump를 의미하며, 부스터펌프나 킥펌프와 구분할 필요성이 있을 때에 한정하여 사용하였다. |
| 주엔진 | | main engine을 의미하며, 보조엔진(조향 엔진 등)과 구분이 필요한 경우에 한정하여 주엔진이란 용어를 사용하였다. 대부분의 대형엔진은 주엔진이다. |
| 추진제 | | 추진제는 산화제와 연료 모두를 통틀어 칭하는 말이다. 예로 한국형 발사체의 추진제는 액체산소와 케로신이다. |
| 추진제 라인<br>(산화제 라인,<br>연료 라인) | 추진제 공급라인 | 엔진의 산화제 라인은 엔진 입구 배관에서 연소기 입구까지 산화제가 지나가는 경로로서, 산화제 펌프, 밸브 및 배관 등의 유로를 통칭한다. 즉 엔진에서 연소기의 분사기 전단까지 산화제로 채워지는 공간을 의미한다.<br>산화제 라인과 연료 라인을 합하여 추진제 라인이라고 하였다.<br>※ 이 책에서는 추진기관, 시험설비 또는 발사대 시스템에서 추진제가 지나가는 경로를 '추진제 공급라인'으로 정의하였다. |
| 추진제 혼합비 | 추진제 성분비<br>OF mixture ratio(MR) | 추진제 혼합비는 엔진에 공급된 산화제와 연료의 비이다. 영어로 oxidizer to fuel ratio이며, 현장에서는 OF ratio 또는 mixture ratio 로 불리기도 한다. |

| 책에서 사용하는 용어 | 유사 용어 | 이 유 |
|---|---|---|
| 킥 펌프 | 2차 펌프 | 다단 연소사이클 엔진의 경우 터보펌프에 연료펌프가 2개인 경우가 있다. 연료가 첫 펌프(main pump)에서 승압된 이후 대부분은 연소기로 들어가고 일부가 킥 펌프(kick pump, 2차 펌프)에서 승압되어 프리버너로 들어간다. 동유럽에서는 2차 연료펌프로 부른다. |
| 터빈 날개 (터빈 블레이드) | | 터빈 디스크의 외곽에 원주방향으로 설치된 날개형구조물들을 말하며, 터빈 구동매질로부터 에너지를 전달받는 부품이다. |
| 팽창식 사이클 | 팽창기 사이클 | Expander cycle을 직역하여 팽창기 사이클이라고 불리기도 한다. 그러나 expander 사이클 엔진에는 별도의 팽창기가 존재하지 않음으로 오해의 소지가 있다.<br>Expander 사이클 엔진에서는 극저온 액체연료가 연소기의 재생냉각채널을 통과하면서 열에너지를 얻어 기화하고, 이 기화된 가스가 터빈에서 팽창하면서 터보펌프의 구동력을 발생시킨다. 따라서 이 책에서는 expander cycle을 팽창식 사이클로 번역하였다.<br>동구권에서는 expander cycle 엔진을 '가스발생기가 없는 구조의 엔진'(ЖРД безгазогенераторной схемы) 또는 '상변화 사이클 엔진'(ЖРД с циклом фазового перехода)이라고 부른다. |
| 펌프 입구압 (엔진 입구압) | 펌프 전단압 | 엔진의 구성품인 펌프가 추진기관 배관에 직접 연결되는 경우 엔진 입구압과 펌프 입구압은 동일하다. 그렇지만 펌프 전단에 저압배관과 필터가 설치되어 있다면 엔진 입구압과 펌프 입구압은 구분해야 한다. |
| 펌프 출구압 | 펌프 토출압<br>펌프 후단압 | 펌프 토출압도 통용되지만, 쉽고 직관적인 출구압을 표준용어로 선택하였다. |

LIQUID ROCKET ENGINE

# 01 체계적인 액체로켓엔진 개발

“체계가 생각에 자유를 부여한다.”

– 카랄료프 세르게이 파블로비치(1907~1966)
소련의 로켓개발 책임자

# 제1절 | 액체로켓엔진의 설계

**액체로켓엔진**은 산화제와 연료를 연소시켜서 고온고압의 가스로 만든 후 노즐을 통해 가속하여 외부로 분출시킨다. 이때 로켓은 연소가스가 분출될 때 힘의 반작용에 의해 추력을 얻는다.

액체로켓엔진은 화물 또는 인간이 탑승한 무거운 로켓을 지구의 중력을 이기고 수직 상승시켜야 하므로 지상이나 수상 운송수단과는 다른 성능이 요구된다.

## 1 액체로켓엔진의 요구조건

### (1) 높은 비추력

위성 등을 지구궤도에 올려놓기 위해서 엔진은 로켓을 일정 속도[1]까지 가속시켜야 한다. 로켓방정식에 의하면 로켓의 최대속도(**속도 증분**)는 엔진의 비추력에 정비례한다.[2]

$$\text{로켓의 속도 증분}(\Delta v_{\max}) = u_e \cdot \ln\left(\frac{\text{로켓의 초기중량}}{\text{로켓의 최종중량}}\right)$$
$$= \text{엔진 비추력} \cdot \ln\frac{(m_{\text{위성}} + m_{\text{로켓의 구조}} + m_{\text{추진제}})}{m_{\text{위성}} + m_{\text{로켓의 구조}}}$$

따라서 엔진을 설계할 때 가능한 한 최대 비추력[3]을 갖게 설계해야 한다.

**표 1.1** 비추력의 정의

| |
|---|
| **비추력**(specific impulse)은 추진제 유량당 추력($F/\dot{m}$)으로 정의되며, 로켓엔진의 효율성을 나타내는 단위이다. 자동차의 연비(km/리터)와 비슷한 개념으로, 로켓엔진이 '1kg의 유량으로 1초 동안 얼마의 추력을 낼 수 있는가' 또는 '1kg의 유량으로 9.81N의 추력을 몇 초 동안 낼 수 있는가'로 이해될 수 있다. |

1 로켓이 우주로 올라가기 위한 최소속도를 **제1 우주속도**라고 하며, 자세한 내용은 부록 1절에 설명하였다.

2 로켓방정식의 유도는 부록 2절에 기술하였다. $u_e$는 노즐 출구에서 연소가스의 배출속도로, 노즐 출구압력과 대기압이 같을 경우 엔진의 비추력(단위: m/s)과 동일하다.

3 비추력에 대하여 2장 7절에 자세히 설명하였다.

### (2) 적은 무게

로켓의 속도 증분은 로켓의 초기 및 최종 무게비의 로그값에 정비례한다.

여기서 로켓의 초기 무게는 위성과 로켓의 구조무게에 추진제 무게를 더한 것이고, 로켓의 최종 무게는 추진제를 모두 소모했을 경우 로켓의 무게(즉, 위성무게+로켓의 구조무게)에 해당된다. 그런데 무게비의 증가는 로그값이므로 비추력에 비하여 로켓 속도 증분에 덜 효과적이다. 다단 로켓의 경우 1단의 구조무게 감소(또는 1단 엔진무게 감소)는 로켓의 속도 증분에 효과가 적으며, 위성이 탑재된 최종단의 무게 감소가 로켓의 최종속도를 증가시키는데 효과가 크다. 최종단의 경우 구조무게 감소량만큼 위성의 무게를 늘릴 수 있다.

### (3) 신뢰성

엔진은 운용 조건에서 비행시간 동안 고장 없이 작동이 되어야 한다. 특히 유인 우주로켓에 사용되는 엔진은 매우 높은 신뢰도가 요구된다. 일반적인 액체로켓엔진의 신뢰도(무고장 작동 확률)는 95% 신뢰수준에서 0.99이며, 이러한 신뢰도를 만족시키기 위해서는 여러 개의 엔진들을 사용하여 고장이 없는 시험을 300회 이상 수행할 수 있어야 한다.[1]

### (4) 적은 개발비와 제작비

**엔진 제작비용**은 엔진의 재료비, 구성품 제작을 위한 설비비, 구성품 제작비 및 엔진 조립과 검사 비용 등을 포함한다. **엔진 개발비**에는 제작비 이외에 설계비용과 시험 비용(추진제와 가스 비용, 시험설비 구축 및 운용비, 인건비 등)이 더해진다. 세계 각국에서는 엔진개발비를 줄이기 위하여 엔진의 구조를 단순화하고 부품을 공유하며, 개발시험 프로그램을 합리

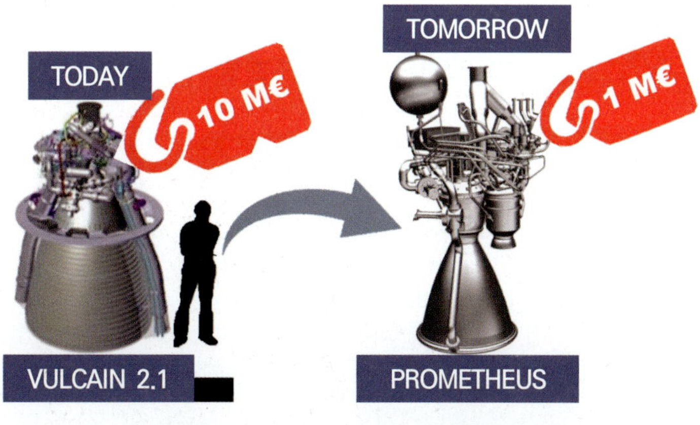


**그림 1.1** 프로메테우스 엔진의 제작비용 목표[2]

적으로 구성하는 등의 노력을 하고 있다. 유럽은 가격 경쟁력을 갖추기 위하여 Vulcain 엔진 제작가격의 1/10 수준을 목표로 프로메테우스 엔진을 개발 중이다.

### (6) 짧은 개발기간

엔진 개발기간은 가능한 한 짧아야 한다. 고추력 엔진은 설계의 시작부터 비행시험 또는 운용까지 대략 5~10년이 필요하다. 미국의 J-2 엔진개발에는 6년, 우주왕복선용 SSME (Space Shuttle Main Engine)엔진 개발에는 9년이 소요되었다.

### (7) 최소 개발 리스크

엔진의 설계 시 충분히 검증되지 않는 기술을 적용할 경우 개발비용 및 기간 증가와 함께 개발 계획 자체가 무산될 가능성도 있다. 일례로 RD-170 엔진개발 시에 짐벌 밸로우즈4 개발에 어려움을 겪으면서 엔진개발사업이 무산될 뻔한 경우도 있었다.[3]

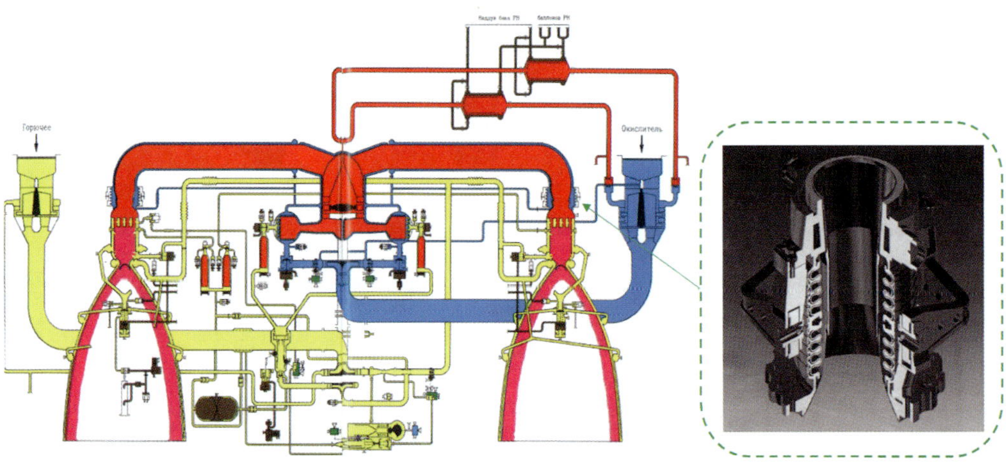

그림 1.2 RD-170 엔진[4]과 짐벌 밸로우즈[5]

### (8) 친환경

추진제와 추진제의 연소가스는 독성이 없어야 한다. 독성이 있는 UDMH 계열 연료는 상온에서 보관 가능하고, 산화제와 접촉발화하기 때문에 군사용 또는 재점화가 필요한 상단용 로켓엔진으로 사용되어 왔는데, 엔진 납품시험 후 세척과정이 어렵고 위험하며 비용이 많이

4 RD-170 엔진의 짐벌 밸로우즈(gimbal bellows)는 온도 1020K, 압력 30MPa에서 ±8°의 회전을 허용한다.[5]

소요된다. UDMH 계열 연료를 사용하는 대형엔진의 개발 시험이나 운용 중에 사고가 발생하면 환경오염을 일으키는 재난이 된다.

### (9) 최소 부피

보통 발사체의 크기 조건에 의하여 엔진의 길이와 폭에 제한이 있다. 엔진의 길이가 길어지면 발사체의 동체 길이도 길어져서 무게 증가의 원인이 된다. 상단 엔진의 경우 로켓의 동체 안에 엔진이 배치될 수 있어야 하며, 노즐 크기의 결정 시에는 안전한 단분리(stage separation)도 고려해야 한다.

### (10) 엔진의 이송, 보관 및 발사 전 작업

엔진의 이송, 보관 및 발사 전 작업이 안전하고 편리하며 저비용이어야 한다. 엔진은 추진제에 불순물이 들어가거나 작업요원 실수 등의 외부요인에 강건해야 한다. 예를 들면 청정도 관리 실패 등에 대응해서 엔진 입구에는 필터를 설치하고, 엔진에 장착되는 센서들은 작업 시에 도구를 떨구는 등의 예상치 못한 상황에서도 손상되지 않도록 조치되어야 한다.

### (11) 제작, 검사 및 유지보수의 편이

엔진의 제작, 검사 및 수리는 간편해야 한다.

SSME 엔진에서는 그림 1.3과 같이 육안검사를 용이하게 하기 위하여 산소 터보펌프와 수소 터보펌프를 연소기에 대하여 약 12°씩 기울여서 장착하였다. 유지보수의 편이를 위해서는 점화기와 파이로 장치 등 일회용 부품은 교체가 용이한 위치에 배치하는 것[5]도 필요하다.

### (12) 액체로켓엔진의 제어

로켓의 성능과 신뢰도를 높이기 위하여 액체로켓엔진에는 다양한 제어가 요구되곤 한다.

① **시퀀스 제어**: 엔진의 안전한 시동과 정지를 위해서 주요 제어요소(주로 추진제 공급과 점화장치를 위한 밸브류)들을 순서에 맞게 정확한 시간에 작동시켜야 한다. 특히 엔진 시동에서 다수의 사고가 발생함으로 엔진 시동시퀀스 제어는 매우 중요하다.

② **추력 제어**: 엔진의 추력을 제어하여 로켓의 속도를 변화시킬 수 있다. 로켓의 최대 동

5 로켓에 장착된 엔진에 작업자의 접근이 가능하여야 한다. 일반적으로 로켓에는 **점검창**이 있어서 이를 통하여 엔진에 대한 각종 검사와 부품 교체 등을 한다.

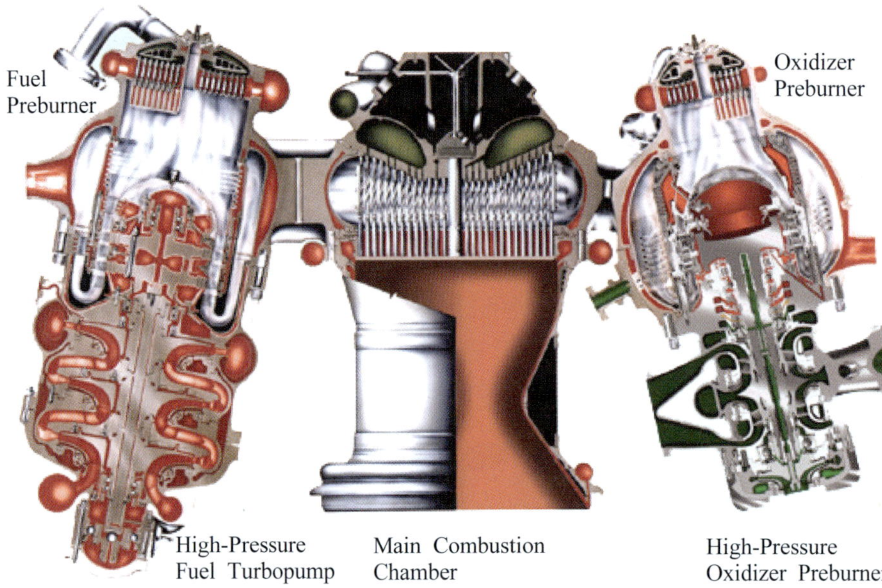


**그림 1.3** SSME 엔진 powerhead 배치 형상[6]

압이 발생하는 고도를 지날 때 속도를 줄이면 로켓에서 받는 공력하중이 적어지고, 이로써 로켓 구조를 경량화할 수 있다. 로켓 각 단의 추진제가 얼마 남지 않았을 때도 비행속도의 감속[6]은 추진제를 최대한 많이 사용하고, 엔진의 잔류 추력을 줄이며, 로켓을 안전하게 운용하는 데 도움이 된다.

③ **추진제 혼합비 제어** : 추진제의 혼합비 제어는 연소기와 가스발생기를 각각 최대 성능과 안선한 온도범위에서 작동하게 하고, 추진기관에서 추진제를 동시에 소진[7]할 수 있게 해준다. 로켓의 최대 성능을 얻기 위하여 저고도에서 추력이 높은 혼합비를, 고고도에서는 비추력이 높은 혼합비를 사용하기도 한다.

④ 엔진 추력벡터제어 : 로켓의 비행 방향을 바꾸기 위하여 엔진의 추력 방향을 바꾸는 제어를 **추력벡터제어**(TVC: Thrust Vector Control)라고 한다.[8]

6 비행 후반에는 추진제가 많이 소모되어 로켓의 전체 무게가 줄어든 상태이므로 엔진 추력이 일정하면 로켓이 가속되고, 추진제 탱크 출구부(intake)에서 추진제가 배관으로 빠져나갈 때 소용돌이가 발생하여 엔진 쪽으로 가스가 유입될 가능성이 커진다.

7 로켓의 산화제와 연료 중에 하나의 추진제만 다 쓰고 나머지 추진제가 남는 경우는 로켓의 성능 손실을 가져온다. 최적의 추진제 혼합비가 아니더라도 로켓에 들어있던 모든 추진제를 다 사용하는 것이 가장 효율적이다. 추진기관의 관점에서 로켓 내부의 추진제를 모두 사용하게 하는 것을 **추진제 동시 소진 제어**라고 한다. 추진제 동시 소진을 위해서 추진제 탱크에 남아있는 추진제 량을 측정하는 장치(추진제 **레벨 센서** 등)가 필요하다.

8 유압 피스톤의 힘으로 엔진(또는 연소기)의 추력 방향을 변화시켜서 로켓의 비행방향을 조정한다. 다수의 액

⑤ **롤제어**: 로켓이 비행하는 방향축에 대하여 회전을 제어하는 것이다.[9]

⑥ **엔진 비상정지 제어**: 엔진 시험이나 운용에서 고장이 발생한 엔진을 폭발하기 전에 정지시키는 것은 중요하다. 로켓 1단 클러스터링[10] 엔진들 중 고장난 엔진은 정지시키고, 나머지 엔진들의 추력을 증가시켜서 로켓의 임무를 완수하는 기능(**Engine-out capacity**)[11]이 차세대 로켓의 주요 핵심기술로 평가되며, 이 기능의 활용은 로켓 임무 성공률을 크게 높일 수 있어서 경제적 가치가 매우 크다.

1단에 여러 개의 엔진이 클러스터링되어 장착될 경우 엔진의 시동, 정상상태 작동과 정지 시에 추력의 편차가 충분히 작아야 한다. 추력편차가 많이 생기면 외란 모멘트가 커져서 로켓의 성능 손실이 발생한다.

## 2 액체로켓엔진의 설계과정

액체로켓엔진의 설계는 엔진의 개발 요구로부터 시작된다. 발사체체계팀은 발사 임무에 필요한 엔진을 언제까지 납품해달라고 요청한다. 납품 요청 시에 발사체체계팀은 엔진의 성능, 기능 및 엔진 설계를 위한 초기 정보(initial data)들을 엔진체계팀에 제시하게 되는데 이것을 **엔진 요구조건**(technical requirements)이라고 한다.

엔진 요구조건에 제시된 엔진의 성능과 기능은 추후 엔진개발을 완료한 후에 엔진을 발사체체계팀에 납품할 때 납품에 적합한지를 결정하는 기준이 된다. 따라서 엔진 요구조건문서는 엔진 설계를 위한 기초문서인 동시에 납품 적합성을 평가하는 근거 문서로서의 중요성도 갖는다.

엔진의 성능요건은 발사체의 임무로부터 얻는데, 엔진의 추력과 비추력, 추력제어, 연소기의 축정렬 정확도 및 작동 시간 등을 포함한다. 이런 조건들은 발사체의 비행 속도 증분과 궤도투입 정확도 등을 충족시킬 수 있어야 한다.

---

체로켓엔진에서는 TVC 구동기의 작동 유체로 연료펌프 후단에서 추출한 고압의 연료를 사용하고, 구동기(피스톤)에서 사용된 연료는 연료펌프 전단으로 다시 보낸다.

9 추력벡터제어와 롤제어(Roll Control System)의 의미와 방법은 부록 3절에 설명하였다.

10 로켓 1단에는 높은 추력을 내기 위하여 여러 개의 엔진이 장착되는 경우가 많다. **클러스터링**은 다수의 엔진을 장착하여 요구되는 고추력을 얻는 방법이다.

11 SpaceX의 Falcon 9로켓에는 1단에 9개의 Merlin-1D 엔진이 장착된다. Falcon9 로켓은 1단 엔진 중 2개가 고장나도 나머지 엔진들로 임무를 완수할 수 있다.

이에 덧붙여 다음과 같은 엔진 요구조건들이 엔진체계팀에 전달된다.

- 사용 추진제 및 추진제의 품질[12]
- 재점화 여부 또는 재점화 횟수
- 엔진의 크기와 중량
- 엔진의 신뢰도
- 상태모니터링 및 사고방지 시스템 요건
- 운용 환경조건
- 엔진 개발 기간

엔진체계팀에서는 발사체체계팀으로부터 받은 엔진 요구조건을 바탕으로 엔진의 사이클(엔진 타입)을 선정하고, 유공압구조 및 주요구성품의 설계파라미터들[13]을 정하여 관련팀(단체계팀 및 엔진 구성품 개발팀)과 협의를 한다.

엔진 구성품 개발팀에서는 엔진체계팀에서 제시한 정보(유공압구조 및 구성품의 설계 파라미터)를 바탕으로 구성품을 설계한다. 이 과정에서 팀들 간에 유공압구조와 구성품의 성능에 대해 조율하고 합의를 하게 되는데, 각자의 이해관계가 얽혀서 합의에 이르기까지 많은 시간이 소요되곤 한다. 이러한 조정기간 동안에 추진제라인의 필요유량과 배관의 직경 등을 포함한 엔진 유공압구조의 모든 특성들을 결정한다.

엔진의 사이클 해석을 하는 단계에서 엔진이 추력벡터제어용 구동기로 얼마의 연료를 공급해야 하는지, 가스발생기의 가스를 이용하여 발사체의 롤제어를 한다면 어떤 조건의 가스가 얼마나 필요한지 등에 대한 관련팀의 요구도 고려한다. 앞의 과정을 거쳐 합의한 내용들은 엔진 기본설계 문서(engine system design document)에 포함하여 관련팀에 배포한다.

엔진 설계 시 엔진의 사이클 해석 결과가 엔진 요구조건을 만족시키지 못하면, ① 엔진의 작동조건이나 엔진 구성품의 파라미터를 변경하여 요구조건을 충족시키도록 하고, 단순히 엔진 파라미터 변경으로 요구조건을 만족시키지 못할 경우에는 ② 엔진의 구조변경을 수행하여 요구조건을 만족시킨다. 최악의 경우에는 ③ 엔진 요구조건을 변경해야 하는 예외적인 상황도 생기곤 한다.[14] 이러한 엔진 설계과정을 순서도로 도시하면 그림 1.4와 같다.

12 엔진은 제시된 품질의 추진제로 정상 작동되어야 한다.

13 엔진 유공압구조의 주요 지점에서 압력, 차압, 온도, 유량 등의 파라미터들은 엔진의 **사이클 해석(에너지 밸런스 해석)**을 이용하여 정하는데, 사이클 해석의 목적은 엔진의 요구성능을 가능하게 하는 엔진구성품의 작동 파라미터를 선정하는 것이다. 엔진 사이클 해석에 대하여 4장에서 설명하였고, 5장에서 예를 제시하였다.

14 사이클 해석결과 엔진의 비추력이 발사체의 요구보다 작으면 ① 추진제혼합비를 최적화하거나 가스발생기

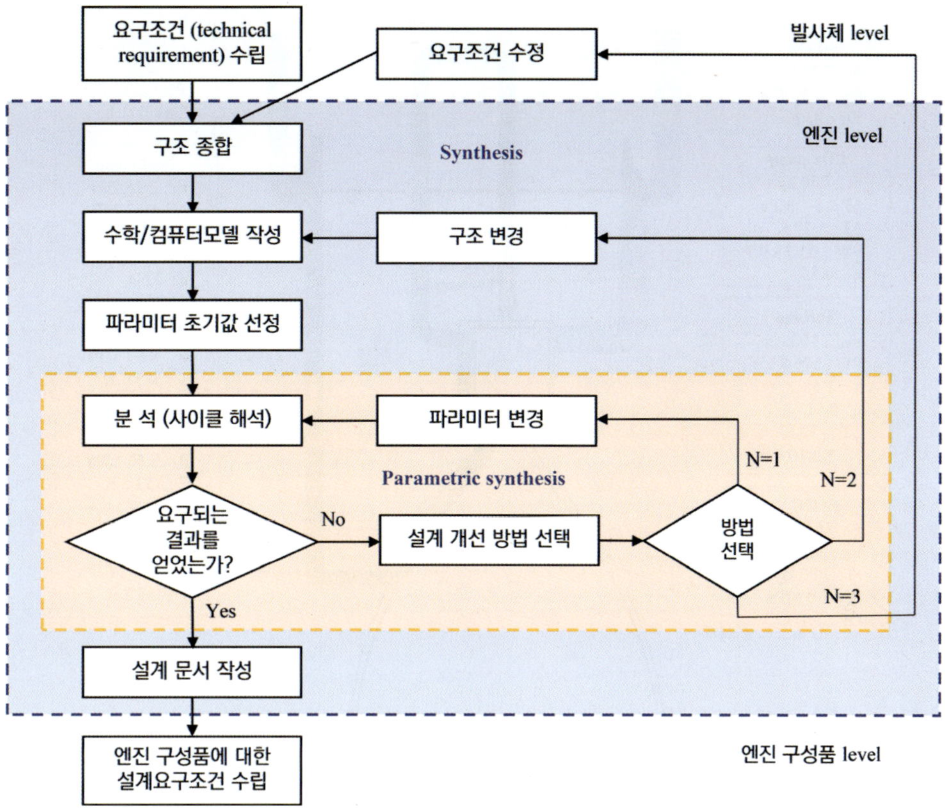


**그림 1.4** 엔진 설계 단계[7]

위 과정을 통하여 전체 엔진의 작동 파라미터를 구하고 합의를 하여 문서로 작성한다. 엔진 사이클 해석으로 얻은 주요지점의 파라미터들은 표나 그림(그림 1.5 참고)으로 표현되며, 엔진 구성품 개발팀을 포함한 관련팀들은 이 정보를 문서로 받고 구성품 개발을 위한 초기조건으로 활용한다.

엔진 구성품 개발팀은 엔진체계팀과 합의한 초기조건을 바탕으로 구성품을 설계한다.

엔진체계팀의 조립파트에서는 엔진의 조립 및 배치를 고려하여 구성품의 기계적 인터페이스[15] 형태와 장착 시 정열/배치 등이 포함된 정보를 관련팀(단체계팀과 엔진구성품 개발팀 등)에 전달하고 협의를 통하여 각 구성품들의 인터페이스를 합의한다. 이로써 엔진의 형

---

온도를 높여서 비추력을 높일 수 있다. 추가의 비추력 증가가 요구되면 ② 노즐의 팽창비를 크게 하여 비추력을 더 높일 수 있다(노즐의 구조적인 크기 변경). 가용한 방법으로도 발사체에서 요구하는 엔진 비추력을 맞출 수 없으면 엔진 사이클이나 추진제를 바꾸어야 하는 상황이 된다. 즉, 엔진 요구조건 변경이 필요하다.

15 **기계적 인터페이스**는 서로 연결되는 구성품의 결합부를 의미한다. 연소기, 터보펌프, 밸브 및 배관 등의 유체 라인은 주로 플랜지 형태의 인터페이스를 사용하며, 공압 장치의 경우 포트커넥터가 널리 이용된다.

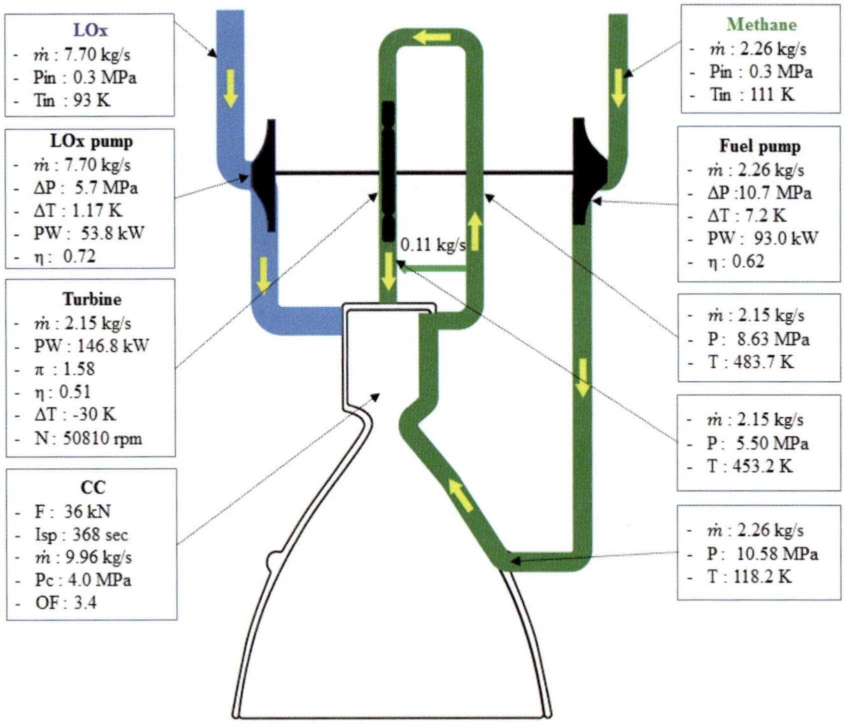


**그림 1.5** 36kN급 팽창식 사이클 메탄엔진의 사이클 해석 결과[8]

상이 완성된다.

엔진체계팀은 엔진의 작동능력과 운용에 대한 다양한 해석을 위하여 엔진의 내부 추진제 충전량 등의 추가적인 데이터를 얻은 후에 엔진의 수력학적 해석, 시동 해석 및 열응력 해석 등을 수행하며 내/외부 인자[16]가 엔진에 주는 영향도 평가한다.

이로써 엔진체계팀은 발사체 구성품 개발팀과 엔진 구성품 개발팀에 전달해야 하는 초기 정보를 모두 얻는다.

엔진체계팀이 발사체 제어팀에 전달해야 할 정보는

- 엔진에서 제어해야 할 구성품의 수
- 필요한 명령수와 필요시간
- 명령의 시간상 정확도

등이다.

16 엔진성능에 영향을 주는 **외부인자**로는 엔진입구에서 추진제의 압력과 온도(밀도)의 변화가 대표적이고, **내부인자**는 제어밸브의 오차로 인한 추진제 혼합비와 압력의 변화, 펌프의 성능특성 오차, 터빈 효율 오차, 연소기 특성속도 변화 및 차압에 영향을 주는 배관/밸브의 제작오차 등이다.

엔진이 발사체 단에 장착되어야 하므로 관련팀(단체계팀, 발사체 전자팀 등)과 유공압 인터페이스 및 전기 인터페이스를 합의한다.

엔진체계팀은 추진기관팀과 엔진 입구에서 필요한 추진제의 압력과 온도를 결정하고, 발사대팀과는 엔진 시동 시에 발사대의 지상시스템에서 엔진에 제공해야 하는 가스의 온도, 압력과 유량 등을 합의한다.

엔진체계팀은 발사체 단체계팀에 엔진의 구성도, 무게, 인터페이스 정보를 제공하고, 비행성능팀에는 엔진의 시동특성과 잔류추력을 포함한 엔진의 정지특성을 제공한다.

이 과정이 엔진과 로켓 간에 인터페이스를 통합하는 과정이다.

이와 같은 단계를 거쳐서 엔진의 주요 파라미터를 정의하고 주변시스템을 위해 필요한 조건 등을 설정하는 것이 엔진의 기본설계이고, 이후 엔진 구성품의 시험결과들이 나오면 엔진시스템의 세부적인 사항들을 더 명확히 하는 단계를 거쳐서 최종적인 엔진 설계문서를 완성하게 된다.

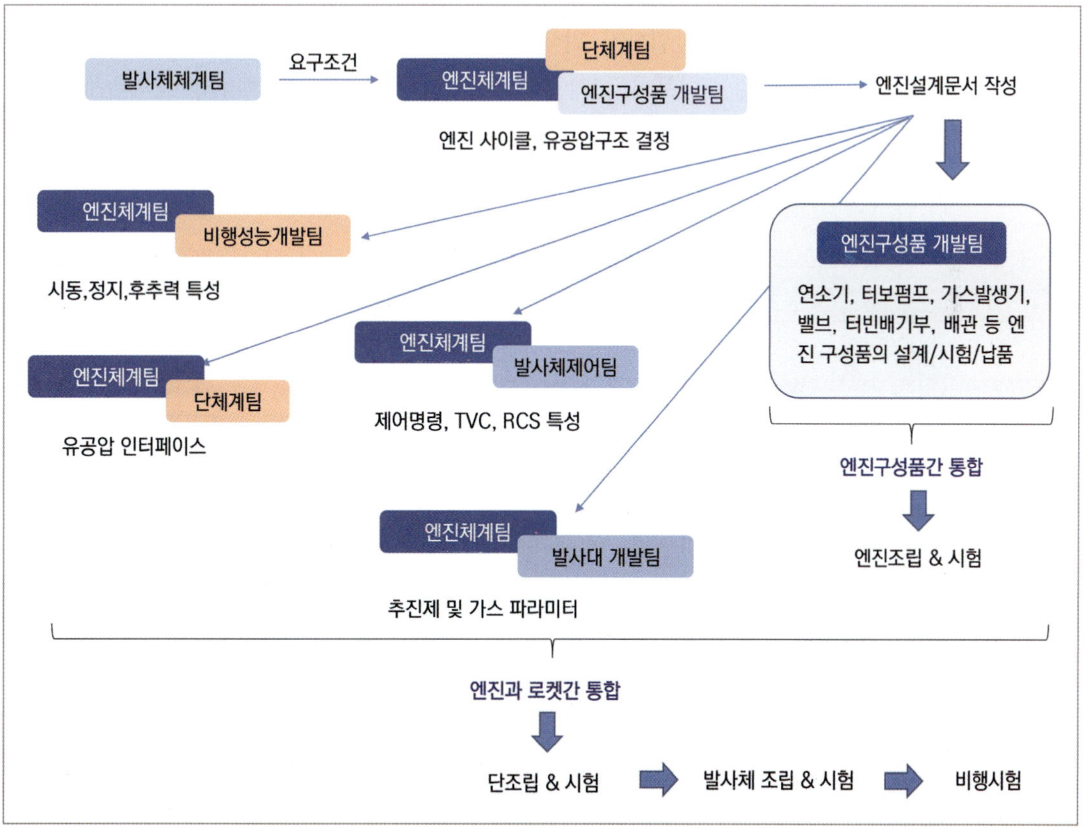


**그림 1.6** 엔진의 설계 과정

## 제2절 | 엔진의 일생과 시스템 엔지니어링

앞서 엔진의 설계과정을 설명하였다. 그런데 엔진개발에 신규로 참여하는 사람들이 실제 엔진개발 프로젝트를 착수하면 무엇부터 시작해야 할지 막막하고 프로젝트의 전체적인 체계와 흐름을 파악하기가 어렵다. 복잡시스템으로서 엔진은 개발 기간과 비용의 제한, 상위 및 하위 시스템의 관계 그리고 수많은 관련기관과 사람들이 얽혀있어서 엔진개발을 진행해 나가면서 선행해야 했던 일들과 잘못 실행된 일들을 프로젝트가 한참 진행된 이후에 발견하게 되는 일도 빈번히 발생한다. 개발과정 중에 난관에 봉착하게 되고 그 문제를 해결하기 위해 대안을 적용하면 대안이 또 다른 문제를 일으킬 수도 있다.

이처럼 로켓과 엔진은 복잡한 체계를 가지고 있어서 사람의 일생처럼 시간이 흐르면서 예상치 못한 상황에 맞닥뜨리고 계속적인 변화를 겪을 수밖에 없다.

사람이 능력을 갖춘 일꾼이 되기 위하여 단계적인 교육(초등, 중등, 고등교육 등)을 받듯, 엔진도 훌륭한 기능과 성능을 발휘하기 위해서는 엔진의 전체 일생(life cycle)에서 발생할 수 있는 과제와 문제점을 고려하여 설계해야 한다. 그런데 엔진의 복잡성으로 볼 때

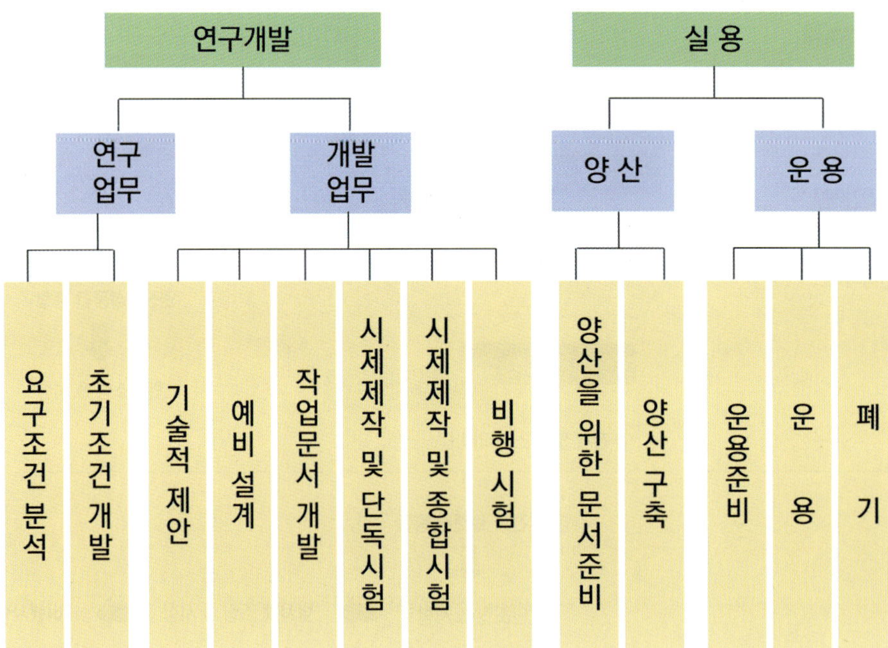


그림 1.7 엔진시스템의 일생 [8]

엔진 일생의 모든 사항을 고려해서 한 번에 설계를 완성하는 것이 사실상 불가능하며, 따라서 시스템 엔지니어링적인 접근으로 단계적인 설계를 수행한다. 시스템 엔지니어링에는 엔진의 일생을 고려하여 각 설계단계에서 수행해야 할 과제와 결과들이 명확하게 정의되어 있다.

## 1 시스템 엔지니어링

로켓엔진의 개발에 있어서 엔진 구성품 개발자들은 자신이 담당하고 있는 구성품을 가장 중시하고 걱정하기 때문에 구성품 개발에 있어서 설계 마진을 많이 가지려고 한다. 이러한 경향은 엔진시스템과 주변 구성품에 악영향을 끼친다. 따라서 전체 시스템의 최적화와 효율 상승을 위하여 구성품들에 위험과 부담을 균형있게 배분하고 관리해야 하는데 이것이 **시스템 엔지니어링**이다.

액체로켓엔진의 설계는 시스템엔지니어링 기법을 기반으로 진행되며, 다음의 주요 세 원리가 적용된다.[7]

① **최대 효과의 원칙** : 엔진 제작과 운용에 최소의 소모를 하면서 엔진이 목표로 하는 가치를 극대화하는 설계를 해야 한다. 최대 효과의 원칙은 엔진 설계의 목적을 명확히 해주고 관리와 최적화를 해야 하는 대상을 선택할 수 있게 해준다.

② **분해의 원칙** : 설계되는 엔진시스템을 서브시스템(구성품)으로 분해한 후에 서브시스템들이 가질 수 있는 여러 안들을 찾고 이들로 이루어지는 많은 조합을 검토하여 엔진시스템에 최대 효과(적은 소모와 최대의 가치를 획득)를 얻게 하는 서브시스템들의 조합을 선정한다.

분해의 원리를 사용하면 전체 시스템의 설계작업을 전체 시스템의 계획과 연관된 서브시스템의 설계들의 집합으로 만들 수 있다.

③ **상위 시스템 우세의 원칙** : 상위 시스템 우세의 원칙은 '상위 시스템의 이익이 하위시스템의 이익에 앞선다'로 표현될 수 있다. 즉 하위시스템의 상태는 전체 시스템의 최종 목표에 부합하여야 한다. 상위 시스템 우세의 원칙을 통해 전체 시스템에서 최적화하고자 하는 값(목적함수)과 연계된 서브시스템의 목적함수를 올바르게 선택할 수 있다.

앞에 언급한 원리를 적용하여 서브시스템들을 공통의 기준에 따라 최적화하여야 한다. 서브시스템의 최적화 기준은 전체 시스템(상위시스템)의 품질이며, 시스템의 최대 효용성은 서브시스템의 최대 품질로부터 얻어지는 것이 아니라 전체 시스템의 합리적인 구성으로 이루어진다.

## 2 엔진개발의 단계

엔진의 개발요구가 있은 후에 다음과 같은 단계를 거쳐서 엔진이 개발된다.

- 엔진 요구조건 분석
- 엔진의 운용개념 파악
- 엔진개발 제안서 작성(엔진 개발이 입찰을 거치게 되는 경우)
- 엔진개발 관점에서 엔진개발요구조건 작성[17]
- 엔진시스템 설계(엔진시스템의 개념과 윤곽 설정)
- 엔진 예비설계(엔진시스템의 설계 개념 확정)
- 엔진 상세설계(예비 설계를 바탕으로 엔진 제작에 필요한 도면 및 작업문서 개발)
- 엔진 구성품 제작 및 개발시험
- 엔진 제작 및 개발시험
- 엔진 인증시험[18]
- 엔진 단시험 수행
- 엔진 비행시험 수행
- 엔진의 양산
- 엔진의 운용
- 엔진의 폐기

17 발사체체계팀은 발사체에 적합한 엔진의 사양을 적은 문서(**엔진 요구조건**)를 작성한 후에 엔진체계팀에 전달한다. 엔진체계팀은 '엔진 요구조건'을 기반으로 엔진개발에 필요한 사항들을 정리한 **'엔진 개발요구조건'**을 작성한다. 엔진개발요구조건에 대한 자세한 내용은 4절에서 다룬다.

18 엔진 **인증시험**(qualification test)은 엔진의 실제 작동환경과 유사한 조건에서 행하여지는 지상연소시험으로 엔진이 인증되었다는 것은 설계가 확정되어 더 이상의 설계 변경이 없다는 것을 의미한다.

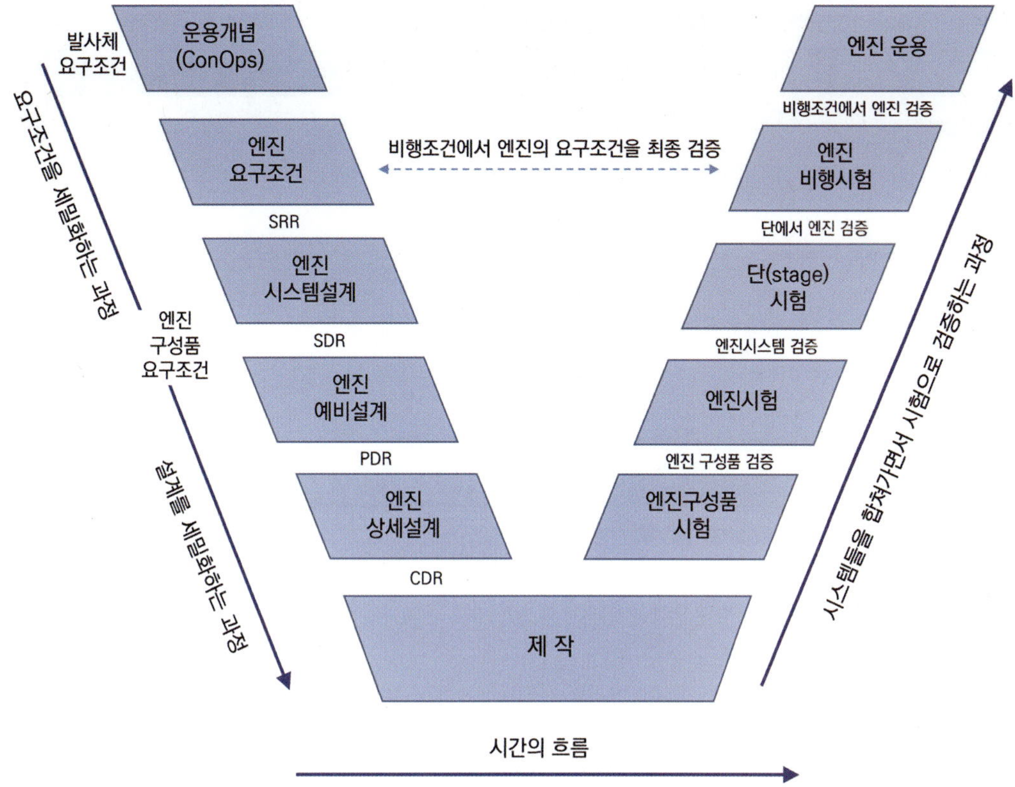


**그림 1.8** 엔진개발의 단계

엔진의 요구조건 분석에서부터 엔진 제작 전까지 단계는 요구조건을 명확히 한 후 상위 시스템에서 하위시스템(엔진시스템 → 엔진 구성품 → 부품)으로 설계를 세밀화하는 과정이며, 엔진 제작 후 시험 과정들은 구성품의 시험부터 엔진시험, 단시험, 비행시험으로 시스템을 종합해가는 단계이다.

여기서 엔진 구성품의 설계를 확정하기 위해서는 구성품에 대한 시험이 엔진 설계가 확정되기 이전에 수행되어야 하는 경우가 많고, 엔진개발시험 기간을 줄이기 위하여 엔진구성품의 개발이 완료되기 전에 엔진시스템 시험이 시작되는 경우도 빈번하다.[19]

엔진 개발시험은 많은 비용과 시간이 소요되므로 합리적인 시험 수행 계획을 수립하여 최소의 시험에서 최대의 정보를 얻을 수 있어야 한다. 따라서 **엔진시험 종합계획**(Engine Test and Evaluation Master Plan)을 엔진시스템 설계단계에서 작성한다.

19 그림 1.9의 J-2X의 경우 엔진 구성품 시험이 끝난 후에 엔진개발시험이 시작되는 개발로직을 따랐다. 그러나 많은 경우 엔진 구성품 시험이 완료되기 전에 엔진개발시험이 수행된다.

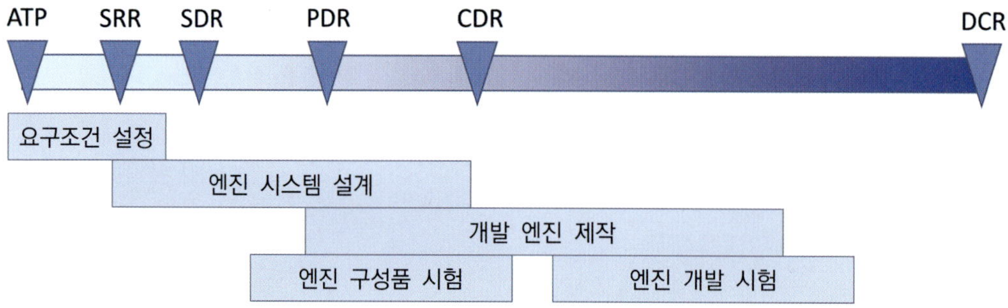


**그림 1.9** J-2X 엔진개발 life cycle [9]

**표 1.2** 엔진시험 종합계획 예 [10]

| 단계 | 시험대상 | 과제 | 시제 개수 | 시험 프로그램 | 시험 장소 | 시제의 특이점 |
|---|---|---|---|---|---|---|
| 연구 시험 | Mockup, 엔진 | 최적 scheme 및 레이아웃 결정, 구조강도와 엔진 주요특성 마진 확인 | 15~20%[20] | | 조립장 | |
| 개발 시험 | 엔진 | 배관의 추진제 충전<br>튜닝의 정확도 수준 확인<br>사이클로그램 개발<br>시험 준비 및 수행 기술 개발<br>설계 및 운용문서 보완<br>엔진의 신뢰성, 안전성 개선<br>엔진의 결함 제거<br>엔진의 성능확인<br>천이(시동, 정지) 및 정상상태 작동 특성 확인 | 60~70% | 개발 시험프로그램 | 지상 시험 설비 | 개발시험 초기에는 TVC, 열교환기 등은 엔진에 미포함 |
| 인증 시험 | 엔진 | 수명시험<br>내/외란 영향시험(고공시험 포함)<br>신뢰도 향상시험 | 10~25% | 인증시험 프로그램 | 시험 설비 | 상단용 엔진은 확대노즐 장착 |
| 납품 시험 | 엔진 | 추진기관에 장착가능여부 판단 | 제작된 엔진 모두 | | | |
| 단시험 | 엔진 | 추진기관에 장착된 상태에서 엔진의 요구조건 충족여부 확인 | 3 | 단시험 프로그램 | 단설비 | 상단용 엔진은 단축노즐 장착 |
| 비행 시험 | 엔진 | 실제비행환경에서 엔진의 특성 확인 및 엔진의 양산과 사용승인 여부 판단 | 2 | 비행시험 프로그램 | 발사대 (실제 비행) | |

엔진 개발요구조건 문서, 엔진의 제작기술을 명시하는 엔진 제작기술·공정 문서,[21] 그리고 엔진시험 종합계획은 엔진개발을 시작할 때 선행되어야 하는 3대 주요 문서이다.

엔진시험 종합계획에는 1) 엔진 시험의 목적, 과제, 방식 및 순서, 2) 시험 시 엔진 작동조건 3) 엔진구성품의 단독시험 프로그램(시험의 과제, 대상 및 시제 개수 및 시험횟수 기재) 등을 포함하며 엔진구성품과 엔진에 대하여 작성된다. 엔진의 작동에 크게 영향을 주지 않거나 엔진 작동 시에만 시험 가능한 엔진 구성품들(열교환기, TVC 추력기 등)은 구성품 시험을 엔진시험에 포함하여 수행하기도 한다.

## 2 검토회의

시스템엔지니어링에서는 엔진 일생의 각 단계마다 주요수행업무를 지정하고 검토 과정(review)을 통하여 수행업무가 완료되었는지를 판단한다.

엔진개발 임무가 주어진 이후 첫 주요 관리점(milestone)은 요구조건 검토회의이다.

### 가. 요구조건 검토회의(SRR)

엔진을 설계하기 전에 어떤 엔진을 설계해야 하는지, 엔진이 어떤 성능과 기능을 가져야 하는지에 대해, 즉 엔진에 요구되는 것들을, 모두 알아야 한다.

신발업자가 신발을 주문 제작할 때 구매자의 발 크기, 원하는 재료, 색상, 상표, 가격, 인도시기 등을 사전에 알아야 하듯이 엔진 제작자 또한 엔진을 주문한 고객(주로 발사체체계팀)이 어떤 엔진을 요구하는지를 명확히 파악해야 한다.

엔진체계팀은 주문 고객의 요구조건에 덧붙여 엔진체계팀 자체로 개발 시에 꼭 지켜야 하는 내용들을 포함하여 **엔진개발요구조건** 문서를 작성한다. 이 문서는 글자로 명문화된 엔진의 윤곽이며 개발을 하기 위하여 어떤 과정과 행위를 해야 하는지에 대한 규정으로 매우 중요하다.

엔진시스템 요구조건을 개발한 뒤에 **요구조건 검토회의**(**SRR**: System Requirements Review)를 개최하여 엔진시스템에 정의된 기능 및 성능 요구사항을 평가하고, 요구 사항과 선택된 개념이 발사체 임무와 운용 성능을 충족하는지 확인한다.

---

20 엔진개발시험에 필요한 엔진 수량 중에 대략 15~20%는 연구시험에, 60~70%는 개발시험에 소요된다.

21 엔진 제작기술·공정 문서는 엔진 구성품들의 제작 방법, 제작공정 및 엔진 조립 방법을 명시한 문서이다.

### 나. 시스템설계 검토회의(SDR)

**엔진시스템 설계**(engine system design)를 통하여 엔진 요구조건을 만족시키는 엔진의 기능 및 성능 규격을 개발한다.

엔진 시스템 설계문서는 엔진의 작동원리와 구성품에 대하여 이해 가능한 수준의 기본 정보(구조, scheme 등)와 함께 엔진 및 구성품에 대한 여러 가지 안 혹은 단일 안에 관한 연구 결과, 엔진구성품의 요구조건, 기능, 성능 규격을 포함하며, 엔진의 예비설계(engine preliminary design) 진행의 기준으로 활용된다.

엔진 시스템 설계가 적절한가에 대한 평가는 **시스템설계 검토회의**(**SDR**: System Design Review/System Definition Review)를 통해 이루어지는데, SDR의 목적은 주어진 개발 프로그램의 제약하에서 적절하고 실현 가능한 로켓엔진의 개념을 만들어냈음을 입증하는 것이다. 경우에 따라 요구조건 설정과 요구조건을 만족시키는 방법에 대한 연구를 동시에 진행하고, SRR과 SDR을 통합해서 한 번만 수행하기도 한다. J-2X 엔진의 경우 SRR과 SDR을 통합하여 한 번의 검토회의만 하였다.[9]

### 다. 시스템 예비설계 검토회의(PDR)

엔진시스템의 설계해석과 엔진구성품의 개념에 대한 사례연구(trade studies)를 하고, 일부 구성품 시험과 축소형 시험 등을 수행한 후 결과를 분석하여 엔진시스템과 구성품의 규격을 확정하는 것이 시스템 **예비설계**이다.

시스템 **예비설계 검투회의**(**PDR**: Preliminary Design Review)에서 엔진 예비설계 결과가 요구조건을 충족시키는 옳은 설계인가에 대한 최종 검토이므로, PDR은 엔진개발단계에서 주요한 전환점이다. PDR을 통과하지 못하면 잘못된 설계를 의미하고 개발이 중단된다. PDR을 통과하면 엔진 제작을 위한 자재의 주문과 작업 도면 작성을 시작한다.

### 라. 상세설계 검토회의(CDR)

일반적으로 **상세계획 검토회의**(**CDR**: Critical Design Review)은 프로토타입의 성공적인 시험 이후 양산품을 만들기 직전에 개최되는데, 이 시점에서 설계가 확정되고 양산을 위한 제작도면 등의 준비가 완료된다. 그러나 로켓엔진 개발에 있어서 CDR은 조금 다르다.

왜냐하면 시험을 위한 액체로켓엔진의 제작과 시험 수행에는 수년이 소요되고, 개발시험 과정 중에 계속적인 설계 변경이 필연적으로 발생하기 때문이다. 따라서 엔진개발에서 CDR은 엔진이 시험에 투입할 수 있는 올바른 설계로 되었는가에 관심을 둔다. 따라서 설계와 분석뿐만 아니라 제작될 엔진들이 엔진 요구조건을 모두 충족한다는 것을 입증하는데 어떻게 사용될지에 관한 계획들도 준비되어야 한다. 엔진의 **상세설계**를 끝났다는 것은 엔진 제작 전에 만반의 준비가 되어 있다는 의미가 된다.

### 마. 엔진 제작

엔진 제작은 엔진 구성품들을 제작하고 조립하는 과정을 말한다. 엔진 조립은 난이도와 시간을 줄이기 위해 구성품들을 최대로 통합된 블록형태로 납품을 받아서 수행된다.[11] 한 예로 엔진의 밸브 제어를 위한 공압시스템 조립체(공압탱크, 튜브, 솔레노이드 밸브 및 체크밸브들로 구성)는 제작 및 성능시험이 완료된 상태로 납품되기도 한다. 일반적인 대량생산과 다르게 엔진은 개별로 제작되거나 몇 개씩 묶음(lot)으로 동시에 제작되는데, 제작 오차들과 조립성을 높이기 위해 구면 플랜지, 배관현상맞춤 등 다양한 방법들이 적용된다.

### 바. 시험 & 개선 과정

엔진 시험의 주요 목적은 엔진에 대한 정보를 얻는 것이다. 엔진개발시험을 수행하면 원래 설계와는 다른 결과가 나오기 마련이고, 이때 엔진을 개선해서 다시 시험을 수행한다. 이러한 시험과 개선을 반복하면서 엔진의 품질은 향상된다. **엔진개발시험**(Engine Development Test)을 수행함으로써 엔진의 결함을 해소하고, 시동과 정지를 포함한 사이클로그램[22]을 완성하며, 엔진의 성능과 신뢰성을 확인하게 된다.

### 사. 설계 인증

설계를 인증하기 위해서 엔진 인증시험(Engine Qualification Test)을 수행한다. 엔진의 **인증시험**은 엔진의 실제 작동조건[23]을 최대한 모사한 상태에서 이루어지는 지상시험으로, 시험결과가 엔진요구조건에 일치하면 엔진의 설계를 확정되고, 비행 시험을 수행하여 실제 조건에서 엔진을 검증한다. 비행 시험에서 만족스러운 결과가 나오면 양산을 하고 엔진의 연속적인 제작과 운용에 들어가게 된다.

---

22 **사이클로그램**(cyclogram)은 시간별로 엔진에 자동적으로 주어지는 일련의 명령들을 의미한다. 특히 시동 시 사고의 빈도가 높으므로 퍼지공급과 중지, 밸브들의 개방, 점화제 투입 시간 등 엔진 시동 사이클로그램은 매우 중요하다.

23 2단이나 3단에 사용되는 상단용 엔진은 희박한 대기상태에서 시동되고 작동된다. 따라서 상단용 엔진의 인증시험은 고공의 희박대기 상태를 유사하게 구현할 수 있는 고공모사시험설비에서 진행된다.

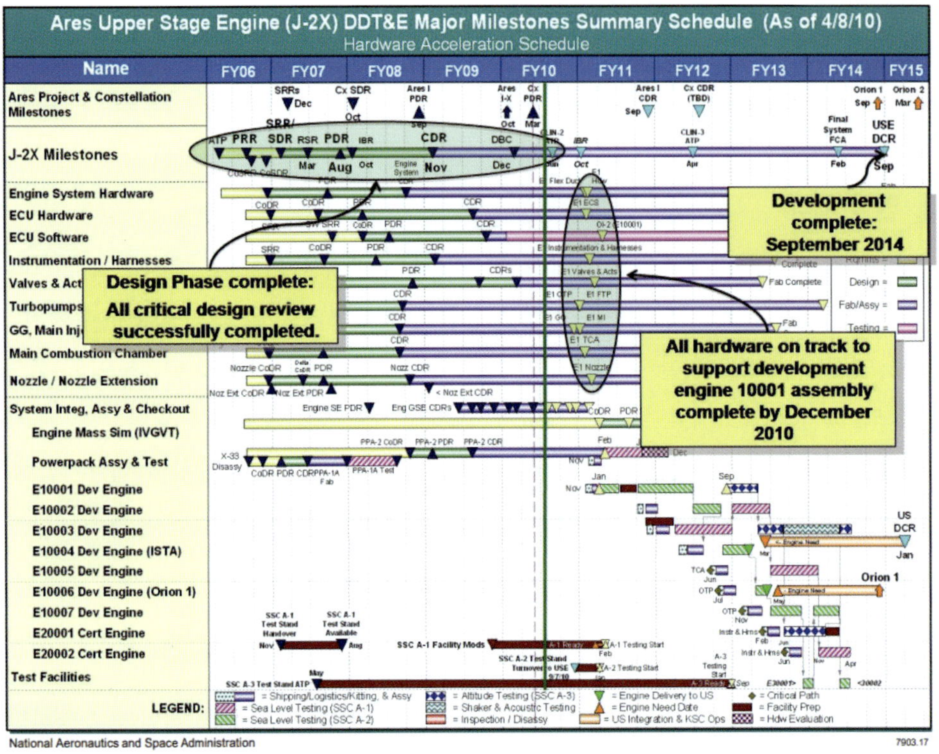


그림 1.10 엔진개발 로드맵[9]

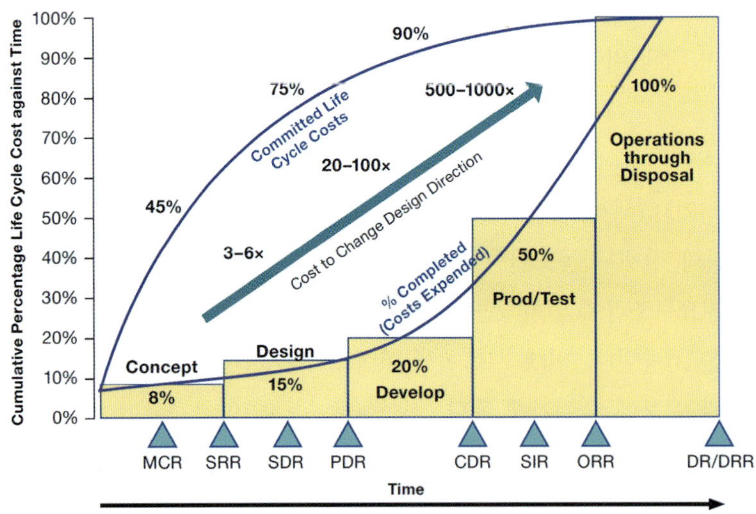


MCR: 미션 개념 검토회의 SRR: 시스템 요구조건 검토회의 SDR: 시스템 (설계)정의 검토회의
PDR: 예비설계 검토회의 CDR: 상세설계 검토회의 SIR: 시스템 통합 검토회의
ORR: 운용 준비 검토회의 DR/DRR: 해체/폐기 준비 검토회의

그림 1.11 초기 설계와 결정이 전체 비용에 미치는 영향[12]

시스템 엔진니어링 관점에서 엔진개발과정을 보기 위하여 그림 1.10에 J-2X 로켓엔진의 개발로드맵(Major Milestones Schedule)을 예로 제시하였다.

엔진개발에는 긴 시간과 많은 비용이 들어간다. 따라서 최대한 합리적인 개발계획과 시험계획을 수립해야 한다.

그림 1.11은 초기 설계의 중요성을 보여준다. 설계 단계에서는 전체 비용의 15%만 사용되지만, 설계가 엔진 일생동안 소요되는 전체 비용의 75%를 결정한다. 이것은 시스템 설계에 따라 제작, 시험, 운용 및 유지에 드는 비용이 정해지기 때문이다. 따라서 잘못된 설계로 인하여 설계 변경이 일어나면 변경된 설계에 따른 제작, 시험, 운용 등의 비용이 함께 발생한다. 엔진개발에서 문제점의 식별과 해결이 늦게 일어날수록 비용은 크게 증가한다.

시스템 엔지니어링의 **V형 모델**(그림 1.8)에서는 시스템의 검증이 엔진의 일생에서 비교적 늦은 시점에 이루어지므로 엔진의 결함이나 문제점이 엔진개발 후반부에 발견될 가능성이 존재한다. 이런 상황이 발생하는 경우 결함이나 문제점을 해결하는데 많은 비용이 소요되고 주변 시스템의 변경이 수반될 수도 있다.

이와 같은 V형 모델의 단점을 극복하고자 최근에는 엔진개발에 나선형 개선 방법을 사용하는 애자일 설계기법(agile design approach)과 동시설계(concurrent design) 개념이 적극 도입되고 있다.

## 2 애자일 설계와 나선형 설계(Agile, spiral design)

액체로켓엔진의 **애자일 개발 방법**은 시제품(prototype)을 빠르게 제작하여 시험한 후 결과를 반영하여 설계를 개선하고, 개선된 시제품을 반복하여 제작/시험하면서 엔진의 품질을 빠르게 향상시키는 기법이다. 이러한 방법은 적층제조기술(3D 프린팅 기술)이 발달하면서 시제품의 제작이 신속하게 이루어질 수 있는 환경이 됨에 따라 더욱 각광을 받고 있다. 애자일 개발 방법에서는 이른 시기에 시험을 수행함으로써 문제를 사전에 식별 가능하고 결과적으로 개발 시간과 비용의 절감을 도모할 수 있다.

유럽은 차세대 Prometheus 엔진개발에 애자일 기법을 이용하고 있으며, 이로써 터널 효과를 줄이고 조기에 불확실성과 위험요인을 해결할 수 있을 것으로 기대하고 있다.[13]

SpaceX의 Merlin 엔진개발에서도 **나선형 개선 개발 방식**을 볼 수 있다. 초기에 Merlin 1A 엔진은 삭마형 탄소섬유 강화 폴리머 복합재 노즐을 채용하였고, 엔진 추력은 340kN이었다. 이어서 380kN 추력의 Merlin 1B 엔진으로 업그레이드 한 후에 재생냉각노즐을 채

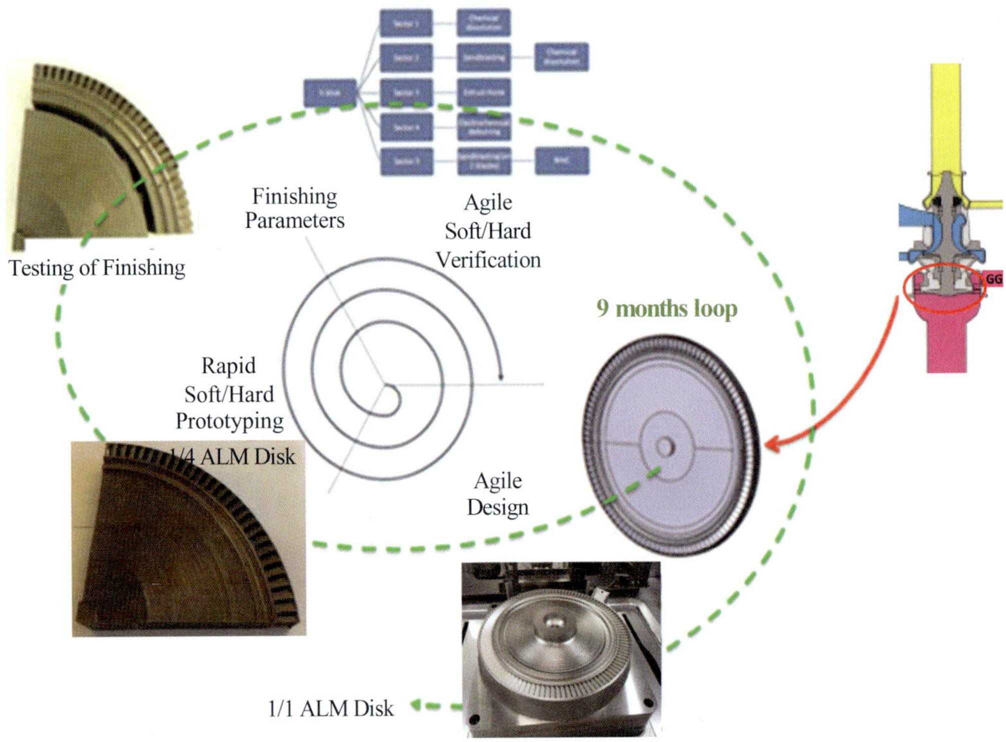


**그림 1.12** 엔진의 나선형 설계의 예: 프로메테우스 엔진 [13]

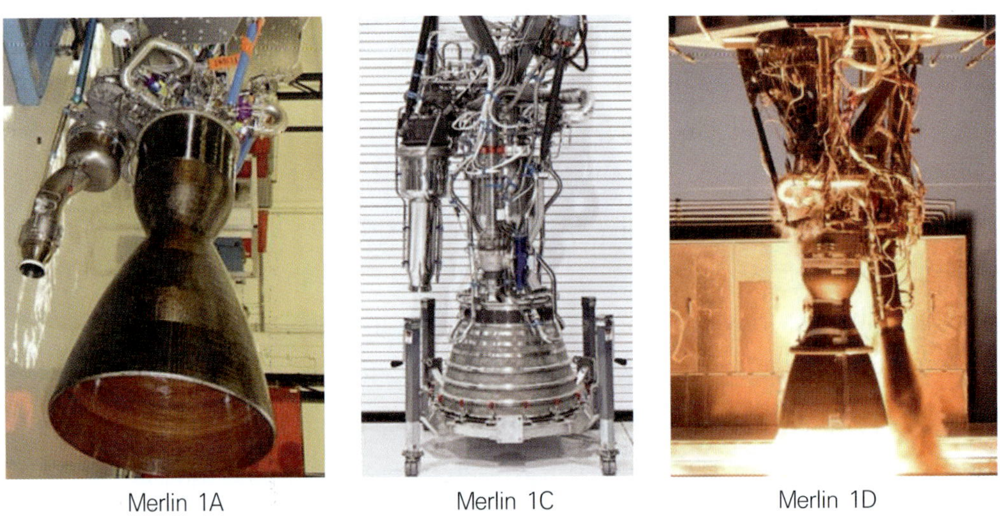


**그림 1.13** 엔진의 나선형 개선의 예: Merlin 엔진 [14,15]

택한 420kN 추력의 Merlin 1C 엔진을 제작했다. 2011년부터는 Merlin 1D 개발을 시작하였고, 초기에 지상추력 620kN에서 지속적인 개선을 통하여 지상추력 854kN, 지상비추력 282초, 추력무게비 180에 이르는 재사용 가능한 고성능의 가스발생기 사이클 엔진을 만들었다.

## 3 동시설계(Concurrent design)

시스템 엔지니어링은 복잡시스템의 관리에 중점을 두고 있어서 계층을 강조한다. 이러한 시스템 엔지니어링에서 엔진의 설계는 top-down방식을 사용하고, 구현과 검증에는 down-up 방식으로 진행된다.

엔진 설계에 있어서 시스템 엔지니어링은 단계를 중시하고 일을 순차적·계층적으로 진행하기 때문에 시간 소모가 많다. 반면 **동시 공학적 설계 방법**은 여러 분야의 전문가들이 모여서 수평적으로 정보를 공유하고 모든 관점을 연계·협의하여 의사 결정을 함으로써 빠른

NASA(미국 항공우주국)

ESA(유럽 우주국)

DLR(독일 항공우주센터)

CNES(프랑스 우주연구센터)

**그림 1.14** 우주기술연구소의 동시 설계 [16,17,18,19]

설계가 가능하며, 전통적인 프로세스에서는 늦은 단계에 관여했던 분야조차 처음부터 참여시킴으로써 나중에 설계를 무효화할 수 있는 요소를 조기에 식별할 수 있게 해준다.

이러한 동시공학은 설계용 소프트웨어와 수학적 모델들을 이용하는데, 데이터를 교환하면서 다른 분야에 영향을 줄 수 있는 모든 변경사항을 즉시 식별하고 엔진시스템을 종합적으로 평가한다. 이로써 설계를 반복적으로 수행할 수 있으며 여러 가지의 설계 옵션을 쉽게 분석하고 비교할 수 있다.[16]

다양한 분야의 전문가들이 실시간으로 얼굴을 맞대고 대화함으로써 많은 분야가 관련되어 있는 복잡한 시스템의 설계에는 동시설계가 특히 효과적임이 입증되었다.[17]

## 제3절 | 엔진개발을 위한 조직

엔진 개발을 위한 조직을 구성하기 위해서는 먼저 엔진개발에 필요한 일을 정의해야 한다. 시스템 엔지니어링 분야에서 프로젝트를 작은 관리 가능한 분업구조로 구성하는데 이러한 업무 구분은 프로젝트 완수를 위해 필요한 업무를 파악하고 조직을 구성하는데 유용하다.

### 1 작업 업무 분류 WBS

**WBS**(Work Breakdown Structure)는 프로젝트의 성공을 위해 반드시 수행하여야 할 모든 일들을 관리가 용이한 단위까지 분해한 계층적 구조이다. 가장 하위 레벨의 업무는 독립적으로 계획을 수립할 수 있고, 수행하는 방법이 명확하며, 단독적인 평가가 가능하다.

WBS를 구성하기 위해서는 먼저 개발하고자 하는 제품에 들어가는 구성품을 정의해야 한다. **PBS**(Product Breakdown Structure)는 최종 생산품을 개발하기 위하여 필요한 구성품과 부품을 이해하기 쉽게 트리구조(hierarchical tree structure)로 목록화한 것으로, 유인발사체의 PBS 예는 그림 1.15와 같다.

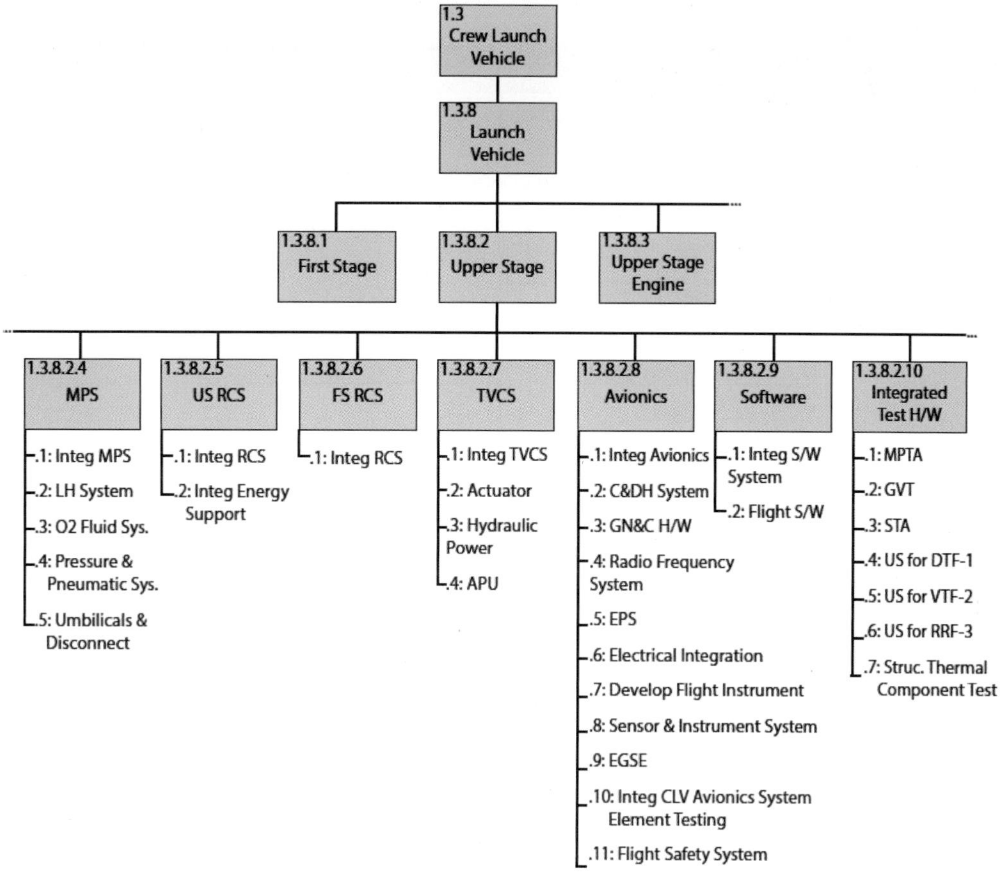


그림 1.15 유인 발사체의 PBS 예[12]

WBS 계층 구조는 다음과 같은 특징이 있다.

- 프로젝트에 필요한 모든 업무를 계층구조 형태로 정의한다.
- 제품 개발 업무와 공통 지원업무로 구분하여 수립한다.
- 가장 하위 업무는 수행해야 할 내용이 명확하다.
- 가장 하위 업무는 객관적이고 측정 가능한 결과가 있다.

표 1.3과 1.4는 엔진개발에 있어서 제품 개발업무와 공통 지원업무의 WBS 예를 보여 준다.

표 1.3 엔진 구성품 개발업무(WBS)의 예

| 상위 레벨 | 중위 레벨 | 하위 레벨 |
|---|---|---|
| 엔 진 | 연소기 | 분사기<br>연소실<br>노즐 |
| | 터보펌프 | 산화제 펌프<br>연료펌프<br>터빈<br>IPS |
| | 가스발생기<br>(프리버너) | 분사기<br>연소실 |
| | 엔진공급계 | 산화제 개폐밸브 (연소기 및 가스발생기)<br>연료 개폐밸브 (연소기 및 가스발생기)<br>추력 제어용 유량제어밸브<br>혼합비 제어용 유량제어밸브<br>연료 라인 진공화 밸브<br>솔레노이드 밸브<br>체크밸브<br>압력레귤레이터<br>배관 (연소기 산화제 라인 및 연료 라인)<br>배관 (가스발생기 산화제 라인 및 연료 라인)<br>유연배관 (밸로우즈)<br>오리피스 |
| | 점화/시동 장치 | 터보펌프 시동기<br>연소기 점화기<br>가스발생기 점화기 |
| | 터빈배기부 | 열교환기<br>터빈배기덕트 |
| | 엔진 조립 부품 | 짐벌마운트<br>브라켓 및 지지대류<br>튜브 및 피팅류<br>엔진 하니스<br>엔진 단열재<br>엔진 조립 체결류<br>엔진 제어/계측계 |

표 1.4 엔진개발관련 공통 지원업무(WBS)의 예

| 상위 레벨 | 중위 레벨 | 하위 레벨 |
|---|---|---|
| 엔 진 | 설계 해석 | 엔진시스템 아키텍처 분석 및 설계<br>엔진 동특성 모델링 및 분석<br>엔진 제어/진단시스템 모델링 및 분석 |
| | 엔진시스템 종합 | 엔진 레이아웃 분석 및 설계<br>엔진 인터페이스 설계 및 분석 |
| | 엔진 조립설비 | 엔진 조립라인 및 치공구<br>엔진 조립 검사 측정 장비<br>부대설비 |
| | 시험 | 시험 스탠드<br>유공압설비<br>제어/계측설비<br>후류/안전/부대설비<br>비행환경모사시스템<br>부지조성/기반시설<br>고공모사설비 |
| | | 엔진 시험 |

## 2 엔진개발 조직

엔진개발 조직은 엔진시스템 설계와 구성품 요구조건 등 엔진 체계를 개발하는 엔진팀(엔진체계팀), 연소기와 가스발생기를 개발하는 연소기팀, 터보펌프를 개발하는 터보펌프팀, 밸브류 및 점화/시동장치를 개발하는 추진제어팀 그리고 엔진의 시험을 수행하고 시험평가팀으로 나눌 수 있다. 가스발생기나 프리버너는 구조와 작동방법이 연소기와 유사하지만 터보펌프와 맞물려서 작동되는 장치이므로 해외에서는 가스발생기를 터보펌프팀에서 개발하기도 한다. 엔진 구성품 개발팀은 담당하는 구성품의 설계, 해석, 제작 및 시험을 수행하는데, 열해석/구조해석/진동해석 등 해석분야는 하드웨어에 대한 지식보다는 역학에 대한 지식과 해석툴의 운용능력이 더 중시될 수 있으며 이 경우 해석팀을 따로 분리하는 것도 고려될 수 있다. 해외에서는 별도의 엔진조립팀이 있어서 엔진의 조립을 담당하기도 한다.

팀제도의 단점인 팀 간의 벽을 낮추고 원활한 의사결정을 위하여 시스템 엔지니어의 활동을 장려하거나, 각 팀의 인원들로 구성된 회의체(**IPT**: Integrated Product Team)를 만들어 운용하기도 한다.

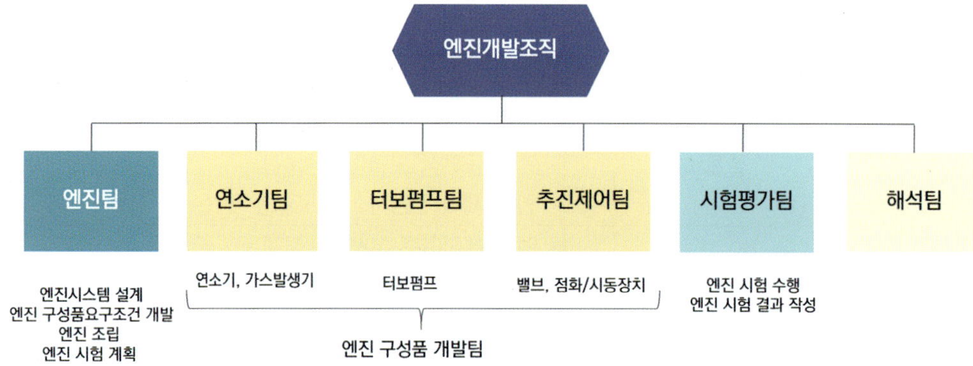


**그림 1.16** 엔진개발 조직

이탈리아 항공우주연구소(CIRA: Italian Aerospace Research Center)의 경우에는 엔진 개발을 위하여 **동시설계시설(CDF**: Concurrent Design Facility)을 운영하고 있다.[17]

CIRA의 CDF에서는 엔진을 터보펌프, 냉각 시스템, 분사 시스템, 연소기(연소실 및 노즐) 등의 주요 서브시스템으로 나눈다. 설계를 위한 소프트웨어는 엔진 서브시스템 전용 모듈과 상위 아키텍처 모듈로 구성되는데, 상위 아키텍처 모듈은 엔진 서브시스템 모듈과 데이터를 교환하면서 엔진요구조건에 맞는 예비설계를 수행한다.

엔진의 예비설계가 결정되면 보다 정밀한 검증프로그램(전산유체역학을 위한 수치해석툴과 열-구조 분석툴 포함)을 이용하여 설계가 요구조건을 만족시키는지 검증한다. 이러한 엔진 설계로직을 운용하기 위해서는 그림 1.17에 제시된 전문가들이 필요하다.[17]

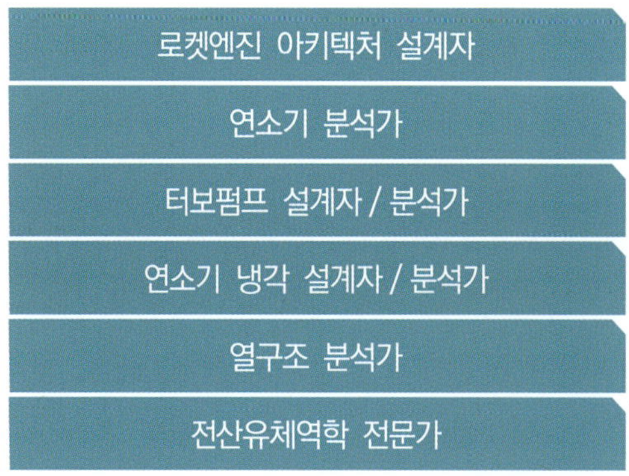


**그림 1.17** CIRA의 로켓엔진설계를 위한 전문가[17]

엔진 설계를 위한 전문분야에는 앞에 언급한 전문가들이 속한 분야 외에도 고객, 팀장, 캐드(CAD), 일정 및 계획과 같은 분야가 추가된다. 따라서 액체로켓엔진의 동시설계를 위한 전체 분야는 그림 1.18과 같다.[17]

**그림 1.18** CIRA의 동시설계에서 액체로켓엔진의 전문분야 분류 [17]

동시설계에서 설계과정은 3단계로 나뉜다.

- 요구조건 정의 및 분석
- 서브시스템 예비설계
- 설계 검증(요구조건 만족 여부 평가)

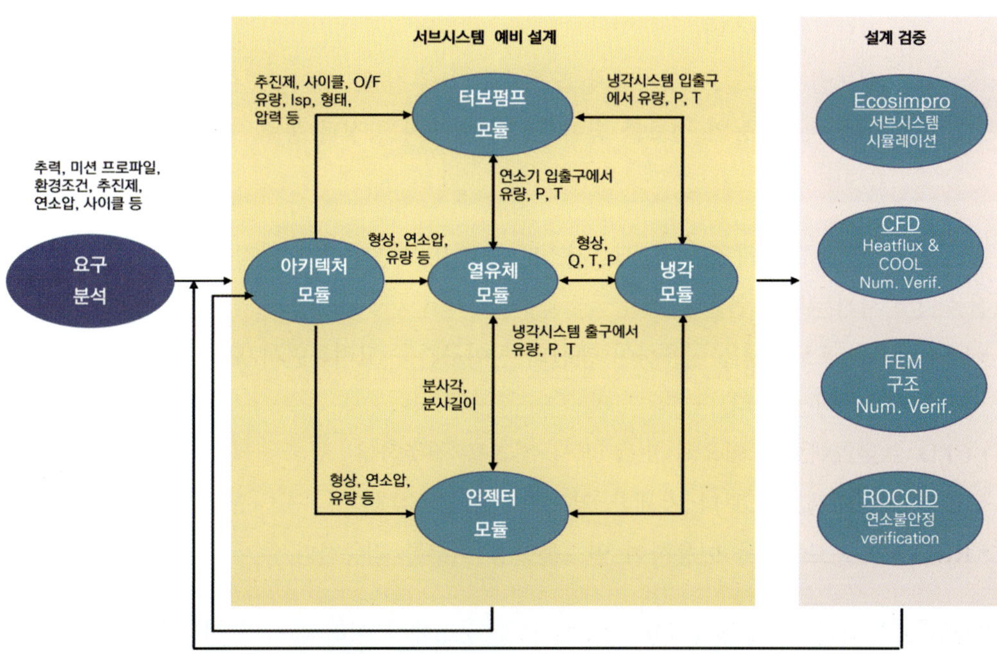


**그림 1.19** CIRA의 액체로켓엔진 동시설계 과정 [17]

CIRA의 CDF에서 액체로켓엔진의 설계는 다음과 같은 진행된다.

- 1단계 : 요구조건 분석

  팀리더는 요구조건들(엔진의 추력, 비추력 또는 로켓의 속도증분, 외부압력/노즐 출구압, 추진제, 엔진 사이클, 엔진 무게 등)을 분석한다.
- 2단계 : 예비 아키텍처

  아키텍터 모듈은 1단계로부터 입력을 받아 추진제혼합비, 최대 비추력, 추진제 유량, 연소기 형상 및 연소압을 계산한다.
- 3단계 : 연소실 파라미터

  열유체 모듈은 연소기 형상, 추진제 연소압 및 유량을 입력으로 받아서 연소실과 노즐 벽의 열유속(heat flux)을 평가하고 냉각모듈에 전달한다. 그리고 연소실 축을 따라 연소가스의 열유체역학적 특성에 대한 1차원 계산도 수행한다.
- 4단계 : 분사기 파라미터

  분사기 모듈은 연소기 형상, 연소압, 유량을 입력으로 받아서 분사기에서 차압과 분사각, 분사길이(breaking length) 등을 계산한다.
- 5단계 : 냉각 시스템

  냉각 모듈은 앞 단계의 계산결과를 입력으로 받아 연소기의 냉각채널 개수, 벽의 두께, 냉각채널에서 냉각제(coolant)의 열유체역학적 거동을 계산한다.
- 6단계 : 터보펌프 시스템

  터보펌프 모듈은 아키텍처 모듈로부터 추진제, 사이클, 추진제 혼합비, 유량, 압력, 온도 등의 정보를 받아서 터보펌프의 양정과 동력, 터빈 압력비 능을 계산한다.

위의 여섯 단계에 걸쳐 엔진과 서브시스템의 주요 파라미터값이 결정되면, 이들이 요구조건을 만족시키는지 확인한다.

- EcosimPro 프로그램을 이용하여 엔진의 천이구간을 고려하면서 모든 서브시스템을 동시에 시뮬레이션 한다.
- CFD 프로그램으로 열유체 모듈 계산 결과를 검증한다.
- FEM 프로그램으로 보다 자세한 열구조 계산을 수행한다.
- ROCCID 프로그램을 이용하여 연소불안정 여부를 검증한다.

CIRA는 동시설계체계를 구축하였으며, 동일 장소에서 여러 분야의 전문가들이 모여 긴밀하게 협력하면서 엔진 설계를 효율적으로 수행하고 있다.

## 제4절 | 엔진개발요구조건

엔진체계팀은 발사체체계팀으로부터 엔진의 성능과 기능에 대한 구체적인 요구를 받는다. 이러한 상위체계로부터 요구를 바탕으로 엔진개발요구조건을 만들고, 엔진개발요구조건을 근간으로 다시 엔진 구성품의 개발요구조건을 도출해낸다.

이와 같이 상위체계의 요구조건을 기반으로 하위시스템들의 요구조건을 순차적으로 개발해야 하위 구성품의 개발요구조건이 상위조건들의 요구와 모순이 일어나지 않는다. 그리고 상위체계의 요구조건이 변경되면 하위체계의 관련된 요구조건들이 변경될 수 있도록 요구조건을 관리하여야 한다.

요구조건의 변경은 근본적으로는 바람직하지 못한 상황이지만, 사람의 인생이 계획처럼 진행되지 않듯이 5~10년의 오랜 동안 엔진을 개발하다 보면 초기에 예상하지 못한 상황이나 더 좋은 방안들이 나와서 요구조건을 바꾸는 것이 현명한 경우도 생길 수 있다. 그렇지만 요구조건의 잦은 변경은 프로젝트의 근간을 흔드는 결과를 초래할 수 있기 때문에 모든 방법을 적용해서도 해결이 안 되는 문제에 한하여 최후의 수단으로 요구조건의 변경을 고려하는 것이 바람직하다.

### 1 상위체계부터 순차적 요구조건 개발이 필요

**엔진 요구조건 문서**는 발사체에서 엔진에 요구하는 기능, 성능 및 엔진의 작동조건, 구조와 운용에 대한 요구조건 등을 기술한 엔진개발의 근간이 되는 문서로서 엔진의 전 생애(life cycle)를 대상으로 작성된다.[24]

엔진개발의 시작단계에서 요구조건 문서의 각 항목들은 엔진 설계의 기준(baseline)이 되고, 엔진개발이 완료되는 단계에서는 개발된 엔진의 수락조건이 된다. 즉 요구조건들은 엔진개발의 지침서인 동시에 제작된 엔진을 평가하는 기준 역할을 갖는다. 따라서 요구조건 문서의 개발에는 광범위한 분야의 많은 지식과 경험이 요구된다.

처음으로 액체로켓엔진의 개발을 시도하는 우주산업의 신규업체나 개발자는 요구조건을 개발할 때 엔진의 설계, 제작 및 시험-개선과정에 대한 선행적인 연구가 필수적이다.

---

24 4절의 액체로켓엔진 요구조건 개발내용은 저자의 논문[20]을 다수 원용했다.

일반적으로 액체로켓엔진 요구조건 문서는 발사체개발자와 엔진개발자가 협력하여 작성한다. 발사체개발자가 발사체 임무에 필요한 엔진의 주요 요구조건들을 엔진개발자에게 전달하면 엔진개발자는 이를 바탕으로 발사체개발자와 협의를 하면서 엔진개발요구조건 문서를 작성한다.

따라서 본격적인 엔진시스템 요구조건 작성에 앞서 상위시스템(발사체)으로부터의 요구내용과 엔진의 운용 개념에 대한 연구가 선행된다.

발사체의 운용개념(조립된 발사체를 조립동에서 어떻게 검사하고 보관할지, 발사대로 이송하는 방법, 발사대에서 수행해야 할 검사와 작업, 발사준비 및 발사 시퀀스를 어떻게 할지 등)으로부터 엔진의 운용개념을 개발하고, 엔진의 사이클로그램, 운용 시나리오 또는 엔진시스템의 기능흐름 블록선도(functional flow block diagram) 등을 작성하여 엔진의 운용조건과 과정을 명확히 체계화한 이후에 엔진의 개발 요구조건을 작성한다.

## 2 엔진 개발요구조건의 목차

액체로켓엔진의 설계를 위한 기준을 제시한 것이 액체로켓엔진 요구조건 문서이다. **액체로켓엔진 요구조건** 문서는 액체로켓엔진이 가져야 할 주요 성능 파라미터와 함께 아래와 같은 요구 사항을 포함한다.[21]

표 1.5 러시아의 엔진개발요구조건 목차[21]

| | |
|---|---|
| 1) 엔진에게 부여된 임무 | 11) 엔진 상태 모니터링 요구 사항 |
| 2) 추진제 및 추진제 공급조건 | 12) 엔진 크기 |
| 3) 추력 | 13) 엔진 중량(건조 및 충전 시 무게) |
| 4) 비추력 | 14) 엔진 신뢰성 요구 사항 |
| 5) 작동 시간(수명) | 15) 발사체 후방동체부의 엔진룸 상태 파라미터 요구조건 |
| 6) 엔진의 작동 사이클로그램 | 16) 진동내구성 요구조건 |
| 7) 탱크 가압방식 | 17) 엔진 개발기한(엔진 개발단계별 일정표) |
| 8) 추력 벡터 제어 | 18) 엔진의 보관기간과 조건 |
| 9) 엔진 시동 횟수 | |
| 10) 사고방지시스템 요구조건 | |

한국형발사체용 엔진의 개발 요구조건은 국내외 요구조건 문서 및 엔진 운용개념에 대한 사전 검토 후에 작성되었는데, 요구조건 문서의 1절(엔진의 구성)부터 5절(신뢰도 요건)까지는 발사체에서 요구하는 사항이나 엔진의 작동조건을 주로 기술하였고, 6절부터 13절까지는 엔진개발에 필요한 요건들을 생애의 흐름(서브시스템 → 설계 → 제작 → 시험 준비 → 시험 → 운용)에 따라 작성하였다.[20]

**표 1.6** 국내 액체로켓엔진 개발 요구조건 목차[20]

A. 서문
B. 요건문서 작성원칙
C. 요건문서 및 항목 개정원칙과 절차
D. 변경/첨부 이력
F. 약어/용어

엔진시스템 요구조건

| | |
|---|---|
| 1절 엔진의 구성 | 8절 설계 및 제작 요건 |
| 2절 엔진 기능 조건 | 9절 제어 및 측정 요건 |
| 3절 엔진 변수 | 10절 진단 요건 |
| 4절 엔진 운용 조건 | 11절 시험 프로그램 요건 |
| 5절 신뢰도 조건 | 12절 안전 및 환경보호 요건 |
| 6절 엔진 서브시스템 요건 | 13절 정비, 이송 및 보관조건 |
| 7절 인터페이스 | |

부록. 검증 매트릭스

## 3 엔진 개발요구조건의 내용

### 가. 요건문서의 작성 및 개정 원칙

요건문서의 작성에 있어서 표 1.7과 같은 원칙이 사용될 수 있다. **엔진 요구조건문서 (SRD: System Requirements Document)**는 기존의 엔진개발경험과 개발엔진에 관한 선행적인 실험 및 연구를 바탕으로 작성되어야 하는데, 새로운 엔진개발 시 정확한 수치를 제시하기 어려운 요구조건 항목들이 있다. 따라서 엔진의 전체적인 운용 조건을 이해하는데 도움을 주는 동시에 엔진 및 엔진 구성품의 개발에 참고값으로 사용하고자 TBR[25]의 형태를 도입할 수 있다. 참고값(TBR)들은 해외 액체로켓엔진 관련 문헌이나 기존에 국내에서 다른 엔진의 개발을 수행할 때 얻은 연구 결과값이다.

**표 1.7** 요구조건문서(SRD) 작성 원칙[20]

가. SRD는 개발되는 엔진에 대한 총체적인 이해를 줄 수 있어야 한다.
나. SRD는 엔진 전체 생애를 대상으로 작성한다.
다. SRD의 요구조건은 의미가 명확해야 한다.
라. SRD는 요구조건을 충족시키는 방법을 한정해서는 안 된다.
마. SRD의 각 항목은 하나의 요구조건을 포함해야 한다.
바. 개발되는 엔진에 대한 이해 또는 설계방향의 설정을 위하여 요구조건의 수치는 '값(TBR)'으로 제시될 수 있다.

엔진요건문서는 개정이 가능하다. 액체로켓엔진은 장기간 개발되고, 개발과정 중 실현 불가능한 항목이 발생하거나 더 나은 아이디어와 해결책이 생긴다면 요건문서 항목에 관련된 인원들이 모여서 수정을 합의할 수 있다.

**표 1.8** 요구조건문서(SRD) 개정 원칙[20]

가. SRD는 개발 책임자의 승인 이후 효력을 갖는다.
나. SRD 항목의 추가, 삭제 및 수정은 관련자들의 합의하에 가능하며, 변경사실은 SRD change log에 기록한다.
다. SRD 변경항목은 모든 관련자들이 승인한 후에 효력이 발생한다.

### 나. 요건문서의 내용

러시아의 재사용을 위한 로켓엔진 개발 요구조건[22] 중에 메탄엔진 부분과 국내 엔진요구조건 개발 경험[20]을 바탕으로 액체로켓엔진 요구조건의 예를 소개하고자 한다.

25 **TBR** (To Be Revised)는 추후 개정될 임시값을 나타낼 때 **TBD** (To Be Determined)는 아직 정해진 값이 없을 때 사용된다.

표 1.9 액체로켓엔진 요구조건의 예[22]

| 항 목 | 예 시 |
|---|---|
| 임무 | (1) 엔진에게 부여된 임무는 다음과 같다.<br>엔진은 차세대 재사용 로켓을 위한 반복 사용 가능한 1단용 엔진이다.<br>차세대 재사용 로켓이 수행할 임무는 아래의 다양한 궤도에 위성을 운반하는 것이다.<br>- 저궤도<br>- 타원 고궤도(highly elliptical orbits)<br>- 정지궤도를 포함한 원형 고궤도(high circular orbits) |
| 기능 | (2) 엔진은 다음의 기능을 제공해야 한다.<br>- 추진기관의 구성으로 재사용 가능<br>- 발사체 제어시스템으로 엔진의 시동 및 정지<br>- 정상 및 추력증가 단계에서 발사체 축방향 추력 생성<br>- 발사체의 명령에 따라 피치(pitch) 및 요(yaw)방향 제어용 추력을 생성<br>- 제어용 추력을 생성하기 위해 두평면에 대해 연소기의 추력벡터 변경<br>- 최종추력단계를 거치는 엔진 정지, 즉각적인 엔진 정지 및 추진제 중에 한성분이 완전히 소모될 때 엔진 정지<br>- 추력과 혼합비 제어 |
| 추진제 | (3) 엔진은 다음의 추진제를 사용해야 한다.<br>- 산화제: 액체산소<br>- 연료: 액체메탄 |
| 성능 요건 | 엔진은 다음의 성능 요건을 만족시켜야 한다.<br>(4) 엔진의 지상 추력(tonf)<br>- 예비추력 단계: 120~180 - 추력증가 단계: 240~360<br>- 정상추력 단계: 200~300 - 최종추력 단계: 70~105<br>(5) 엔진의 진공 비추력(정상추력 상태에서)<br>- Isp > 3532m/s (350sec)<br>(6) 엔진의 작동 시간 > 150sec<br>(7) 추진제 입구조건<br>• 엔진 시동 및 정상작동 시 엔진입구에서 최대 정압(MPa)<br>- 액체산소: 0.2<br>- 액체메탄: 0.2<br>• 추진제 온도(K)<br>- 액체산소: 85~90<br>- 액체메탄: 100~110<br>(8) 엔진의 추력 조절 범위<br>- 정상상태 추력 대비(%): −50 ~ +20 |

| 항 목 | 예 시 |
|---|---|
| | - 추진제 혼합비(%): ±12<br>(9) 엔진의 추력 벡터 제어<br>- 추력 벡터제어를 위한 두 평면에 대한 회전 각도(degree): ±8<br>(10) 엔진 시동 횟수 및 재사용 횟수<br>- 엔진 시동 횟수: 1[26]<br>- 엔진 재사용 횟수: 25<br>(11) 제어용 가스 및 추진제 탱크 가압용 가스: 기체 헬륨<br>(12) 전압: 27V(DC) |
| 구조 요건 | 엔진은 다음의 구조 요건을 만족시켜야 한다.<br>(13) 엔진은 유지보수 요구사항을 충족시켜야 한다.<br>(14) 반복사용을 위해 엔진구조에는 일회용 부품이 포함되지 않아야 한다.<br>(15) 엔진은 조립동에서 발사체에 조립된 상태로 진단작업을 수행할 수 있는 구조여야 한다.<br>(16) 엔진은 엔진의 품질을 검증하기 위한 연소시험 후에 분배/재조립 없이 발사체에 납품될 수 있고, 발사체의 구성으로 검사를 위한 연소시험을 할 수 있는 구조여야 한다.<br>(17) 엔진은 오작동 시에 손상이 없이 정지가 가능한 구조여야 한다. |
| 진단 및 사고방지 요건 | 엔진에 사고방지기능을 갖는 자동제어 시스템을 장착해야 하고, 다음과 같은 계측파라미터를 사용한다.<br>사고방지시스템을 포함한 엔진 자동제어 파라미터의 입력(출력) 수<br>- 저속 파라미터(압력 센서 등): 32<br>- 열전대(0-400 mV) 온도센서: 9<br>- 고주파 센서(진동 등): 8<br>- 터보펌프 축회전 센서: 6<br>- 추진제 유량센서: 6<br>- 릴레이(relay) 센서: 16<br>- 최대 1A의 릴레이 신호(제어 밸브, 조절기): 16 |
| 재정 요건 | 개발 비용은 국가와 계약한 초기(최대) 비용을 넘어서면 안 된다. |
| 전산프로그램 요건 | 수학, 소프트웨어 프로그램, 정보시스템은 라이선스가 있어야 한다. |
| 도량형 요건 | 도량형(단위)는 GOST PB 1.1-96[27]을 따른다. |

26 수직 착륙형태의 로켓에 사용되는 재사용 엔진은 재점화가 필요하지만 왕복선 형태의 우주비행체는 재점화 기능이 필요하지 않을 수 있다.

27 GOST PB 1.1-96(ГОСТ РВ 1.1-96)의 제목은 '러시아 연방의 국가 표준화 시스템. 무기 및 군사 장비의 도량형 규정'(Государственная система стандартизации Российской Федерации. Метроло

| 항 목 | 예 시 |
|---|---|
| 원료 요건 | 엔진에 사용되는 원자재는 국산(러시아산)이어야 한다.<br>사용되는 원자재는 유해하거나 작동 중에 독성을 방출해서는 안 된다. |
| ..... | ※ 이하 요구조건은 러시아 내부 상황과 관련된 내용이므로 생략함. |

앞에서 러시아의 액체로켓엔진 개발 요구조건의 일부를 소개하였다. 실제 엔진개발에는 더 많은 요구조건들이 필연적이다. 한국형 발사체 3단용 액체로켓엔진 요구조건 문서는 액체로켓엔진의 개발목적 및 근거, 수행기간, 엔진의 임무와 주요개발과제에 대한 설명을 시작으로 총 13절에 117개 요구조건들이 도출되었다(표 1.6 참조).

표 1.9에서 언급되지 않은 여러 요구조건 중에 엔진 신뢰도 조건과 이송 및 보관요건을 대해 추가로 살펴보자.

엔진의 신뢰도는 엔진의 개발시험에서 취약한 부분을 개선하고, 엔진의 운용 시 엔진 작동파라미터들의 허용한계를 관리하며, 엔진의 내구성을 높임으로써 향상시킬 수 있다.

엔진의 신뢰도 요구조건은 엔진개발시험의 양을 결정한다. 시험을 많이 수행하면 엔진의 결함을 찾아 제거할 수 있으므로, 시험횟수의 증가는 엔진의 **무고장 작동 확률**(Probability of no-failure operation: 신뢰도)을 증가시킨다. 무고장 작동 확률은 $P = 1 - e^{-aN}$이며, 여기서 $N$은 시험횟수, $a$는 신뢰도 증가지수이다.[23]

신뢰수준 95%에서 무고장 작동 확률이 0.99 이상이 되기 위해서 사고가 없는 시험이 300회 이상 수행되어야 하고, 만약 무고장 작동확률이 0.999보다 크다면 고장이 없는 시험이 1000회 이상 수행되어야 한다.[1] 따라서 엔진의 요구 신뢰도를 높게 정의하면 개발비용과 시간이 크게 증가한다.

최근에는 엔진의 신뢰도를 높이는 수단으로 엔진의 구조를 간단히 하고, 작동 부하를 높지 않게 적정수준으로 유지하며, 진단과 제어기능을 사용하여 클러스터링된 엔진들 중에 고장엔진은 정지시키고 나머지 엔진의 추력을 증가시켜서 임무를 완수하는 방법이 적용되고 있다.[28]

гическое обеспечение вооружения и военной техники)이다.

28 유럽의 차세대 프로메테우스 엔진은 구조가 간단한 가스발생기 사이클이며, Blue Origin의 BE-4 엔진은 다단연소 사이클임에도 연소압이 134bar로 낮다. SpaceX의 Falcon 9 로켓은 9개의 Merlin 1D 엔진 중에 2개의 엔진이 동시에 고장이 나도 나머지 엔진들의 추력을 증가시켜 임무를 완수할 수 있는 ‘Engine-out redundancy’ 기능을 가지고 있다.

표 1.10 신뢰도 조건

- 신뢰도
  - 엔진의 운용 시 무고장 작동 신뢰도는 신뢰수준 90%에서 0.99 이상이어야 한다.
- 변수 허용한계
  - 비행작동조건에서 계획된 비행시간동안 엔진의 주요 변수는 안정된 상태를 유지하여야 하며, 최대 허용한계29 내에서 작동해야 한다.
- 내구성
  - 엔진은 내구성이 있게 설계/제작되어서 비행임무시간의 3배 이상30의 시간 동안 정상적으로 작동할 수 있어야 한다.

이송 및 보관요건은 해외 자료[24] 등에 수록되어 있으나, 이들은 해당국가의 운송환경 및 보관기간에 관련된 것이다. 예를 들면 러시아와 우크라이나의 엔진 보관요건은 보관장소 및 보관기간(20일, 4개월, 1년, 2년 등)에 따라 다른 기후조건을 적용하고 있다.

육상 이송환경(도로의 폭, 터널이나 육교의 높이 등)은 발사체 크기 또는 추진제 탱크의 직경에 제약을 주기도 한다. 국내외 발사체의 직경은 육상으로 이송 가능한 최대 직경으로 설계되는 경우가 많다.

표 1.11 이송 및 보관 요구조건[20]

- 육상 이송 요건
  - 엔진의 이송은 손상이나 구조적인 파괴가 없이 수행되어야 한다.
- 보존압
  - 엔진의 이송 시 외부물질이 엔진 내부로 유입되는 것을 방지하기 위하여 엔진 내부 공간은 질소가스로 충전되어야 한다.
- 보관 및 이송 환경
  - 엔진은 표 1.A의 환경조건에서 보관과 이송이 가능해야 한다.

29 엔진의 주요변수들의 최대 허용한계는 이 책의 4장과 5장에서 설명하는 엔진 사이클 해석으로 구할 수 있다.

30 재사용 엔진의 경우 큰 내구성을 요구한다. 우주왕복선용 SSME 엔진은 55회 재사용을 목표로 설계되었고, Blue Origin의 BE-4 엔진은 100회의 재사용을 목표로 개발되고 있다.

표 1.A 보관 및 이송 환경 조건

| 항목 | 단위 | 보관 시 | 이송 시 | 조건 |
|---|---|---|---|---|
| 압 력 | bar | 1.013 ± TBD | 1.013 ± TBD | |
| 온 도 | ℃ | 8~25 | -10~35 | |
| 상대습도 | % | ~80 | ~98 | (at T=25℃) |
| 강수량 | mm/min | - | 2.7(TBR) | |
| 진 동 | | - | ± 2g | |
| 공기중 염도 | $mg/m^3$ | $3.25 \times 10^{-3}$(TBR) | - | |

## 다. 요구조건 만족여부 검증

개발이 완료된 엔진이 요구조건을 만족시키는지 검증해야 한다. NASA의 시스템 엔지니어링[12]에서는 개발단계, 생산품의 형태, 비용 및 일정 등을 고려하여 생산품의 검증 방법으로 검사, 분석, 시연, 시험을 이용한다. NASA에서는 엔진개발요구조건의 모든 항목에 대하여 어떤 방법으로 검증할지를 요구조건 개발단계에서 정의하고 있다.

표 1.12 요구조건 검증 방법[12]

| 방 법 | 내 용 |
|---|---|
| 검 사 (Inspection) | 생산품에 대한 육안검사이며, 물리적 형상이나 특정 상태에 대한 요구가 있을 때 수행 |
| 분 석 (Analysis) | 수학적 모델과 해석기술을 이용하여 요구조건에 부합함을 판정하는 것으로, 생산품을 검증에 이용할 수 없을 때 수행 |
| 시 연 (Demonstration) | 생산품이 특정한 성능 요구조건에 부합하는지를 보여주는 것으로, 시험(Test)에 비하여 소량의 정보만 획득 가능 |
| 시 험 (Test) | 성능의 검증이나 성능의 분석을 목적으로 필요한 충분한 정보를 얻기 위해 생산품을 이용하는 행위 |

LIQUID ROCKET ENGINE

# 02 가압식 액체로켓엔진

“모든 작용에 대해 크기가 같고 방향이 반대인 반작용이 존재한다.”

– 아이작 뉴턴 (1643 ~ 1727)

인류 역사에 지대한 영향을 끼친 과학자

# 제1절 | 액체로켓

## 1 액체로켓의 필요성

로켓은 내부에 추진제를 탑재하고 있기 때문에 공기가 없는 우주에서도 비행이 가능하다. 따라서 현재 우주로 인공위성이나 인간을 보낼 수 있는 유일한 운송수단이다. 로켓은 추진제의 종류에 따라 액체로켓, 고체로켓과 하이브리드 로켓으로 분류할 수 있는데, 우주발사체용으로는 주로 액체로켓을 사용한다.

액체로켓의 경우 추진제의 효율이 높고, 밸브로 추진제의 유량을 조절함으로써 추력 제어가 가능하며, 발사 전에 다양한 방법으로 로켓의 신뢰성을 점검할 수도 있다. 이에 반하여 고체로켓은 한번 점화하면 정지가 불가능하고, 추진제의 연소속도와 추력의 제어가 어려워서 우주의 정확한 목표지점에 정해진 각도와 속력으로 도달해야 하는 우주발사체용으로 사용하기에는 해결해야 할 난제가 많다.

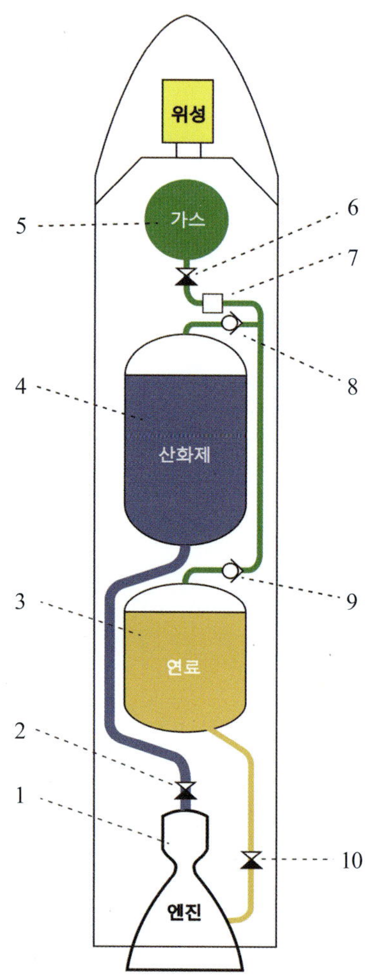

그림 2.1 액체로켓

## 2 액체로켓의 작동원리

액체로켓의 작동원리를 설명하기 위하여 가압식 엔진(Pressure-fed rocket engine)이 장착된 로켓을 그림 2.1에 도시하였다.

로켓의 상부에는 산화제 탱크(4)와 연료탱크(3)를 가압하기 위한 고압의 가스탱크(5)가 탑재되고, 산화제 탱크와 연료탱크는 배관으로 엔진의 연소기(1)와 연결된다.

로켓에 발사명령이 주어지면 개폐밸브(6)가 열려서 고압가스탱크로부터 가스가 나오고 압력 레귤레이터(7)를 통하여 적정한 압력으로 감압되어 각각 체크밸브(8,

9)를 거쳐서 산화제 탱크(4)와 연료탱크(3)에 진입한다. 산화제개폐밸브(2)와 연료개폐밸브(10)가 개방되면 가스로 가압된 산화제와 연료가 배관을 거쳐 연소실(1)로 진입한다. 연소실에 진입한 산화제와 연료는 혼합되고 점화되어 연소된다. 추진제의 연소로 에너지가 방출되면서 팽창하여 연소실에 고온고압의 연소가스가 발생하는데, 연소가스는 수축팽창노즐을 통하여 운동에너지로 바뀌어 노즐 밖으로 분출된다.

뉴턴의 작용과 반작용의 법칙에 따라 로켓은 연소가스의 유량($\dot{m}_{gas}$)과 분출속도($v_e$)의 곱에 해당하는 힘에 의해 연소가스의 반대방향으로 날아가게 된다.

## 제2절 | 추진기관

로켓의 **추진기관**(Propulsion system)은 로켓의 추력을 만들어내기 위하여 필요한 전체 시스템을 말하며, 엔진, 추진제 탱크(산화제 탱크와 연료탱크), 추진제 탱크의 충전/배출/공급을 위한 배관과 밸브들, 추진제 탱크를 가압하기 위한 공압탱크와 밸브들, 포고방지 및 벤트 장치 등으로 구성된다.

그림 2.2는 로켓추진기관의 설계 원리를 설명하기 위한 가압식 추진기관의 예이다.[1]

추진제는 압력이 높은 곳에서 낮은 곳으로 흐른다. 따라서 가압식 추진기관에서 추진제 탱크의 압력이 엔진의 연소압보다 커야 한다.

### (1) 지상에서 추진기관의 연소압

지상설비에서 추진기관을 시험할 때를 고려해보자.

산화제 탱크 상부의 가스가 있는 공간(**얼리지 공간**)에 압력을 $P_{ox}$라고 하면 산화제 탱크의 바닥에서 압력은 산화제가 채워진 높이 $h$에 의한 압력(산화제 밀도 × 높이)만큼 커져서 $P_{ox} + \rho h_{tank}$가 된다(그림 2.2에서 산화제 압력변화 중 ① 구간에 해당).

산화제 탱크로부터 엔진입구까지 산화제의 압력변화는 수두(높이)의 영향과 배관에서 수력저항에 따라 변화한다. 산화제 탱크에서 엔진 입구까지는 산화제 탱크~엔진 사이 배관의 높이만큼 압력증가($+\rho h_{pipe}$) 요인이 있는데 반하여 유체가 흐를 때 배관벽에 의한 마찰과

1 가스의 압력으로 추진제를 밀어서 연소기에 추진제를 공급함으로 **'가압식' 추진기관**이다. 터보펌프를 이용한 추진제 공급방식을 갖는 추진기관에서는 터보펌프가 추진제의 압력을 높여서 연소기로 추진제를 공급하며, 이에 대해서는 3장에서 다룬다.

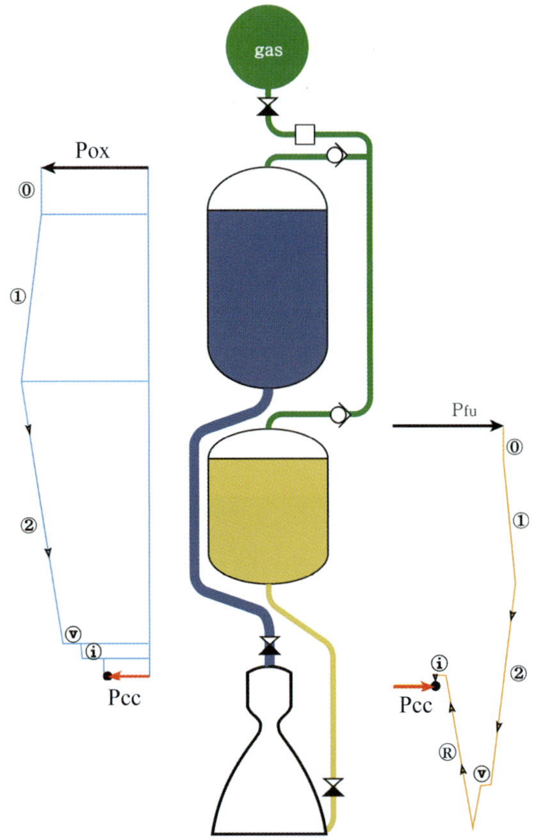


그림 2.2 추진기관의 구조와 추진제 압력변화

밸브나 구부러진 곡관에서 국소저항 등으로 $\Delta P_{hydraulic}$만큼의 압력 감소요인이 있다.

일반적으로 추진제의 흐름이 있는 배관에서 차압이 수두압($\rho h$)보다 크므로 추진제 배관에서 압력은 감소한다(그림 2.2에서 ② 구간에 해당).

배관을 지난 추진제는 연소기의 분사기를 거쳐서 연소실 내부로 들어가는데, 분사기에서 압력 $\Delta P_{inj}$이 감소한다.

이러한 추진제 흐름(탱크 → 배관 → 밸브 → 분사기 → 연소실)과정 동안의 압력 변화를 고려하여 연소압 $P_c$을 산화제 공급라인의 압력변화들로 표현할 수 있다.

$$P_c = P_{ox} + \rho h_{tank} + \rho h_{pipe} - \Delta P_{hydraulic} - \Delta P_{inj}$$

즉, 연소압 $P_c$는 탱크 가압압력(얼리지 공간 압력)에 추진제 중량에 의한 수두압를 더하고 추진제 공급라인의 압력손실을 뺀 값이다.

연료 쪽도 산화제 라인과 유사한데 한 가지 다른 점은 연료는 추가로 연소기의 재생냉각채널[2]을 통과한다는 점이다. 따라서 재생냉각채널에서 차압 $\Delta P_{reg.cooling}$이 고려되어야 한다.

연료 라인의 경우 차압식은 다음과 같다.

$$P_c = P_{fu} + \rho_{fu} h_{tank'} + \rho_{fu} h_{pipe'} - \Delta P'_{hydraulic} - \Delta P_{reg.cooling} - \Delta P'_{inj}$$

일반적으로 연료 라인의 밸브들과 연소기의 재생냉각채널차압이 상당히 큼으로 연료탱크의 가압 압력은 산화제 탱크의 가압 압력보다 커야 한다 ($P_{fu} > P_{ox}$).

### (2) 비행 시 추진기관의 연소압

만약 로켓이 각 $\theta$을 가지고 가속하며 비행 중에 있다면 연소압은 다음과 같다.

$$P_c = P_{ox} + \rho(h_{tank} + h_{pipe})\sin\theta + \rho(h_{tank} + h_{pipe})\frac{a}{g} - \Delta P_{hydraulic} - \Delta P_{inj}$$

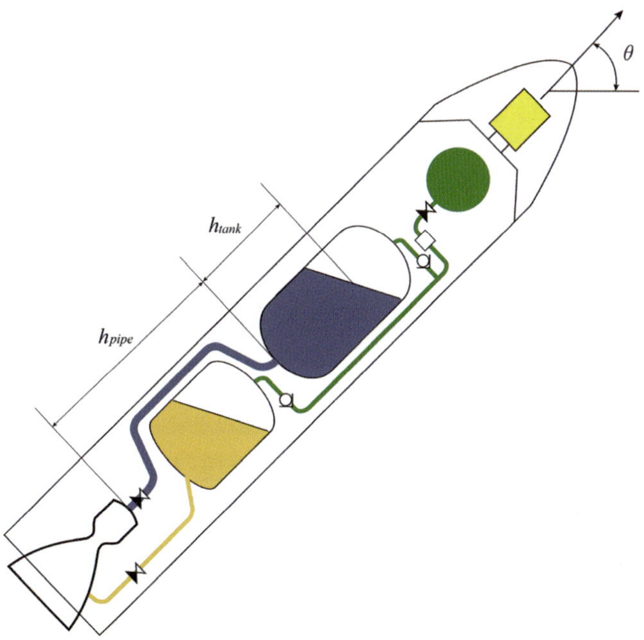


**그림 2.3** 비행하는 로켓의 추진제 탱크 가압 압력

2 **재생냉각채널**은 연소기 내부의 고온연소가스로부터 연소기의 안쪽 벽을 보호하기 위해 연소실과 노즐 벽에 냉각제가 흐르도록 만든 채널이다. 액체로켓엔진에서 일반적으로 냉각제로는 산화제 대신 연료를 사용한다. 냉각제로 산화제를 드물게 사용하는 이유는 연소기 벽에 국부적인 균열이 발생할 경우 산소가 금속을 발화시켜 연소기에서 화재가 빠르게 진전되기 쉽기 때문이다. 저추력 엔진의 경우 재생냉각채널을 적용하지 않는 경우도 있다.

위 식을 추진제 탱크 가압압력으로 다시 정리하면, 연소기에서 압력 $P_c$를 얻기 위한 비행 중인 추진제 탱크의 가압압력을 계산할 수 있다.

$$P_{ox} = P_c + \Delta P_{hydraulic} + \Delta P_{inj} - \rho(h_{tank} + h_{pipe})\sin\theta - \rho(h_{tank} + h_{pipe})\frac{a}{g}$$

일반적으로 수두압에 의한 압력증가보다 수력학적 차압이 크므로

$$\rho(h_{tank} + h_{pipe})\left(\sin\theta + \frac{a}{g}\right) < \Delta P_{hydraulic} + \Delta P_{inj}$$

이고, 따라서 가압식 추진기관에서 추진제 탱크의 압력은 연소압보다 커야 한다 ($P_{tank} > P_c$).

일례로 연소압이 $P_c = 20 \sim 25\,bar$이라면 추진제 탱크압은 $P_{tank} = 30 \sim 50\,bar$ 정도이다.

## 제3절 | 가압식 액체로켓엔진

**액체로켓엔진**은 로켓 내부에 저장한 액체추진제를 연소실에서 연소시켜서 노즐로 분사시킴으로써 추진력을 얻는 엔진을 말한다.

이 절에는 가압식 엔진의 구조와 작동 방법 그리고 엔진의 주요 구성품에 대하여 알아보고자 한다.

앞서 그림 2.1과 2.2에서 간략하게 묘사된 가압식 엔진을 보다 자세히 그리면 그림 2.4와 같다. 가압식 엔진은 연소기, 추진제 배관, 개폐밸브 및 공압시스템[3] 등으로 구성된다.

엔진이 접촉발화성 추진제[4]를 사용할 경우 엔진 시동 준비단계에는 산화제 개폐밸브(1) 전단까지 산화제가 차있고, 연료 개폐밸브(4) 전단까지 연료가 충전된다.

엔진 시동명령과 함께 솔레노이드 밸브(3)를 개방하여 고압의 헬륨가스(2)로 공압밸브인 **산화제 개폐밸브**(MOV : Main Oxidizer Valve)와 **연료 개폐밸브**(MFV : Main Fuel Valve)

---

3 **엔진의 공압시스템**은 개폐밸브 구동과 엔진 내부 퍼지(purge)를 위한 장치로, 헬륨탱크, 솔레노이드 밸브, 체크밸브와 공압튜브 등으로 이루어진다.

4 **접촉발화성 추진제**(hypergolic propellant)는 산화제와 연료가 서로 만나면 점화원이 없어도 자체 발화하는 추진제로, 자발성 추진제 또는 접촉점화성 추진제라고도 한다. 접촉발화성 추진제로는 사산화 이질소($N_2O_2$)+에어로진 50, 사산화 이질소($N_2O_2$)+UDMH, 사산화 질소($N_2O_4$)+MMH 등이 있다.

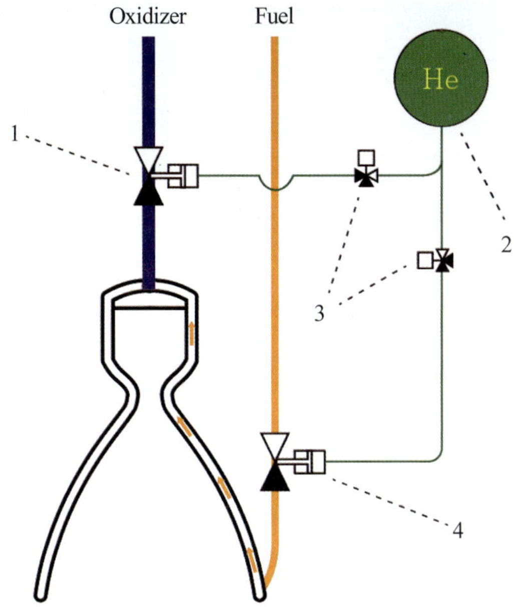


**그림 2.4** 가압식 엔진

를 열면 연소실로 산화제와 연료가 들어간다. 연료는 연소기의 재생냉각채널을 통과하여 연소실로 들어가므로 MOV와 MFV를 동시에 개방하면 산화제보다 연료가 늦게 연소실로 진입하게 되어 정상적인 점화가 되지 않을 수 있다.[5] 접촉 발화성 추진제를 사용할 경우 산화제와 연료가 연소기에 동시에 진입해야 하므로 MFV의 개방은 연료가 재생냉각채널을 통과하는 시간만큼 MOV 개방시간보다 일찍 이루어져야 한다.

연소실로 들어간 산화제(예 $N_2O_4$)와 연료(예 MMH)가 접촉 후 발화해서 고온고압의 가스가 발생하고, 이 연소 가스가 노즐을 통과하면서 가속하여 고속으로 분출하면서 로켓에 추진력을 제공한다.

엔진을 정지시킬 때는 솔레노이드 밸브를 닫는다. 이로써 MOV와 MFV에 제공했던 가스가 제거됨에 따라 MOV와 MFV가 닫히고 연소실에 추진제 공급이 차단되면서 연소가 종료된다.

5 케로신 엔진의 경우 점화연료(**TEAL**: 산소와 접촉하면 발화하는 연료)를 이용하여 추진제를 점화시킨다. 엔진의 안정적인 시동을 위하여는 연소기에 산소가 진입한 직후에 점화연료가 들어가서 산소와 발화하고 화염이 활발할 때 케로신이 연소기에 진입하는 것이 적절하다.

## 제4절 | 가압식 액체로켓엔진의 주요 구성품

가압식 액체로켓엔진의 주요 구성품인 연소기, 개폐밸브, 배관 및 공압시스템에 대하여 보다 상세히 알아보자.

### 1 연소기

**연소기**는 액체로켓엔진의 필수 구성품으로, 그 내부에서 추진제는 화학적 반응의 결과로 고온의 연소가스로 변하고, 노즐을 통하여 분출하면서 반동력을 일으킨다.

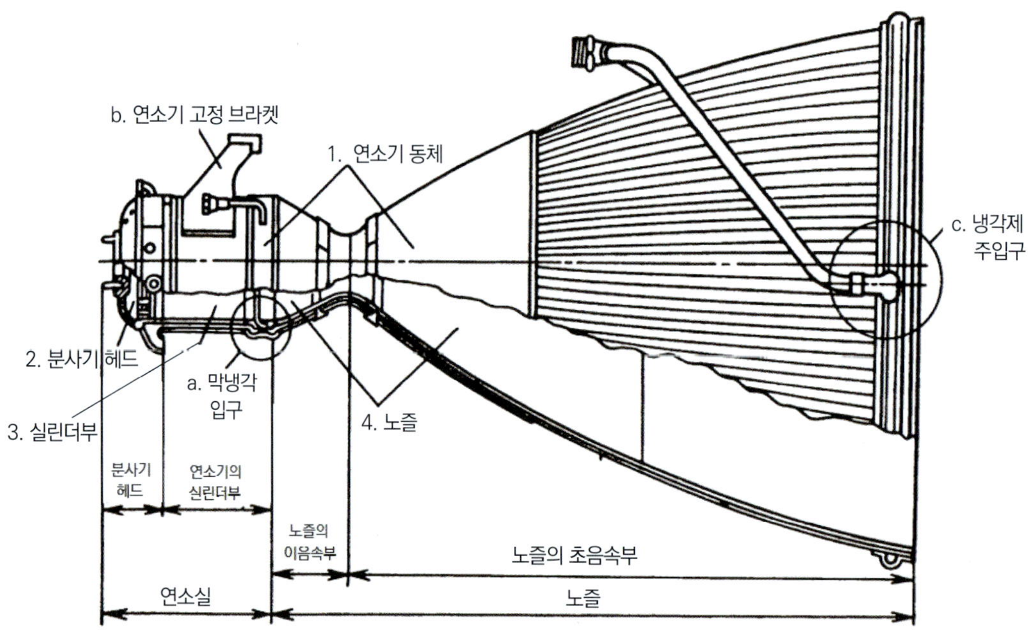


그림 2.5 연소기의 구조[1]

일반적인 연소기는 분사기, 연소실, 재생냉각채널과 노즐로 구성된다.

#### (가) 분사기 헤드(injector head)

**분사기**(injector)는 연소실 내부로 추진제를 미립화하여 분사시키기 위한 작은 홀이며, 분사기 헤드는 연소기에서 사용되는 분사기들의 집합체이다. 연소실로 공급되는 산화제와 연료의 혼합물 형성은 추진제의 점화, 연소 속도, 연소 품질 및 연소불안정에 크게 영향을 줌으로, 분사기는 추진제를 가장 빠르고 완벽하게 혼합할 수 있어야 한다.

케로신을 연료로 사용하는 엔진의 경우 충돌형 분사기(F-1 엔진), 와류 동축 분사기(RD-170 계열 엔진)와 핀틀 분사기(Merlin 1D 엔진)를 사용한다.

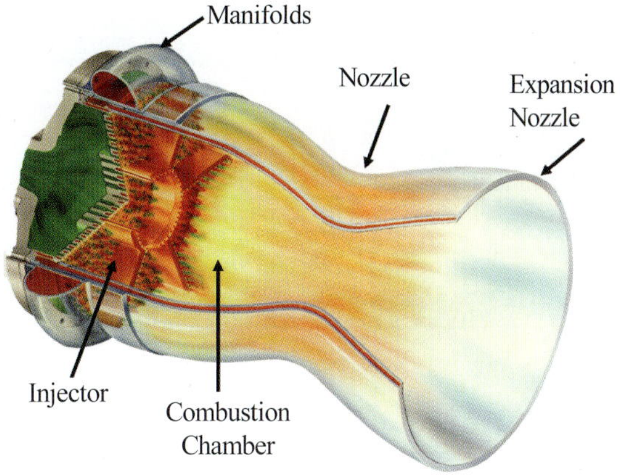


그림 2.6 연소기의 분사기 [2]

수소 엔진(SSME, RD-0120, LE-7A, RS-68, Vulcain)과 메탄을 연료로 사용하는 엔진의 경우 전단 동축 분사기를 주로 사용한다.

그림 2.7은 액체로켓엔진에서 주로 사용되는 분사기의 형태를 보여준다.

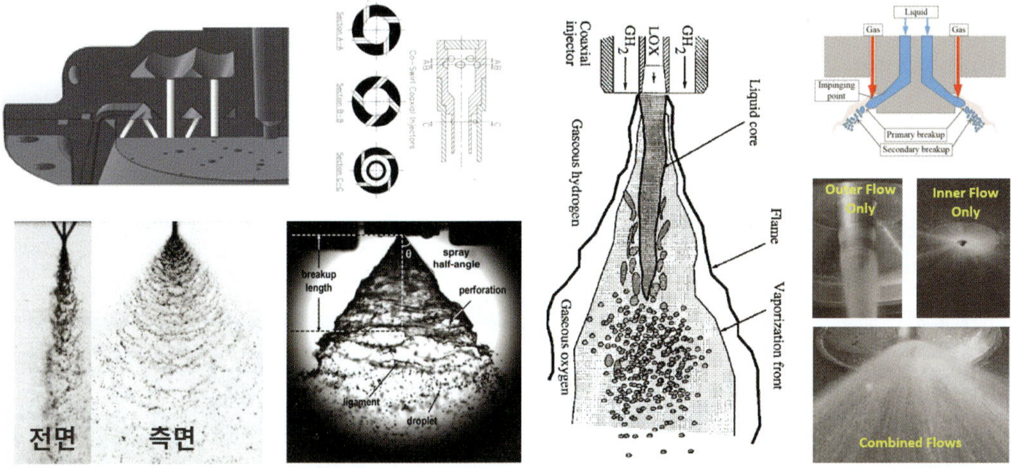


(a) 충돌형 분사기[3,4] (Impinging injector)　(b) 와류 동축 분사기[5,6] (Swirl coaxial injector)　(c) 전단 동축 분사기[7] (Shear coaxial injector)　(d) 핀틀분사기[8,9] (Pintle injector)

그림 2.7 분사기의 종류

### (나) 연소실

**연소실**은 연소기의 분사기 헤드에서 노즐이 시작되는 지점 사이 공간으로, 이곳에서 추진제의 혼합, 발화 및 연소과정이 완료된다.

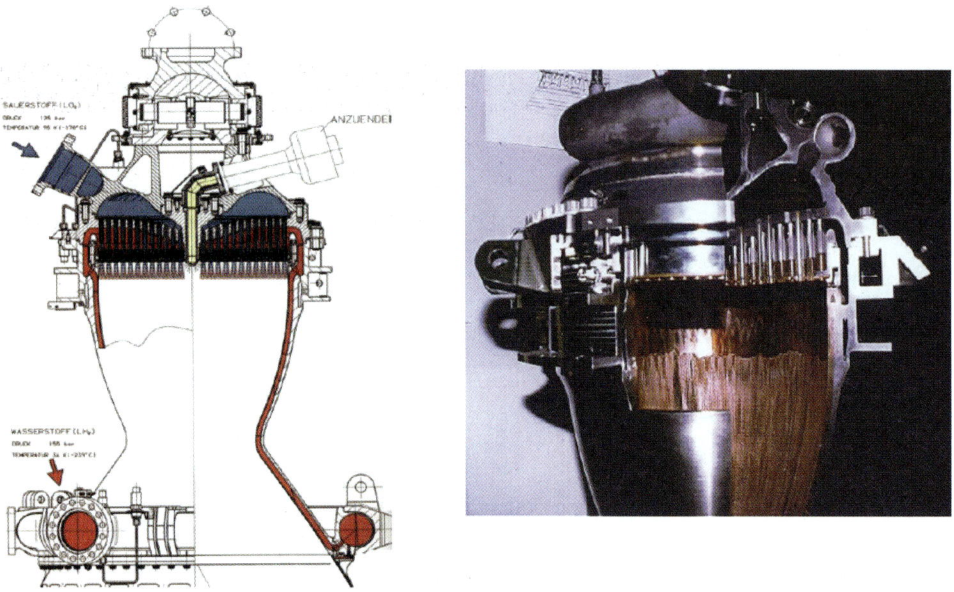

그림 2.8 Vulcain 엔진의 연소실 [10,11]

## (다) 재생냉각채널

연소실 내벽이 고온의 연소가스로 인해 손상되지 않게 하기 위하여 냉각유체(주로 연료)를 연소실벽 채널에 흘려보내서 연소실 내벽을 냉각[6]시킨다. 연소실 내벽으로부터 연료로 흡수된 열은 다시 연소기로 들어가게 되므로 이러한 냉각방식을 **재생냉각**(regenerative

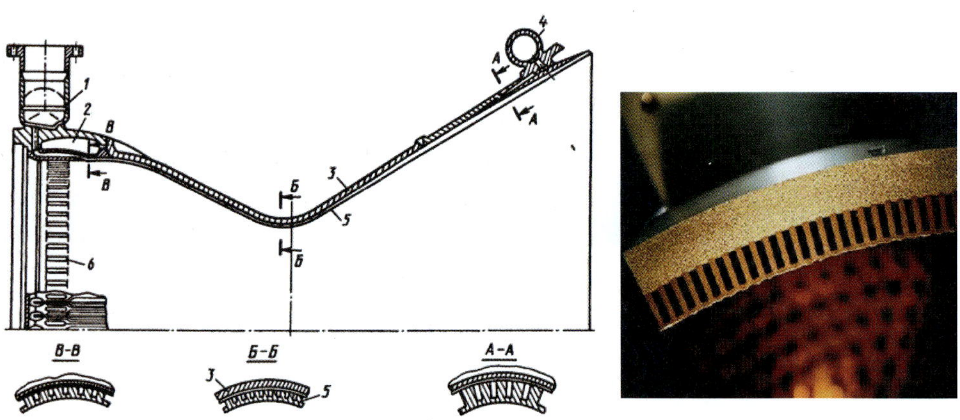


그림 2.9 SSME의 재생냉각채널 구조(좌)와 Vulcain엔진의 재생냉각채널(우) [1,2]

6 연소기 벽을 보호하기 위한 방법은 재생냉각채널 사용 이외에도, 막냉각(film cooling), 트랜스퍼레이션 냉각(transpiration cooling), 복사냉각, 삭마냉각(ablative cooling), 덤프 냉각(dump cooling) 등이 있다. 연소기의 냉각 방식에 대하여 3장 7절에 설명되어 있다.

cooling)[7]이라 부른다.

### (라) 노즐

액체로켓엔진의 **노즐**은 축소 팽창의 구조를 갖고 있으며, 노즐에서 연소가스의 열에너지가 운동에너지로 변환되어 분출된다.

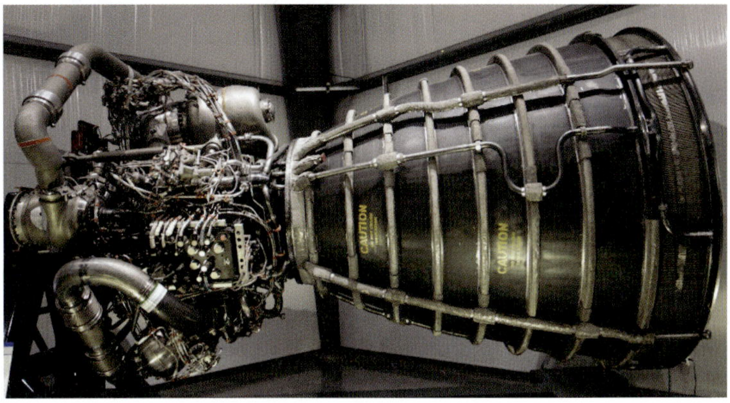


그림 2.10 SSME 엔진

## 2 개폐밸브

**개폐밸브**는 산화제 라인과 연료 라인에 각각 하나씩 있으며, 엔진의 시동 시에 개폐밸브를 열어서 추진제를 연소실로 공급하고, 정지 시에 개폐밸브를 닫아서 추진제 공급을 차단함으로써 연소를 종료시킨다.

가장 일반적인 개폐밸브 방식인 공압밸브의 구조는 그림 2.11과 같다.

그림 2.11의 왼쪽은 평소에 개방되어 있다가 제어가스를 상부에 공급하면 피스톤이 내려가면서 밸브가 닫히는 형태(**normally open valve**)이고, 오른쪽 그림은 평상시에는 닫혀있다가 제어가스를 공급하면 피스톤이 위쪽으로 올라가서 개방되는 형태이다. 이러한 밸브를 **normally closed valve**이라고 부른다. 엔진 보관이나 발사대기시 이물질이 엔진 내부로 들어오는 것을 방지하기 위하여 일반적으로 normally closed 타입의 밸브를 사용한다.

7 산화제는 금속을 부식시키거나 상대적으로 화재발생에 취약해서 연소기의 재생냉각채널 냉각유체로는 주로 연료를 사용한다. 최근 소형 엔진의 경우 액체산소를 재생냉각채널의 냉각유체로 사용하는 경우도 있다.

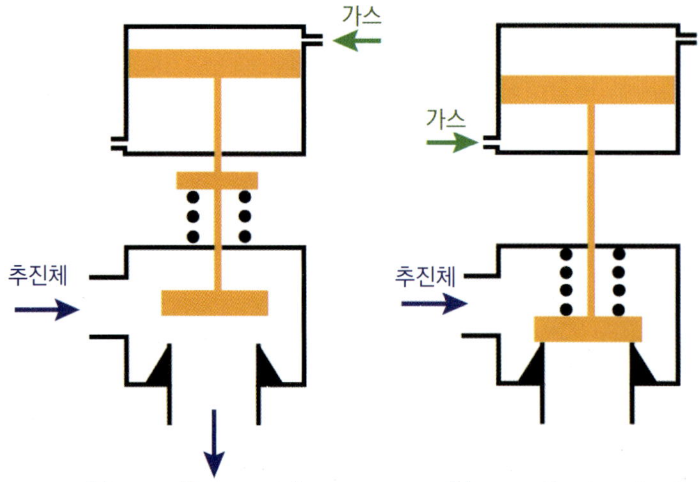


(a) normally open valve, (b) normally closed valve

그림 2.11 공압밸브의 구조

## 3 배관

**배관**을 통하여 탱크에 저장된 추진제가 연소기로 이동한다.

엔진의 추력은 추진제의 유량과 정비례하는데, 엔진의 추력이 정해졌을 때(즉, 유량이 정해졌을 때) 배관의 직경이 크면 유속이 떨어져서 배관에서 차압 손실이 적어지는 장점이 있으나 배관무게가 증가한다. 반대로 배관 직경을 작게 하면 유속이 빨라서 차압이 커지고,[8] 개폐밸브를 급하게 닫을 시에 수격(water hammering)의 발생이 가능하다.

일반적인 배관의 직경은 펌프 전단에서 유속이 4~10m/s, 펌프 후단에서 유속이 15~30 m/s에 해당하게 결정된다.[1,12]

추진제가 극저온유체(액체수소 또는 액체메탄)일 경우에는 단열과 배관 자체의 수축을 고려해야 한다. 상온 추진제의 배관인 경우에도 엔진이 점화되면 연소기가 길이방향으로 팽창하므로 이를 보상하기 위하여 굽은 배관 또는 **유연배관**(밸로우즈)을 연결해 사용한다.

8 배관에서 차압(수력저항)은 유속의 제곱에 비례한다.

$$\Delta P = \zeta \frac{L}{d}\frac{1}{2}\rho v^2$$

여기서 $\zeta$는 저항계수, $L$은 배관 길이, $d$는 배관 직경, $\rho$는 유체의 밀도, $v$는 유체의 속도이다.

## 4 엔진 공압시스템

**엔진의 공압시스템**은 공압 밸브를 제어하기 위한 압력을 제공하고 엔진에 퍼지용 가스 공급을 목적으로 한다. 엔진의 공압시스템은 고압탱크, 솔레노이드 밸브, 체크밸브, 압력 레귤레이터와 튜브 등으로 구성된다.

### (가) 고압 탱크

동구권에서는 헬륨가스를 220bar로 충전한 고압 탱크를 많이 사용한다. 상단용 엔진의 경우 시동 전 퍼지[9]를 위해 고압 질소 탱크를 추가로 장착하기도 한다.

### (나) 솔레노이드 밸브

**솔레노이드 밸브**는 전자석의 힘을 이용하여 개폐하는 밸브로서, 전기로 제어가 용이하므로 공압시스템에 널리 사용된다.

솔레노이드 밸브의 작동 방법은 다음과 같다.

전기가 인가되지 않은 상태(그림 2.12의 좌)에서 가스가 내부공간 (1)까지 들어가서 main valve (2)를 좌측으로 밀어(α) 출구가 닫힌 상태로 있게 된다. 만약에 전기가 솔레노이드 (3)에 주어지면 전자기력에 의하여 전기자(4)가 하부로 내려가서 가스의 공급을 막음(β)과 동시에 내부 공간 (1)에 있는 가스가 drain 포트(5)를 통해 밖으로 배출된다. 이로써 입구쪽 가스의 힘(γ)에 의하여 main valve (2)가 우측으로 이동하면서 밸브의 출구가 개방되고 가스가 출구로 흐르게 된다.

9 **퍼지**(purge)란 엔진 시동 전에 고압가스로 추진제 라인에 있는 이물질을 깨끗이 불어내어 배출시키거나, 엔진 정지 시 잔류 추력의 분산을 줄이기 위하여 배관에 남아있는 추진제를 고압의 가스를 이용하여 연소기로 밀어내는 것 또는 안전을 위하여 터보펌프의 펌프들 사이 공간에 불활성 가스(헬륨 또는 질소)를 불어넣는 것 등을 말한다.

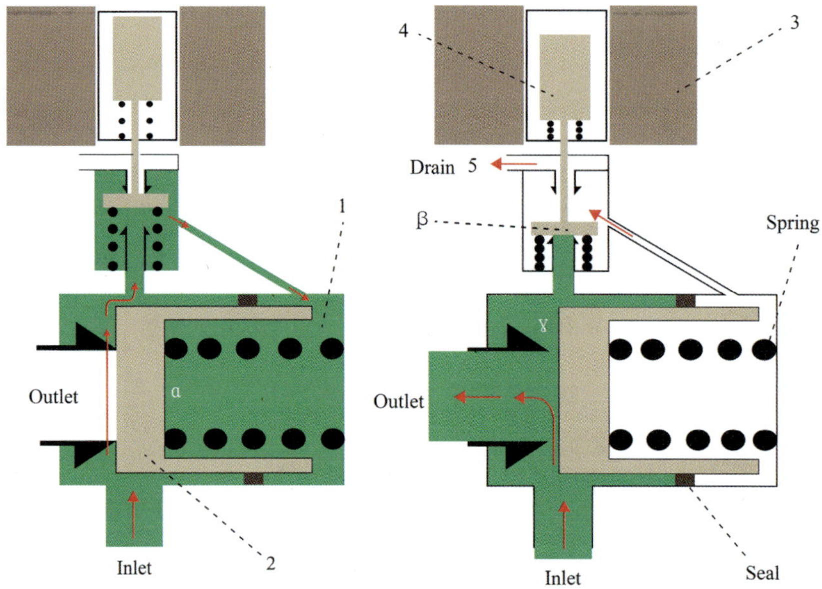


그림 2.12 솔레노이드 밸브의 구성과 작동 원리

### (다) 체크밸브

**체크밸브**는 유체를 한쪽 방향으로만 흐르게 하는 밸브이다.

액체로켓엔진에서 체크밸브는 다음과 같은 역할을 수행한다.

- 엔진 내부공간의 퍼지를 위한 가스 공급 라인에 설치되어, 엔진에 추진제가 공급될 때 추진제가 퍼지를 위한 공압라인으로 역류하는 것을 방지한다.[10]
- 엔진 시동 중에 산화제가 시동 연료의 공급라인으로 유입되는 것을 방지한다.
- 가스의 드레인 라인에 설치하여 외부 공기가 드레인 라인으로 역류하여 들어가는 것을 방지한다.

체크밸브의 작동원리는 그림 2.13과 같다.

좌측에서 유체가 들어가면 유체의 압력에 의하여 스프링이 줄어들어서 유로가 개방된다. 반대로 우측에서 유체가 진입할 때는 유로가 막혀서 흐름이 발생하지 않는다.

10 퍼지(purge)라인이 엔진의 산화제 라인과 연료 라인에 연결되고, 이 퍼지라인을 통하여 불활성 기체(헬륨이나 질소)를 공급함으로써 엔진 내부 공간에서 이물질을 불어내는 방식으로 청소를 한다. 그런데 엔진이 작동 중일 때는 추진제 라인의 압력이 더 높아서 그리고 엔진을 보관 중일 경우에는 농도의 평형상태를 유지하려는 자연적 현상으로 퍼지라인을 통하여 연료(또는 연료 유증기)가 산화제 라인으로 이동할 위험성이 있다. 이를 방지하기 위하여 퍼지라인에는 체크밸브를 설치하여 연료가 퍼지라인으로 역류하는 것을 막는다.

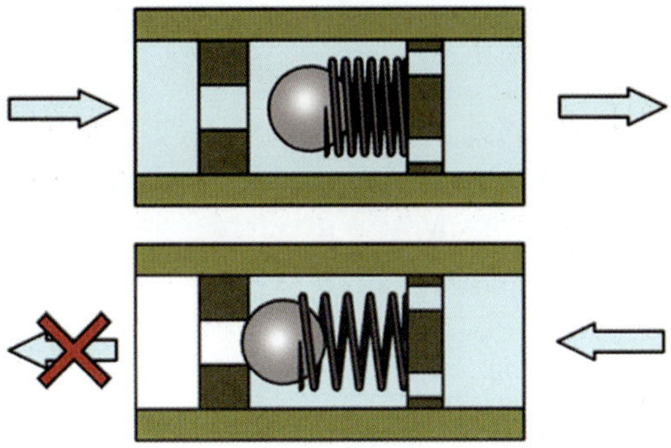

그림 2.13 체크밸브의 작동 원리 [13]

### (라) 압력 레귤레이터

**압력 레귤레이터**는 높은 전단압 대비 후단으로 나가는 압력을 일정하게 조절해주는 장치이다. 엔진에서는 공압탱크에 고압의 가스(220~300bar)를 저장한 후에 필요 시 압력 레귤레이터를 이용하여 적정한 압력으로 낮추어 사용한다.

압력 레귤레이터의 작동 원리는 다음과 같다.

압력 레귤레이터 출구 압력이 높으면 스프링 힘(Fs)으로 눌리고 있는 맴브레인에 상부로 미는 힘(F)이 증가한다. 이때 맴브레인은 상부로 이동하게 되고 맴브레인과 막대(2)로 연결된 포핏(poppet) 또한 상부로 이동하면서 흐름이 있는 홀의 단면적을 줄인다. 이로써 차압이 증가하고 레귤레이터의 출구압이 감소한다. 반대로 압력 레귤레이터의 출구압력이 낮으면 막대(2)가 아래로 내려가서 홀의 유로 단면적이 커지고 출구압이 높아진다. 압력 레귤레

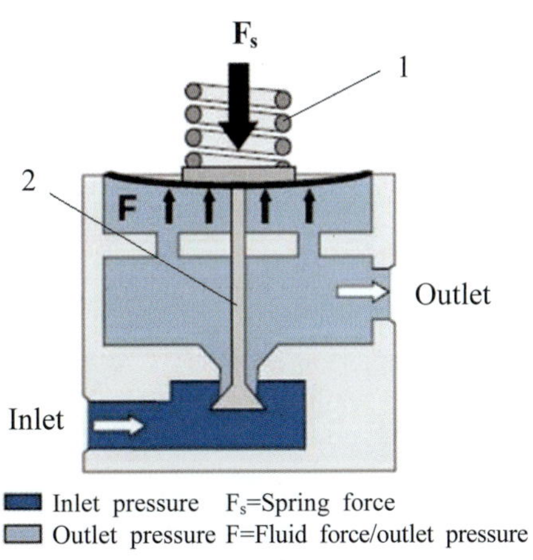


(a) spring loaded regulator

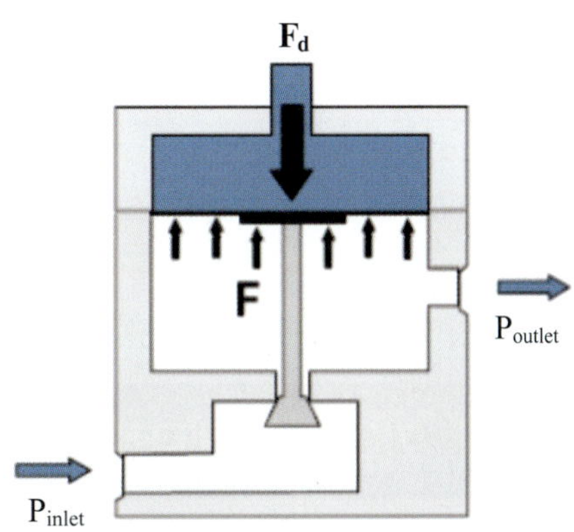


(b) dome loaded regulator

그림 2.14 압력 레귤레이터 [14]

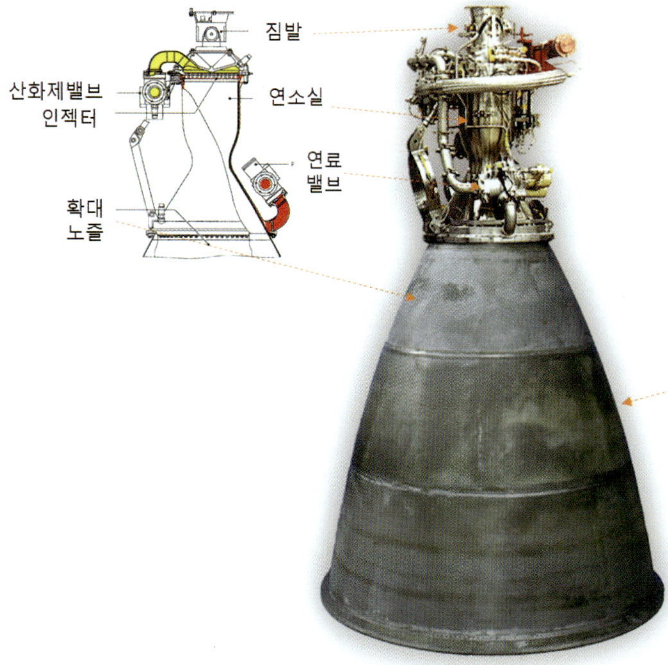


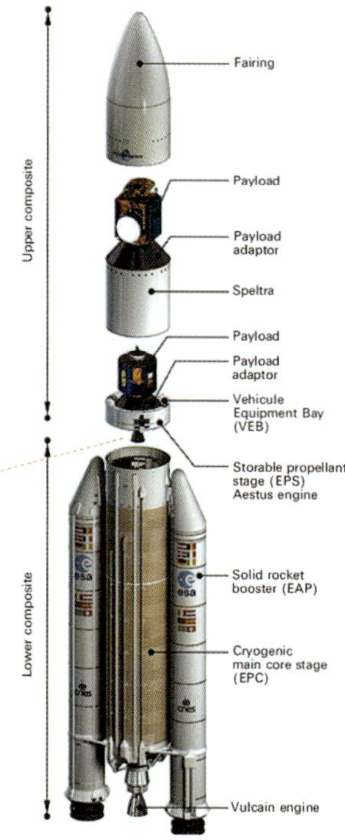


**그림 2.15** Aestus 엔진(좌)과 Ariane-5 [15]

이터 후단에서 얻고자 하는 출구압에 상응하는 스프링 힘(Fs)이 주어지면 레귤레이터의 작동원리에 의해서 출구압은 항상 일정한 수준을 유지하게 된다.

위에서 가압식 엔진의 이해를 돕기 위한 주요 구성품을 언급하였다.

가압식 엔진은 터보펌프를 사용하는 엔진(표 1.3에 제시된 구성품)에서 터보펌프와 가스발생기 그리고 이들과 관련된 가스발생기 개폐밸브와 유량제어밸브, 터빈배기부 등을 제외한 구조로 되어 있다.

## 제5절 | 가압식 액체로켓엔진의 예: Aestus 엔진

가압식 액체로켓엔진의 적절한 예로 Aestus 엔진이 있다.

**Aestus 엔진**은 Ariane 5 로켓의 상단용 엔진으로 접촉발화성 추진제(hypergolic propellant)인 $N_2O_4$(Nitrogen tetroxide/사산화 이질소)와 MMH(Monomethylhydrazine)를 사용한다.[11] 접촉발화성 추진제는 독성이 강하여 취급에 어려움이 있으나, 점화장치가 필요하지 않으므로 재점화 엔진용으로 장점을 가진다.

Aestus 엔진의 진공 추력은 29.6kN, 진공비추력은 324초이며, 연소압은 11bar, 노즐 팽창비는 84이다. 연소기의 초음속부는 확대노즐이 부착된 형태로 제작되었다.[12]

가압식 추진기관에서는 추진제탱크의 압력이 엔진의 연소압보다 크다. 따라서 추진제 탱크는 고압을 견뎌야 하므로 탱크의 벽이 두껍고 무게도 많이 나간다. Ariane 5의 상단에는 길이를 줄이면서 엔진의 배치가 가능하며 구조적으로 더 안정한 구형 탱크가 사용되었다.

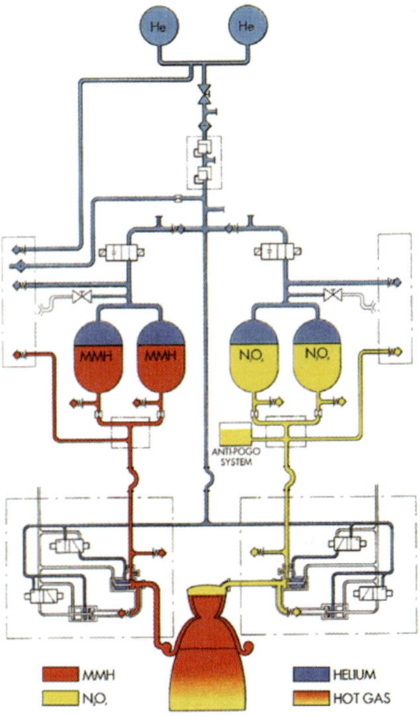


**그림 2.16** Aestus 엔진이 장착된 추진기관(좌)과 구성도(우) [15]

---

11 **사산화 이질소**는 강한 독성과 부식성을 가진 산화제이고, 연료인 **MMH**는 유독성 발암물질이다. 반면 두 물질 모두 상온에서 저장가능하고 접촉 발화하여 긴 비행시간 동안 재점화가 필요한 상단 엔진 및 우주왕복선의 궤도기동장치(orbital maneuvering system)와 자세제어장치(reaction control system)에 사용되어 왔다.

12 고공용 엔진의 경우 노즐팽창비가 커서 지상환경 시험설비에서 연소시험을 수행할 수 없다. 따라서 많은 경우 지상에서 시험이 가능한 단축노즐에 확대노즐을 결합하는 형태로 노즐을 제작한다. 고공용 엔진개발 시 먼저 단축노즐을 이용하여 지상환경에서 연소시험을 마친 후에 확대노즐을 붙여서 고공환경 모사가 가능한 설비에서 고공환경 연소시험을 수행한다.

Aestus 엔진의 제원은 표 2.1과 같다.

표 2.1 Aestus 엔진의 제원

| 항목 | 단위 | 내용 |
|---|---|---|
| 추진제 | | $N_2O_4$ / MMH |
| 추진제 혼합비 | | 1.9 |
| 사이클 | | 가압식 |
| 추력 (진공) | kN | 29.6 |
| 추진제 탱크압 | bar | 17.7 |
| 연소압 | bar | 11 |
| 추진제 유량 | kg/s | 9.3 |
| 비추력 (진공) | sec | 324 |
| 임무시간 | sec | 1100 |
| 노즐 팽창비 | | 84 |
| 길이 | m | 2.2 |
| 직경 | m | 1.31 |
| 무게 | kg | 111 |
| 재점화능력 | | 다수 재점화 가능 |
| 첫비행 | | 1997년 10월 30일 |
| 발사체 | | Ariane 5 G and ES |

## 제6절 | 가압식 엔진의 특징

**가압식 추진제 공급방식**은 추진제 탱크를 가스로 가압하여 추진제를 연소기로 보내는 방식이다.

가압식은 구조가 간단하지만, 추진제 탱크의 압력이 연소기의 압력보다 높아야 하므로, 추진제 탱크의 벽은 고압의 상태를 견디기 위해 두꺼워야 하고 결국 발사체 전체 무게의 증가를 가져온다. 따라서 가압식은 추력이 작거나 작동시간이 짧은 경우에 한하여, 연소압이 2.0~3.0MPa 이하에서 주로 사용된다. 가압식 엔진은 작은 추력임펄스(thrust×time)와 낮은 연소압일 때 터보펌프 공급방식에 비하여 이점을 가질 수 있다. 연소압이 2.0~3.0MPa을 넘을 때는 추진제 탱크의 무게가 크게 증가하므로 터보펌프를 이용한 추진제 공급방식을 사용하는 것이 합리적이다.

그림 2.17에서는 가압식과 터보펌프 공급방식을 사용하는 엔진의 추력과 시간범위를 보여주고 있다.

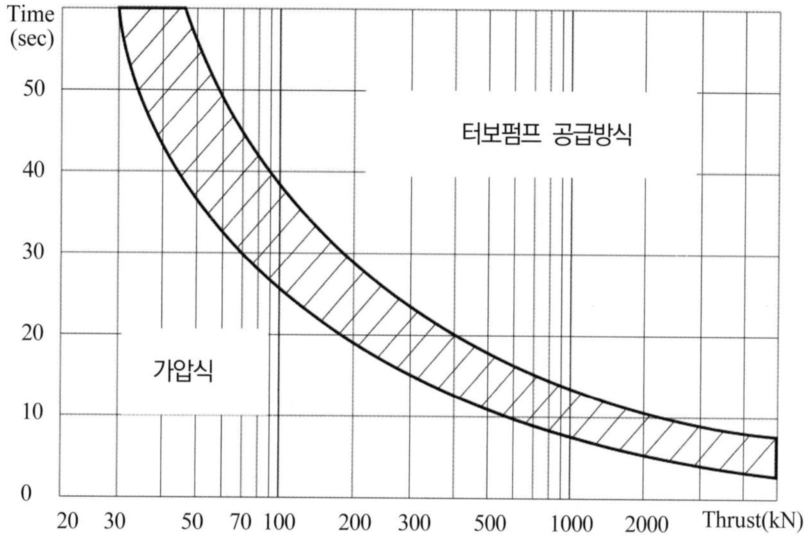


**그림 2.17** 가압식과 펌프사용 추진제 공급 방식의 적용 영역

펌프를 이용한 추진제 공급방식(이하 터보펌프 공급방식)은 가압식에 비하여 시스템이 복잡해지는 단점이 있으나, 추진제 탱크가 연소압과 관계없이 낮은 압력상태에 놓이므로 추진제 탱크 부피를 크게 가져갈 수 있고, 따라서 연소압이 높고 고추력인 추진기관에서 일반적으로 채택하고 있다.

터보펌프 공급방식를 채택한 엔진의 경우 추진제 탱크의 압력은 펌프에서 캐비테이션이 일어나지 않고, 탱크의 필요한 강성을 유지할 수 있는 정도에서 결정되는데 보통 0.3~0.4MPa을 넘지 않는다. 터보펌프 공급방식에서는 펌프에서 추진제 압력을 높여서 연소실로 보내는데, 이때 터빈 및 펌프를 구동시키는 방법에 따라 엔진의 구조(scheme)가 결정된다. 터보펌프를 이용한 추진제 공급방식 엔진의 구조에 대해서는 3장에서 자세히 설명하였다.

# 제7절 | 로켓 추진제의 이해

## 1 추진제의 연소 성능

추진제는 연소 시에 최대 에너지를 발산해야 한다. 연소기에서 발산된 화학적 에너지는 노즐을 통해서 운동에너지로 변환되고, 이 운동에너지가 로켓을 비행하게 만든다.

추진제가 연소할 때 발산하는 화학적 에너지(발열량 또는 엔탈피)를 식으로 기술하면,

$$\Delta H = H_{연소전} - H_{연소후} = H_{추진제} - H_{연소가스}$$

이다.

추진제의 연소 성능은 연소 시에 에너지 방출량으로 측정될 수 있다.

추진제의 연소 전 엔탈피와 연소 후 엔탈피 차이가 최대로 될 때 엔진은 가장 좋은 성능을 갖는다.

### 가. 비추력

**비추력**(specific impulse: Isp)은 추진제 유량당 추력으로 정의되며, 로켓연료의 효율성을 나타내는 단위[13]이다.

$$Isp = \frac{F}{\dot{m}}$$

따라서 추진제의 비추력이 클수록 추진제의 성능이 좋다는 것을 의미하며, 동일한 추진제 양으로 더 많은 일을 해낼 수 있다. 만약 특정 추진제에 대하여 '엔진의 비추력이 크다'고 말하면 이때는 '엔진의 성능이 좋다'는 뜻이다.

---

13 비추력의 단위로 초(sec)를 많이 사용하며, 드물게는 m/s도 사용된다.

$$Isp[sec] = \frac{F}{\dot{m} \cdot g}, \quad \frac{[kg \cdot m/sec^2]}{[kg/sec] \cdot [m/sec^2]}\ ;\ Isp[m/s] = \frac{F}{\dot{m}}, \quad \frac{[kg \cdot m/sec^2]}{[kg/sec]}$$

비추력은 전체 임펄스(추력×엔진의 임무시간)를 추진제 무게로 나눈 값이다. 따라서 명칭이 비(specific)추력이다.

$$I_{sp} = \frac{I_{total}}{g_o \int_0^t \dot{m}\, dt} = \frac{F}{\dot{m}}$$

추진제의 비추력에 영향을 주는 인자를 확인하기 위하여, 먼저 추력식을 고려해보자.

$$F = \dot{m}v_e + (P_e - P_h)A_e$$

여기서, $F$-추력, $\dot{m}$-추진제유량, $v_e$-연소가스 분출속도, $P_e$-노즐 출구압, $P_h$-대기압, $A_e$-노즐 출구단면적이다.

엔진의 정격조건($P_e = P_h$)에서 운용 시에 추력식은

$$F = \dot{m}v_e$$

이며, 비추력은 연소가스의 분출속도와 같아진다.

$$Isp = \frac{F}{\dot{m}} = \frac{\dot{m}v_e}{\dot{m}} = v_e \tag{2-1}$$

여기서 비추력의 단위는 $m/s$이다.

그런데 일반적으로 비추력은 초(sec) 단위를 사용하며, 이는 식 (2-1)을 중력가속도로 나눈 것이다.

$$Isp = \frac{F}{\dot{m}g} = \frac{\dot{m}v_e}{\dot{m}g} = \frac{v_e}{9.81} \tag{2-2}$$

이 경우 비추력의 단위는 초(sec)이다.

가스동력학으로부터 비열비 $k$이고 압력 $P_c$와 온도 $T_c$인 가스가 노즐을 통하여 압력 $P_e$로 팽창할 때 노즐 출구에서 분출속도는 다음 식과 같다.[14]

$$v_e = \sqrt{\frac{2k}{k-1}\frac{RT_c}{\mu}\left[1 - \left(\frac{P_e}{P_c}\right)^{\frac{k-1}{k}}\right]} \tag{2-3}$$

여기서, $R$-일반가스상수, $\mu$-연소가스의 분자량, $k$-비열비이다.

식 (2-3)에서 추진제 분출 속도(=비추력)에 영향을 주는 주요 인자는 연소온도($T_c$)와 연소가스의 분자량($\mu$), 그리고 압력비($P_e/P_c$)이다. 여기에서 압력비는 연소기 노즐의 형태(노즐 팽창비)에 관한 것이고, 연소온도와 연소가스의 분자량은 추진제 종류에 따라 결정되는 요소이다. 즉 추진제의 연소온도가 높고 연소가스의 분자량이 작을 때 비추력 성능이 높다.

---

14 노즐 출구속도식은 부록 4절에서 유도하였다.

## 나. 로켓 방정식

로켓이 어떤 구조비($m_{str}/m_i$)를 가질 때 로켓이 낼 수 있는 최대 속도는 로켓 방정식을 이용하여 계산한다.

로켓 발사 초기의 무게($m_i$)는 로켓 구조무게($m_{str}$)와 추진제 무게($m_{prop}$)의 합이고, 비행 시 로켓의 최종 무게($m_f$)는 로켓 초기무게($m_i$)에서 추진제 무게($m_{prop}$)를 뺀 것이다.

$$m_i = m_{str} + m_{prop}$$

$$m_f = m_i - m_{prop} = m_{str}$$

따라서 로켓의 최대 속도는 다음의 식으로 표현된다.

$$\begin{aligned} \Delta v_{\max} &= v_e \ln\left(\frac{m_i}{m_f}\right) = v_e \ln\frac{(m_{str} + m_{prop})}{m_{str}} = v_e \ln\left(1 + \frac{m_{prop}}{m_{str}}\right) \\ &= v_e \ln\left(1 + \frac{\rho_{prop} \cdot V_{prop}}{m_{str}}\right) \end{aligned} \qquad (2\text{-}4)$$

여기서, $\rho_{prop}$-추진제의 밀도, $V_{prop}$-추진제의 부피이다.

식 (2-3)을 식 (2-4)에 대입하면,

$$\Delta v_{\max} = v_e \ln\left(\frac{m_i}{m_f}\right) = \sqrt{\frac{2k}{k-1}\frac{RT_o}{\mu}\left[1 - \left(\frac{P_e}{P_o}\right)^{\frac{k-1}{k}}\right]} \cdot \ln\left(1 + \frac{\rho_{prop} \cdot V_{prop}}{m_{str}}\right) \qquad (2\text{-}5)$$

이다. 식 (2-5)에서 로켓의 속도증분을 크게 하려면 엔진의 비추력과 추진제 밀도를 높이는 것이 요구된다.

결론적으로 위의 식 (2-3)~(2-5)을 분석하면, 가장 효율적인 로켓 추진제는 높은 밀도($\rho_{prop}$)를 갖고, 추진제의 연소생성물의 발열량($T_c$)이 크며, 몰질량($\mu$)이 작아야 한다.[16]

추진제의 밀도는 로켓의 주요한 파라미터로, 로켓의 건조 질량(dry mass)과 구조비 등에 큰 영향을 준다. 추진제 질량($m_{prop}$)은 추진제의 밀도($\rho_{prop}$)와 부피($V_{prop}$)의 곱이므로 추진제 밀도가 클 경우 한정된 추진제 탱크 공간에 더 많은 질량의 추진제를 실을 수 있다. 만약 추진제의 밀도가 작다면 동일한 질량의 추진제를 싣기 위해서 부피가 큰 탱크가 필요하고 결과적으로 로켓구조의 질량 증가를 가져온다.

위의 로켓방정식에서 $m_{str}$이 증가하면 $\Delta v_{\max}$가 감소한다. 이러한 관점에서 로켓 1단에는 밀도가 큰 케로신이 밀도가 작은 수소보다 이점을 갖는다.

## 2 추진제의 영향

추진제는 로켓의 구조와 운용방법뿐만 아니라 엔진 구성품의 설계 변수들에도 영향을 준다.

### 가. 연소실 길이

연소기의 **특성 길이**(characteristic length)는 연소기에서 노즐목이 직경인 실린더(그림 2.18에서 점선)가 실제 연소실과 동일한 체적을 가질 때 실린더의 길이로 정의되며, 분사기로부터 분사된 산화제와 연료가 혼합되어 완전히 연소되는데 필요한 체류시간(stay time)[15]을 제공하기 위한 길이이다.

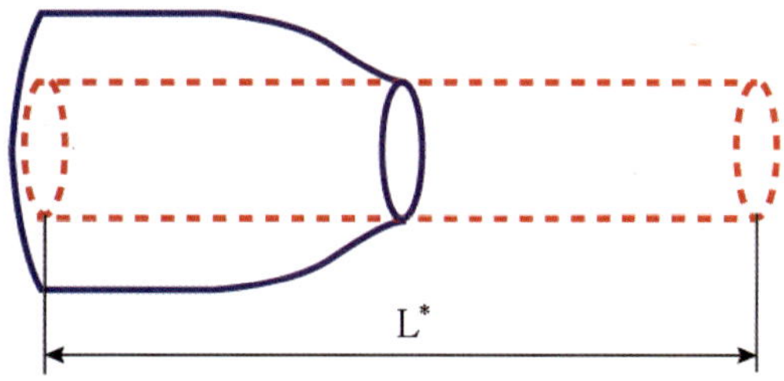


그림 2.18 특성길이

특성길이를 식으로 쓰면

$$L^* = \frac{V_c}{A_t}$$

이고, 여기서 $V_c$는 연소기 체적(chamber volume)으로 분사기면에서부터 노즐목까지 길이, $A_t$는 노즐 목 면적(nozzle throat area)이다.

각 추진제의 특성 길이는 표 2.2와 같다.

표 2.2 추진제에 따른 특성 길이

| 추진제 조합 | 특성 길이 (L*) |
|---|---|
| $N_2O_4$ + hydrazine | 0.60~0.89 |
| 액체산소 + 가스 수소 | 0.56~0.71 |
| 액체산소 + 액체 수소 | 0.76~1.02 |
| 액체산소 + RP-1 | 1.02~1.27 |
| 액체산소 + 메탄 | 1.0 내외 |

15 **연소실 체류시간**은 추진제가 연소실을 빠져나가는데 소요된 평균 시간이다.

만약에 연소기의 특성길이가 표 2.2의 값보다 짧다면 추진제가 불완전 연소상태에서 노즐을 빠져나가므로 비추력의 손실이 발생한다. 따라서 추력의 크기에 관계없이 연소실은 추진제의 연소에 필요한 체류시간을 제공하기 위하여 일정 길이 이상이여야 하며, 이것이 소형 엔진의 연소실 길이가 폭에 비하여 길어 보이는 이유다.

동일한 추진제에서 추진제가 기체상태로 연소기에 진입했을 때가 액체상태일 때보다 연소기의 길이를 짧게 할 수 있고, 연료로 액체수소를 사용할 때가 케로신보다 연소실의 길이를 짧게 할 수 있다.

### 나. 분사기의 형태

**분사기**는 산화제와 연료를 아주 작게 미분화하고 잘 섞이게 하여 연소특성을 좋게 하는 장치로, 추진제의 종류에 따라 다양한 분사기가 사용되고 있다.

케로신 연료 엔진은 스월 동축형(swirl coaxial) 분사기를 많이 사용하고, 수소 연료 엔진은 전단 동축형(shear coaxial), 메탄 연료 엔진의 경우는 동축형(coaxial) 분사기가 적정한 것으로 평가되고 있다. SpaceX의 케로신 엔진인 Merlin 1D는 핀틀 분사기를 사용하는데, 엔진의 추력제어에 유용하여, 국내외에서 핀틀 분사기에 대한 다양한 연구가 진행되고 있다.

표 2.3 추진제에 따른 분사기 타입

| 분사기 형태 | 추진제 |
|---|---|
| Impinging Pintle | RP-1 + LOx, UDMH + $N_2O_4$ |
| Shear coaxial | $GH_2$ + LOx |
| Swirl coaxial | RP-1 + GOx |
| Bi-swirl coaxial | RP-1 + LOx, MMH + $N_2O_4$ |
| Coaxial | Methane + LOx |

### 다. 연소기 냉각

연소기의 벽면 냉각을 위하여 재생냉각채널이 널리 적용되는데, 냉각제로는 연소기 재질의 부식에 덜 영향을 주는 연료를 주로 사용한다. 케로신의 경우 고온에서 코킹[16]이 발생할 수 있고, 재생냉각 단독으로는 냉각성능이 떨어져서 연소기 벽을 보호할 수가 없다. 따라서

16 코킹(coking)은 냉각채널에서 연료가 고온에 의해 분해되면서 연소기 벽면에 고체침전물로 침착되는 형상이다. 고체침전물은 연소기 벽에서 열전달을 방해하는데, 이로써 벽면의 온도가 크게 증가하여 연소기 벽에 손상이 발생하곤 한다.

막냉각(film cooling) 등을 추가로 해야 하고, 이로써 비추력 손실이 발생된다. 반면 극저온 추진제(액체 수소 또는 액체메탄)는 냉각성능이 좋아서 막냉각없이 재생냉각만으로 연소기를 보호할 수 있다. 극저온 추진제를 냉각제로 사용할 때 고려해야 할 점은 재생냉각채널에서 추진제가 기체 상태가 되면 열전달 효과가 급격히 떨어짐으로 냉각제를 임계압력[17] 이상으로 유지하는 것이 바람직하다. 재생냉각채널 설계시 연소기 벽면을 따라 변화하는 열전달량에 대응하기 위하여 채널 폭을 다르게 하여 냉각제의 속도를 조절하는 방법[18]도 사용된다.

### 라. 단열

상온 연료(케로신, UDMH, MMH 등)는 펌프나 배관 등에 단열이 필요가 없다. 그러나 극저온 추진제(액체수소, 액체메탄, 액체산소 등)는 추진제가 흐르는 배관에 단열재를 사용하여 외부와의 열적 상호작용을 차단한다. 추진제 온도의 상승은 펌프에서 캐비테이션이 일

**그림 2.19** RD-120 엔진의 단열재 설치 전과 후[17]

17 유체는 온도와 압력에 따라 고체상태, 액체상태, 기체상태에 놓인다. 그런데 임계온도 및 임계압력 이상에서는 액체와 기체 상태의 구별을 할 수 없는 **초임계유체**(supercritical fluid) 상태가 된다.

18 재생냉각채널에서 냉각제의 속도가 빠르면 열전달량이 증가한다. 따라서 일반적으로 그림 2.9와 같이 열유속이 가장 큰 노즐 목부분의 냉각채널 단면을 가장 작게 만든다. 연소기의 원주 길이도 노즐목에서 가장 짧아서 재생냉각채널의 폭을 줄일 수밖에 없다.

어날 가능성을 증가시키고, 극저온 추진제의 냉기는 주변의 장치에 악영향을 줄 수 있다. 그림 2.19는 액체산소 배관에 단열재를 설치하기 전과 후의 상태를 보여준다.

### 마. 엔진의 구조(터보펌프의 형태)

엔진의 터보펌프를 단일축으로 사용할 경우 엔진 제어에 용의하고, 구조가 간단하며 신뢰성이 높은 장점이 있다. 그러나 추진제로 액체산소와 액체 수소를 사용할 경우 추진제 밀도 차이에 의하여 산화제 펌프와 연료펌프를 독립적으로 운용하는 것이 적절하다. 그림 2.20은 팽창식 사이클 엔진에서 터보펌프의 형태를 보여주는 것으로, 연료로 액체수소를 사용할 경우에는 주로 듀얼 펌프(그림 2.20의 좌)를 사용하는데, 액체메탄을 사용할 경우에는 일부 성능 손실을 감수하면서 구조가 간단한 단일축 펌프(그림 2.20의 우)를 사용할 수 있다.

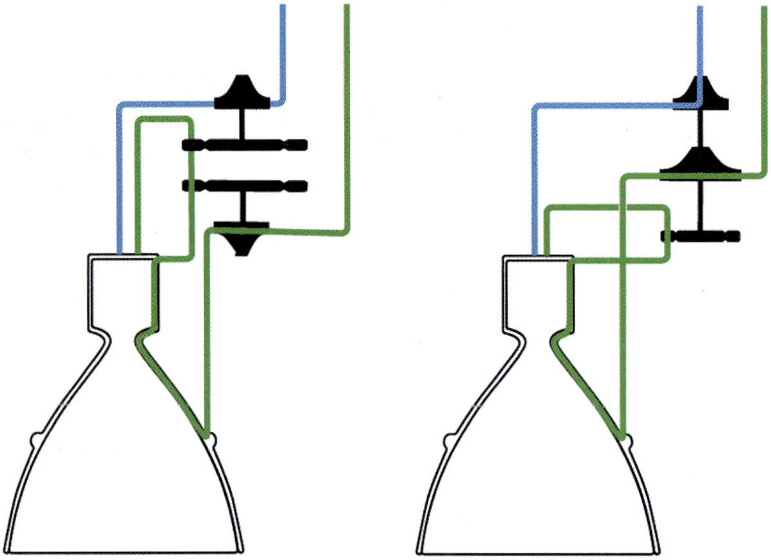

그림 2.20 팽창식 사이클 엔진에서 터보펌프의 형태 [듀얼 펌프(좌), 단일축 펌프(우)]

### 바. 엔진의 신뢰성

수소는 분자량이 작아서 금속재료의 크리스탈 구조 사이로 침투하여 금속을 취화(embrittlement)시키는 경향이 있다. 따라서 SSME 엔진은 -253~760℃ 범위의 수소, 산소 및 수소과잉가스에 접촉하는 1,500개가 넘는 부품을 인코넬 718 합금으로 제작하였고, 이들의 총 무게는 SSME 무게의 51%를 차지하였다.[18,19]

러시아와 우크라이나에서 개발한 케로신을 연료로 사용하는 다단연소 사이클 엔진은 수트 문제를 해결하기 위하여 산화제과잉 프리버너를 채택하였는데, 이로써 프리버너와 연소기 사이 구간에서 화재가 빈번히 발생하였다. 이러한 엔진의 화재 문제를 해결하기 위하여 밸로우즈 등 주요 구성품을 액체산소로 냉각하고 이물질이 엔진에 들어오는 것을 막기 위하여 엔진 입구에 필터를 장착하였으며, 발화 가능성이 낮은 내열성 재료를 사용하고, 터빈 로터를 특수 코팅 처리하였다.[20]

접촉발화성 추진제를 사용하는 엔진의 경우 엔진의 신뢰성은 매우 높지만, 엔진 시험 후 후처리가 어렵고, 엔진의 폐기에도 많은 비용이 들어간다.

이처럼 추진제의 특성에 따라 엔진 구성품 및 엔진 전체의 신뢰성과 비용에 적지 않은 영향을 준다.

### 사. 추진제 혼합비와 탱크 크기

각 추진제들은 서로 다른 혼합비 조합에서 최고의 성능을 보인다. 따라서 추진제 조합에 따라 산화제 탱크와 연료탱크의 크기비에 차이가 있다.

추진제 조합이 발사체 시스템에 미치는 영향을 보기 위하여 동일한 임펄스(추력×시간)를 갖게 하는 추진제 조합을 체적 측면과 질량 측면에서 비교하였다.

발사체에 동일한 임펄스를 만드는 추진제 양에 대하여 부피를 고려하면 그림 2.21의 좌

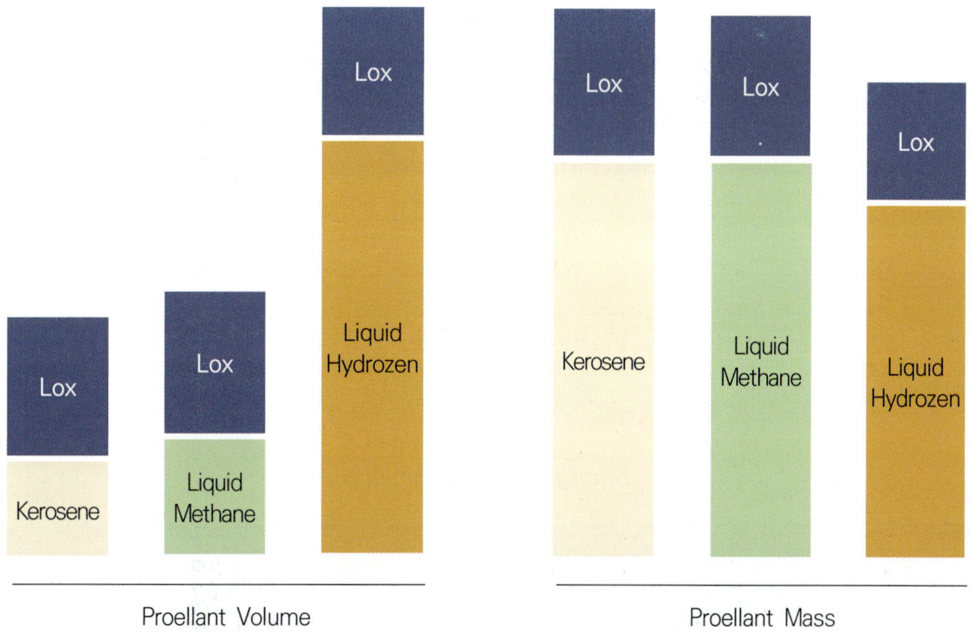


그림 2.21 동일한 전체 임펄스를 갖는 추진제의 부피와 질량[21]

측과 같이 '액체산소+액체수소' 조합일 때 '액체산소+케로신' 조합보다 훨씬 큰 추진제 탱크가 필요함을 알 수 있다. 추진제의 질량을 고려하면 그림 2.21의 우측과 같이 '액체산소+액체수소'의 조합에서 질량이 가장 작다.

'액체산소+액체메탄' 조합은 추진제 탱크들의 부피가 유사하므로 유럽에서는 Ariane Next 발사체에 동일한 탱크를 산화제와 연료용으로 적용하여 탱크 사이즈의 최적화 대신에 비용 절감을 도모하고 있다.

그림 2.22 동일 탱크를 산화제 탱크와 연료탱크용으로 사용[23]

1단에서 중요한 파라미터는 추진제 밀도이다. 추진제 밀도가 클수록 탱크의 부피는 작아져서 비행시 공력에 의한 부하도 줄어들고, 탱크 자체의 무게도 경감된다. 탱크의 무게는 탱크의 부피뿐만 아니라 실제로 담고 있는 추진제의 질량과도 관계가 있다. 추진제 질량이 작을 경우 탱크 벽의 두께를 얇게 할 수 있어서 탱크의 무게도 어느 정도 감소시킬 수 있다.

추진제의 밀도가 탱크의 중량에 미치는 영향은 대략적으로 다음 경험식[22]을 따른다.[19]

$$\frac{SMF_1}{SMF_2} = \left(\frac{\rho_2}{\rho_1}\right)^{2/3}$$

여기서, ***SMF***(Structural Mass Fraction)이며, 건조 중량/(건조 중량 + 추진제 중량)으로 정의된다.

$$SMF = \frac{Empty\ Mass}{Empty\ Mass + Propellant\ Mass}$$

19 실제 상황에서 이 경험식의 이용에 주의가 필요하다. 왜냐하면 각각의 로켓들은 제작의 방법, 재료, 작동압력, 구조 마진 등에서 차이가 있어서 밀도로 중량을 예측하는 것에는 오차가 클 수 있다.

LIQUID ROCKET ENGINE

# 03 액체로켓엔진 시스템 설계

"지식을 의미 나무 구조로 보는 것은 중요합니다.
잎(세부)으로 들어가기 전에 기본 원칙,
즉 줄기와 큰 가지를 이해했는지 확인하세요.
그렇지 않으면 매달릴 데가 없습니다."

– 일론 머스크 (1971 ~ )
SpaceX의 설립자, CEO, CTO 및 최고설계자

엔진 개발에서 추진제 선정, 엔진 사이클(유공압 구조) 선정 그리고 엔진 구성품들의 주요 작동 파라미터를 결정하는 것은 엔진 설계 초기에 진행해야 하는 매우 중요한 단계이다. 이 단계에서 결정된 엔진 설계의 내용들은 엔진 구성품 개발을 위한 초기조건이 된다.

## 제1절 | 추진제 선정 및 혼합비 결정

추진제는 로켓과 엔진의 성능, 형태, 구조, 운용, 안전성, 신뢰성 등 거의 모든 항목에 큰 영향을 준다. 이와 더불어 엔진개발에 있어서 장기간에 걸친 개발시험과정이 필요하므로 추진제 선정에 따라 시험 비용에 차이가 생긴다.[1]

따라서 추진제 선정에 있어서 모든 관련 항목들에 대한 종합적인 분석이 선행되어야 한다. 과거에는 추진제 선정 시 로켓의 성능을 가장 염두에 두었다면, 최근에는 비용이 추진제 선정에 주요한 결정 요인이 되고 있다.

### 1 추진제의 운용 요구조건

다음은 추진제 선정에 있어서 고려되는 주요한 요구조건이다.

- 높은 발열량과 비추력
- 연소생성물의 분자량이 작음
- 연소 후 가스생성률 최대
- 오래 보관 가능하고 운송이 용이
- 구조용 재료에 대한 낮은 화학적 반응(부식 등이 없음)
- 친환경
- 빠른 화염전파 속도
- 높은 끓는점[2]

1 추진제 자체의 비용뿐만 아니라 시험에 필요한 가스, 설비 및 시험 후처리(엔진 청소 등) 작업에도 추진제에 따라 비용 차이가 크다.

2 연료의 **끓는점**(비등점)은 어떤 온도에서 연료가 증기로 변화하는지에 관한 것으로, 연료는 액체상태로 로켓

- 연소 전에 열로 의한 성분변화(특성 저하)가 없음
- 낮은 점도와 표면장력
- 짧은 점화지연(접촉 발화가 바람직함)
- 좋은 냉각특성
- 무독성
- 화재 및 폭발에 대한 안전성
- 경제성(저렴할 것)[3]

근래에 액체메탄(또는 액화천연가스)에 대한 관심이 높아지는 이유는 위의 요구조건의 대부분(끓는 점과 접촉 발화 제외)을 만족시키기 때문이다.[1] 그리고 액체메탄은 끓는점이 낮으므로 엔진 시험 후에 엔진의 연료 라인에 있던 메탄이 자연 상태에서 기화되어 날라가며, 이로써 케로신 또는 하이드라진 계열 연료를 사용하는 엔진에서와 같은 고비용의 세척 작업이 필요하지 않다.

## 2 주요 추진제의 제원

### 가. 산화제

#### (1) 액체산소

**산소**는 지구에서 흔한 물질로, 대기 상태에 포함되어 있으며 물, 광물 및 암석의 일부분인 형태로 존재한다. 액체산소는 친환경적이고, 발사체의 산화제로서 가장 널리 사용된다.

---

에 충전되기 때문에 끓는점이 높을수록 보관하기에 용이하다. 끓는점이 높으면 추진제가 기화하는 것을 방지하기 위한 단열의 필요성이 적어진다. 액체수소의 경우 대기압에서 끓는점(20K)이 매우 낮기 때문에 장시간 저장하는 것이 어렵고 따라서 비추력이 좋음에도 불구하고 우주선용 연료로 사용하는 데는 고도의 단열 기술이 요구된다. 케로신의 경우 끓는점이 물보다 높은 490K이므로 단열이 필요없다.

액체메탄의 끓는점은 111K여서 단열을 해야 한다. 그런데 메탄의 끓는 점은 액체산소의 끓는점과 비슷하므로 공동의 탱크벽을 갖는 **커먼 벌크헤드 탱크**(common bulkhead tanks)의 사용에 유리하고, 이 경우 로켓이 가벼워진다(로켓의 길이가 짧아지면 줄어든 표면적만큼 무게가 준다). 수소와 산소는 온도차가 크므로 단열이 없는 커먼 벌크헤드 탱크를 사용하면 액체수소는 끓고 액체산소는 얼어버려는 상황이 발생한다.

3 추진제의 비용은 정제수준에 크게 좌우된다. RP-1의 경우 디젤 연료보다 비싸다. 수소는 정제, 보관 및 이동에 고비용이 들어가서 러시아에서는 케로신 대비 50배 비싸다. 메탄이 주성분인 액화천연가스(LNG)는 다른 연료보다 상대적으로 저렴하다.

(2) $N_2O_4$

**사산화 이질소**는 밀도가 높고, 강한 독성과 부식성을 가지고 있으며, 다양한 형태의 하이드라진(MMH, UDMH 등)과 접촉 시 자연적으로 발화하는 산화제이다.

## 나 연료

### (1) 케로신

**케로신**은 로켓 연료로 널리 사용되어 왔다. 원유를 정제하여 얻는 케로신은 상온에서 보관 가능하며 취급이 용이하고 밀도가 높으며 저렴한 장점이 있는데 반하여 코킹 및 수트 발생과 세척[4]이 상대적으로 어려운 단점이 있다.

케로신의 화학식($C_nH_{1.953n}$)을 $CH_2$로 단순화하면 화학반응식은 다음과 같다.

$$CH_2 + O_2 \rightarrow CO_2 + H_2O$$

### (2) 액체수소

분자량(2.02)과 밀도가 낮고, 끓는 점 또한 20K로 극히 낮아서 액체상태로 유지하기 위해서는 특수한 단열기술이 필요하다. 반면 **수소**는 산소와 결합할 때 반응열이 높고, 연소 생성물의 분자량이 낮기 때문에 가장 많은 에너지를 방출한다.

수소와 산소의 화학반응식은 다음과 같다.

$$H_2 + O_2 \rightarrow 2H_2O$$

### (3) 액체메탄

**메탄**은 밀도와 효율면에서 케로신과 수소 사이에 놓여 있다. 메탄을 생산하는 방법은 다양하다. 메탄의 주요 공급원은 **액화천연가스**(LNG)[5]로, 천연가스에는 메탄이 80~96% 정도 포함되어 있고, 나머지는 프로판, 부탄과 같은 가스로 메탄과 매우 유사한 특성을 가지고 있다. 따라서 단순히 천연가스를 액화하여 로켓 연료로 사용할 수 있다.

그리고 메탄은 극저온 추진제이므로 재사용 로켓에서 이점이 있다. 섭씨 -160도 이상이

4 엔진을 발사체와 조립하기 전에 엔진 단독의 연소시험을 수행한다. 연소시험으로 엔진의 추력과 혼합비를 보정하고 조립이 잘 되었는지를 검증한 후에 납품하게 된다. 이때 엔진 내부에 케로신을 깨끗이 제거하지 못하면 케로신 유증기가 산화제 라인쪽으로 옮겨 가서 엔진을 비행에 사용하게 될 때 화재나 폭발을 일으킬 수 있다. 따라서 엔진 납품시험 후에 엔진 내부에서 연료를 제거하는 세척작업이 필요하다.

5 100% 순도의 액체메탄은 정제하기도 어렵고 고비용이므로 보통은 액화천연가스(LNG)를 로켓 엔진으로 사용한다. 그러나 편의상 '메탄 로켓엔진'으로 부른다. 동구권에서는 '액화천연가스 로켓엔진'이란 용어를 자주 사용한다.

면 메탄은 자연 기화가 되어서 엔진 밖으로 배출 가능하고 이로써 유지보수 및 청정도 관리가 간편해진다.

메탄은 로켓의 구성이 가능한 충분한 밀도와 비추력을 가지고, 친환경적이며, 낮은 연소 온도는 엔진의 수명을 높여주고 재사용에 유리하며 저렴하다. 메탄은 차세대 로켓의 가장 유망한 연료 중에 하나이다.

메탄과 산소의 화학반응식은 다음과 같다.

$$CH_4 + 2O_2 \rightarrow CO_2 + 2H_2O$$

### (4) MMH

**MMH**는 상대적으로 비추력이 낮고 유독성 발암물질이나, 미리 충전하고 상온에서 오랫동안 충전상태로 유지가능한 장점이 있다. 산화제($N_2O_4$)와 MMH 모두 상온에서 서장가능하고 접촉발화하므로 재점화가 필요한 상단 엔진이나 자세제어용 추력기에 사용되고 있다.

MMH와 $N_2O_4$의 화학반응식은 다음과 같다.

$$4CH_3(NH)NH_2 + 5N_2O_4 \rightarrow 4CO_2 + 12H_2O + 9N_2$$

**표 3.1** 주요 추진제의 특성값

| | 파라미터 | 단위 | 액체산소 | 케로신 | 액체메탄 | 액체수소 |
|---|---|---|---|---|---|---|
| 1 | 화학식 | - | $O_2$ | $C_nH_{1.953n}$ | $CH_4$ | $H_2$ |
| 2 | 분자량 | - | 32 | ≈175 | 16.04 | 2.016 |
| 3 | 밀도, $\rho$ | $kg/m^3$ | 1136 | 820 | 420 | 71 |
| 4 | 녹는점, $T_{melt}$ | $K$ | 54.4 | N/A | 90.5 | 13.8 |
| 5 | 끓는점, $T_{boil}$ | $K$ | 90.1 | 450.2~547.2 | 111.5 | 20.4 |
| 6 | 기화열, $Q_{vapor}$ | $kJ/kg$ | 213.5 | 300 | 510 | 446 |
| 7 | 점성, $\mu$ | $10^{-6}Pa \cdot s$ | 24.4 | 1315 | 85.4 | 9.8 |
| 8 | 정압비열, $C_p$ | $J/(kg \cdot K)$ | 1700 | 1995 | 3620 | 13155 |
| 9 | 임계압력, $P^*$ | $MPa$ | 5.00 | 2.13 | 4.64 | 1.29 |
| 10 | 임계온도, $T^*$ | $K$ | 154.34 | 670 | 191 | 33 |
| 11 | 임계밀도, $\rho^*$ | $kg/m^3$ | 429.9 | 485 | 129 | 26 |
| 12 | 가스상수, $R$ | $kJ/(kg \cdot K)$ | 259.8 | N/A | 518.3 | 4124 |
| 13 | 인화점, $T_{ig}$ | $K$ | N/A | 335 | 85.1 | N/A |
| 14 | 열전도도, $\lambda$ | $W/(m \cdot K)$ | 0.21 | 0.14 | 0.165 | 0.102 |
| 15 | 발열량, $Q_h$ | $MJ/kg$ | N/A | 46.2 | 55.5 | 141.8 |
| 16 | 어는점, $T_{fr}$ | $K$ | 54.35 | 213 | 91 | 13.95 |

(5) UDMH

**비대칭 디메틸 하이드라진(UDMH)**은 화학식이 $H_2NN(CH_3)_2$인 화합물이다. 충격에 민감하지 않아서 오랫동안 로켓에 충전상태로 보관될 수 있다. 이러한 이유로 궤도 조정 및 자세제어용 엔진이나 군사용 로켓에 사용되었다. UDMH의 단점은 독성이 있고, 발암물질이며, 케로신보다 비추력이 낮고 비싸다.

UDMH와 사산화 이질소의 화학반응식은 다음과 같다.

$$H_2NN(CH_3)_2 + 2N_2O_4 \rightarrow 2CO_2 + 3N_2 + 4H_2O$$

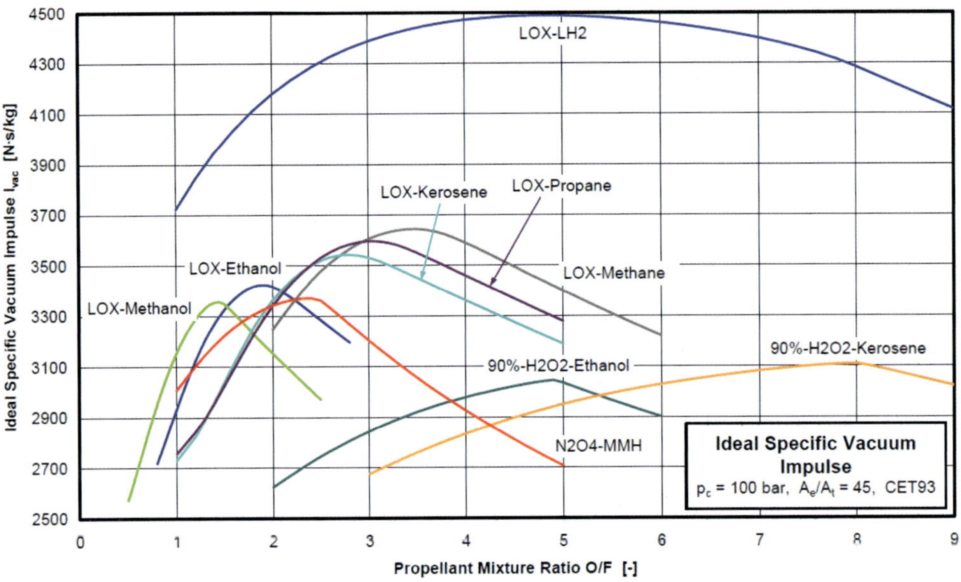


그림 3.1 여러 추진제 조합의 이론 비추력[2]

## 3 추진제 혼합비 결정

대부분의 연소장치는 추진제의 무게당 최대의 에너지를 방출하는 혼합비를 사용한다. 이러한 경우는 **화학량론적 반응(stoichiometric reaction)** 관계일 때 이루어지며 모든 추진제성분이 완전히 연소하게 된다.

그러나 로켓의 경우 화학량론적 혼합비가 항상 최대 비추력을 가져오지는 않는다.

SSME의 경우 화학량론적으로 최적인 산소와 수소혼합비는 8임에 반하여 추진제 혼합비로 6을 사용한다. 이로써 연소온도와 플룸 온도가 낮아지고 분출가스에 수소가 일부 존재하

게 한다. 수소가스는 $H_2O$보다 가벼움으로 분출가스를 더 고속으로 만들어서 운동에너지가 커진다.[6]

연료과잉 추진제 혼합비를 사용하는 또 다른 이유는 비화학량론적 혼합비(off-stoichio-metric)일 때가 화학량론적 혼합비일 때보다 연소온도가 낮아져서 연소실의 냉각조건이 좋아지기 때문이다.[7] 그리고 연료과잉 연소가스는 산화제과잉 연소가스보다 부식성이 적다.

또한 추진제 혼합비는 로켓이 비행하는 동안 변경되기도 한다. 이는 로켓 전체의 성능을 최대화하기 위하여 이륙 시에는 추력이 중요하므로 추력을 증가시키는 방식으로, 로켓이 고공을 비행할 때는 추진제 혼합비를 조정하여 비추력을 높게 만들기도 한다.

**액체수소**는 비추력이 높지만 밀도가 낮으므로 다른 연료보다 더 큰 부피를 차지한다. 따라서 액체수소를 연료로 사용할 경우 연료탱크, 배관 및 펌프는 더 커지고, 로켓의 건조 질량(dry mass)이 증가한다. 더불어 액체수소는 생산 및 저장 비용이 비싸며, 로켓의 설계, 제작 및 운용에 어려움을 야기한다. 그러나 액체수소는 비추력이 가장 크므로 추력 대 중량비보다 추진제의 효율이 더 중요한 상단에 많이 사용된다.[8]

액체산소의 단위 부피(1리터)당 필요한 케로신, 액체메탄, 액체수소의 부피는 다음 식으로 계산가능하다.

$$OF = \frac{\dot{m}_o}{\dot{m}_f} = \frac{\rho_o V_o}{\rho_f V_f} \text{으로부터} \quad V_f = \frac{\rho_o \cdot 1\ell}{\rho_f \cdot OF}$$

액체수소는 케로신에 비하여 밀도가 11배 작지만, 혼합비가 6:1이므로 1리터의 액체산소에는 2.7리터의 액체수소가 필요하다. 따라서 수소는 케로신에 비하면 부피가 약 5~6배 커진다. 추진제 혼합비는 액체산소 1리터당 케로신이 0.52, 메탄은 0.73, 수소는 2.7리터 정도이다.

---

6 추진제 연소가스의 분자들은 열에너지를 회전, 병진 및 진동의 상태로 저장하는데, 병진 운동만이 로켓의 추력으로 쉽게 이용될 수 있다. 원자수가 적은 분자(CO, $H_2$)들은 원자가 많은 분자들($CO_2$, $H_2O$)보다 더 적은 회전 및 진동 모드를 가지므로, 열에너지가 유입되었을 때 운동에너지로 변환되는 병진에너지가 더 크게 되는데, 이것이 연료과잉 추진제를 사용하는 이유이다.

7 연소기의 안전을 고려하면 추진제의 연소열은 작을수록 좋다. 케로신의 연소열은 대략 3670K, 수소는 3070K, 메탄은 3550K이다.

8 일례로 노즐 팽창비 165이고 연소압이 100bar 정도인 가스발생기 사이클 케로신 엔진 Merlin 1D의 진공비추력은 350초이고, 팽창비 40과 연소압 300bar인 full-flow 다단연소 사이클 메탄엔진 Raptor의 진공 비추력은 380초이며, 노즐 팽창비 280과 연소압 44bar의 팽창식 사이클 수소 엔진인 RL10은 비추력이 465초이다. 동일한 연소압과 노즐 팽창비 조건에서 수소는 케로신 대비 약 27%, 메탄은 케로신 대비 약 6% 정도 비추력이 높다.

**표 3.2** 추진제 혼합비 구성

| 산화제 | LOx | | |
|---|---|---|---|
| 연료 | 케로신 | 액체메탄 | 액체수소 |
| 추진제 혼합비 | 2.7 | 3.7 | 6 |
| 연료 밀도 | 813 | 422 | 71 |
| 액체산소 1리터당 연료 부피(리터) | 0.52 | 0.73 | 2.7 |

## 제2절 | 추진제 공급 방식

액체로켓엔진의 **추진제 공급시스템(propellant feed system)**은 필요한 유량과 요구되는 압력의 추진제를 연소기까지 공급해주는 장치이다. 추진제 공급 방식은 가압식 공급 방식과 터보펌프식 공급방식이 있는데, 이 장에서는 터보펌프식 공급방식에 대하여 알아보고자 한다.

추진제 공급방식과 엔진의 사이클은 연소압 선정과 밀접한 관계가 있다.

앞에서 언급했듯이 가압식의 경우 추진제 탱크의 내부압력이 연소압보다 커야 한다(그림 3.2 좌). 반면 **터보펌프를 이용한 추진제 공급방식**의 엔진인 경우 추진제 탱크와 연소기 사이 추진제 공급 배관에 터보펌프가 존재하고, 터보펌프에서 낮은 추진제 압력을 고압으로 승압시킴으로써, 추진제 탱크의 압력과 무관하게, 연소압을 높일 수 있다(그림 3.2 우).

따라서 터보펌프를 사용한 추진제 공급 방식에서는 연소압을 가압식보다 훨씬 높게 만들 수 있고, 추진제 탱크의 내부압력이 낮으므로 추진제 탱크의 벽 두께를 얇게 할 수 있어서 탱크의 무게가 감소한다. 그리고 추진제 탱크 가압을 위한 고압가스 용기 또한 작아진다.

이러한 이유로 상단에 사용하는 소형엔진 등의 특별한 경우를 제외하고 대부분의 액체로켓들은 터보펌프를 사용하는 추진제 공급방식을 채택하고 있다.

터보펌프를 사용하는 엔진은 가압식 액체로켓엔진의 주요 구성품에 터보펌프, 터보펌프 시동장치, 가스발생기[9] 및 가스발생기로 들어가는 추진제를 제어하기 위한 밸브들(산화제 개폐밸브, 연료 개폐밸브, 산화제 유량제어밸브 및 연료 유량제어밸브)과 점화기를 포함해

9 서구권에서는 터빈을 구동하기 위한 작은 연소장치를 가스발생기 사이클에서는 **가스발생기**, 다단연소 사이클에서는 **프리버너**(preburner)라고 부른다. 동구권에서는 사이클에 상관이 가스발생기로 통칭한다. 실제로 가스발생기와 프리버너는 추진제 혼합비에 차이가 있을 뿐 작동원리와 구조는 거의 같다.

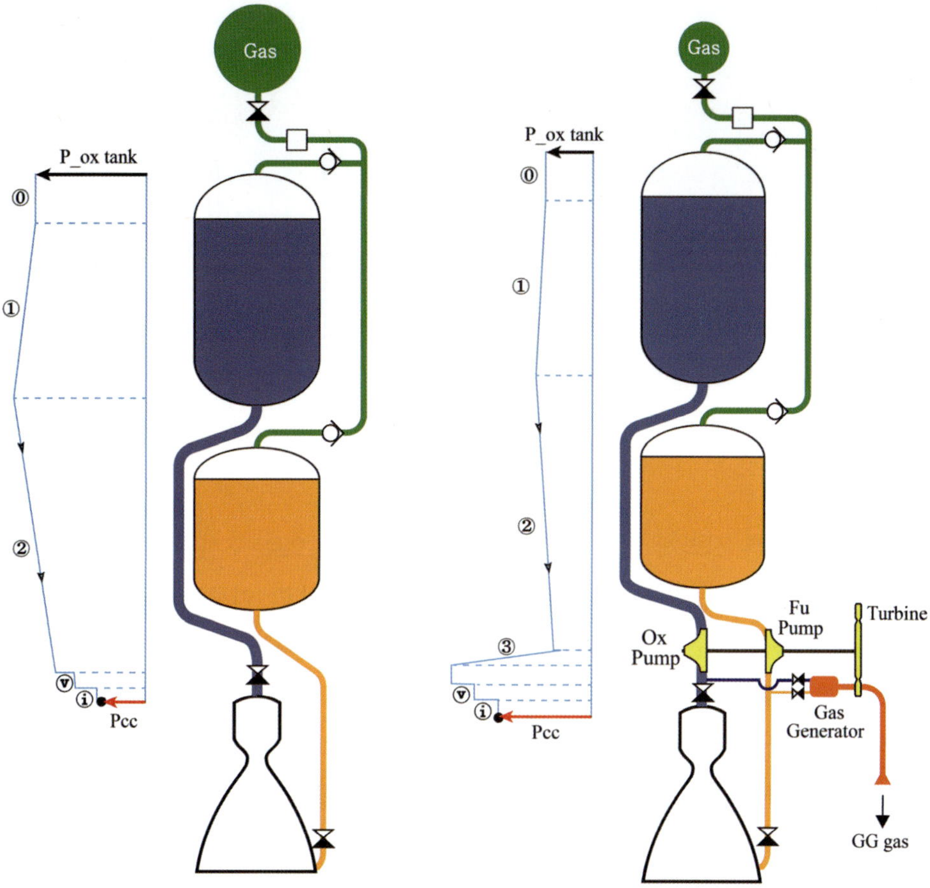


**그림 3.2** 가압식(좌)과 터보펌프 공급방식(우)에서 추진제 압력 변화

야 하므로 시스템이 훨씬 복잡해진다.

터보펌프식 엔진(그림 3.2 우)에서 터빈을 회전시키고 나온 가스발생기 가스가 대기로 배출될 경우 **가스발생기 사이클 엔진**이라고 하며, 가스발생기 가스가 다시 연소기로 들어가서 추가로 연소될 경우 **다단연소 사이클 엔진**이라고 부른다. 엔진 사이클에 대하여는 다음 절에서 보다 자세히 설명하였다.

## 1 터보펌프식 액체로켓엔진의 구성

### 가. 터보펌프

**터보펌프**는 연소기에서 요구되는 유량과 압력에 맞게 추진제를 공급해주는 장치이다.

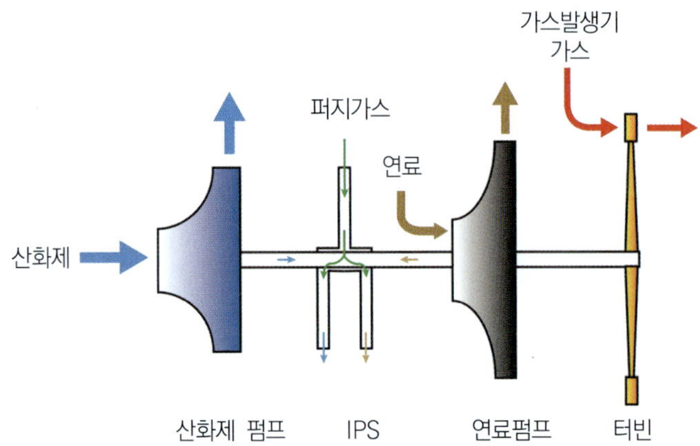


그림 3.3 단일축 터보펌프의 구성도

단일축 터보펌프는 산화제 펌프, **IPS**[10], 연료 펌프, 터빈으로 구성된다.

터빈은 가스발생기에서 만들어진 연소가스로 회전하게 되고, 이로써 구동력이 만들어진다. 터빈에서 만들어진 구동력은 동일축에 놓인 산화제 펌프와 연료펌프를 회전시킨다. 추진제 탱크에서 나온 저압의 산화제와 연료는 각각 산화제 펌프와 연료 펌프를 통과하면서 연소기에서 필요한 고압으로 승압된다.

액체로켓에서 사용되는 펌프의 **양정**(head)은 추진제 1kg이 받은 에너지를 의미하며, 식으로 쓰면 다음과 같다.

$$H = \frac{P_{out} - P_{in}}{\rho} \tag{3-1}$$

여기서 $P_{out}$-펌프 출구압(outlet pressure), $P_{in}$-펌프 입구압(inlet pressure), $\rho$-추진제 밀도이고, 양정 $H$의 단위는 $J/kg$이다.

펌프에서 추진제 질량 $m$에게 전달된 에너지 $E$를 양정으로 표시하면

$$E = m \cdot H$$

이고, 에너지$E$의 단위는 $J$이다.

1초당 추진제에 전달된 에너지, 즉 동력 $N$으로 표현하면

$$N = \dot{E} = \dot{m} \cdot H \tag{3-2}$$

10 **IPS**(Inter-Propellant Seal)는 터보펌프 안에서 산화제와 연료가 만나는 것을 방지하는 장치로, 퍼지가스를 불어넣어서 산화제와 연료 사이에 버퍼 공간을 만들어준다. IPS 퍼지가스로 지상에서는 주로 질소, 비행 중에는 헬륨 가스를 사용한다.

**그림 3.4** 한국형 발사체용 75톤급 엔진의 터보펌프[3]

이며, 이때 동력 $N$의 단위는 $W(=J/s)$이다.

식 (3-1)과 (3-2)로부터 추진제에 전달되는 동력은

$$N = \frac{\dot{m}\,(P_{out} - P_{in})}{\rho} \tag{3-3}$$

가 된다.

펌프의 **효율**은 펌프 자체의 동력과 추진제가 전달받은 동력간의 관계이다. 펌프의 동력 $N_p$ 중에 일부는 수력학적 손실과 기계적인 손실 등으로 소모되고 나머지 동력$N$이 추진제에 전달된다. 이를 식으로 쓰면

$$\eta_p = \frac{N}{N_p} \tag{3-4}$$

이다.

따라서 밀도가 $\rho$이고 입구압이 $P_{in}$인 추진제를 압력 $P_{out}$까지 승압하기 위해 필요한 펌프의 동력$N_p$은 식 (3-3)과 (3-4)로부터 얻을 수 있다.

$$N_p = \frac{N}{\eta_p} = \frac{\dot{m}(P_{out} - P_{in})}{\eta_p\,\rho} = \frac{\dot{m}\,\Delta P}{\eta_p\,\rho} \tag{3-5}$$

그림 3.5 RD-170 엔진의 터보펌프 [4,5]

터보펌프는 고속으로 회전하면서 진동과 축력을 발생시키며, 고온가스가 터빈에 열하중을 주고, 펌프는 캐비테이션에 의한 손상 가능성이 있는 등 작동 환경이 열악하다. 따라서 터보펌프의 회전속도와 터빈 구동 가스의 온도가 낮을수록 엔진의 신뢰성이 높아지고 수명도 늘어난다. 반면 낮은 회전 속도와 낮은 온도의 터빈 구동 가스는 엔진의 성능을 떨어뜨리는 요인이기도 하다. 따라서 적절한 터보펌프의 운용 파라미터 값을 선정하는 것이 중요하다.

### 나. 가스발생기/프리버너/예연소기

**가스발생기**는 터빈을 돌리기 위한 작은 연소장치로, 터빈에서 감당할 수 있는 온도의 구동가스를 만들어낸다.

따라서 가스발생기에서 추진제의 혼합비는 화학량론적(stoichiometric) 혼합비와는 거리가 먼 산화제과잉 또는 연료과잉 혼합비를 사용한다. 일반적으로 다단연소 사이클의 케로신 엔진에서는 수트문제를 해결하기 위하여 산화제과잉 가스발생기를 사용하고, 수소엔진에서는 연료과잉 가스발생기를 사용한다.

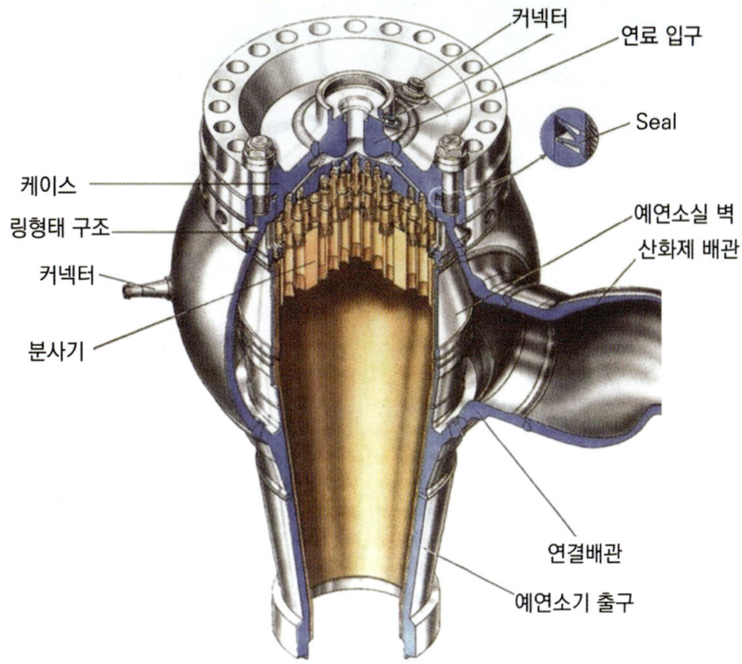


**그림 3.6** RD-170 엔진의 프리버너(예연소기) [4]

## 2 터보펌프 추진제 공급방식을 사용한 추진기관의 압력 변화

2장 2절에서 가속 비행하는 로켓의 추진제 탱크 압력과 연소압 간의 관계를 알아보았다. 비행하는 로켓의 가압식 추진기관(그림 2.3)에서 연소압은 다음과 같다.

$$P_c = P_{ox} + \rho(h_{tank} + h_{pipe})\sin\theta + \rho(h_{tank} + h_{pipe})\frac{a}{g} - \Delta P_{hydraulic} - \Delta P_{inj} \quad (3\text{-}6)$$

터보펌프식 추진기관에서 연소압 계산식은 가압식 추진기관의 식 (3-6)에 펌프의 압력상승$\Delta P_{pump}$을 추가하면 된다.

$$P_c = P_{ox} + \Delta P_{pump} + \rho(h_{tank} + h_{pipe})\sin\theta + \rho(h_{tank} + h_{pipe})\frac{a}{g} - \Delta P_{hydraulic} - \Delta P_{inj}$$

일반적인 경우 펌프에서 압력상승 $\Delta P_{pump}$은 가압식 추진기관의 추진제 탱크 압력보다도 훨씬 크므로 터보펌프식 추진기관에서 연소압은 가압식 추진기관의 연소압보다 상당히 높게 할 수 있다.

## 제3절 | 엔진 사이클 선정

엔진 사이클[11]의 선정은 연소압 결정과 밀접한 관계가 있다.

액체로켓엔진에서 사이클이 결정되면 적정 연소압의 범위가 정해지고, 반대로 연소압을 먼저 선정하면 해당 연소압에 적절한 사이클이 자연스럽게 결정된다. 따라서 엔진을 개발할 때 추진제와 추진제 공급방식을 선정한 이후에 엔진 사이클의 결정이 필연적으로 이어진다.

엔진의 사이클과 유공압 구조의 선정에 따라 엔진의 개발기간, 개발비, 신뢰성, 성능 그리고 운용의 난이도가 어느 정도 윤곽을 드러낸다. 엔진의 사이클과 유공압 구조의 선정에 있어서 주요 기준은 추력, 비추력, 엔진 크기(엔진 노즐출구 직경), 무게 등이고, 최근에는 수명, 신뢰성과 함께 비용의 중요성이 강조되고 있다.

로켓의 엔진으로 터보펌프를 이용한 추진제 공급방식이 주로 사용되는데, 이로써 큰추력을 장시간 동안 얻을 수 있고, 추진기관 전체적인 무게가 줄어서 로켓의 효율을 높일 수 있다.

**터보펌프 추진제 공급방식 엔진**은 터빈을 구동시키는데 사용되는 가스를 어떻게 얻고, 터빈에서 사용된 가스를 어떻게 처리하느냐에 따라 일반적으로 다음의 세 가지 형태로 구분된다.

- 가스발생기 사이클(gas generator cycle)
- 다단연소 사이클(staged combustion cycle)
- 팽창식 사이클(expander cycle)

근래에 Rocket Lab은 터빈 대신에 전기모터로 펌프를 구동하는 전기펌프식 Rutherford 엔진을 개발하였고, SpaceX는 산화제 펌프는 산화제과잉 프리버너로, 연료펌프는 연료과잉 프리버너로 구동하는 **full-flow 다단연소 사이클 엔진**을 개발하고 있다.[12]

---

11 일반적으로 액체로켓엔진을 분류할 때 가압식(Pressure-fed), 전기펌프식(Electric pump-fed), 가스발생기 사이클(Gas-generator cycle), 팽창식 사이클(Expander cycle), 다단연소 사이클(Staged combustion cycle) 등으로 나눈다. 따라서 엔진의 분류 기준으로 **사이클**(cycle)이라는 용어를 사용한다.

엔진의 사이클이 결정된 이후에 해당 엔진의 상세한 유공압 구조도를 그리게 되는데, 이를 **스키메틱**(schematic) 또는 **스킴**(scheme)이라고 부른다.

12 전기펌프식과 full-flow 다단연소 사이클 이외에도 개방형 팽창식사이클 등도 존재한다. 이들 사이클은 이 책에서 다루고 있는 기본 사이클(가스발생기 사이클, 다단연소 사이클과 팽창식 사이클)을 알면 어렵지 않게 이해할 수 있고, 사이클 해석도 가능하다.

### 가. 가스발생기 사이클 엔진

**가스발생기 사이클 엔진**에서는 가스발생기 가스가 터빈을 회전시킨 후에 외부로 배출된다. 따라서 **'개방형 사이클'(open cycle)**이라고도 하고, 산화제와 연료가 모두 액체상태로 연소기에 들어가기 때문에 드물게는 '액체-액체 사이클'(liquid-liquid cycle)이라고도 부른다.

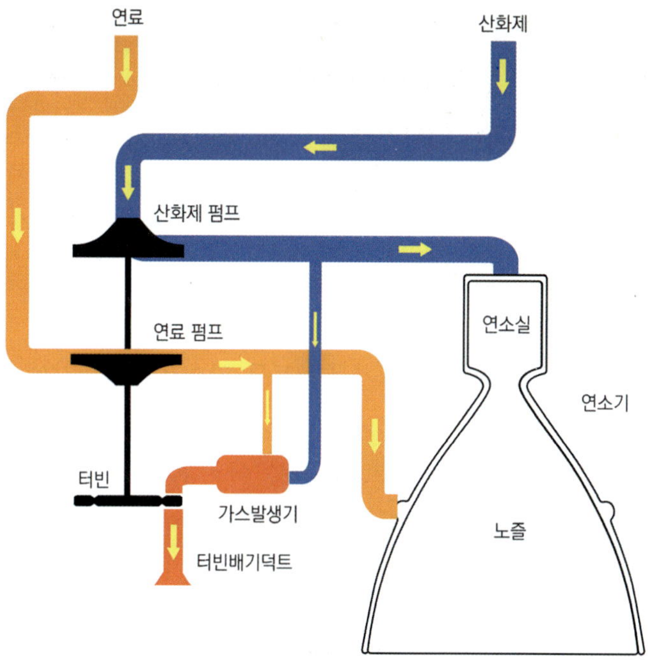


그림 3.7 가스발생기 사이클 엔진의 형태

가스발생기 사이클에서는 가스발생기 가스로 터빈을 구동시키기 때문에 가스발생기 가스는 터빈을 손상시키지 않는 온도여야 한다. 일반적으로 터빈으로 들어가는 가스발생기의 가스온도는 800~1200K이며, 이러한 온도를 얻기 위해서 가스발생기로 들어가는 추진제는 최고 효율의 혼합비에서 많이 벗어난 산화제과잉이거나 연료과잉 혼합비여야 한다.

산화제과잉 혹은 연료과잉 혼합비는 가스발생기에서 불완전 연소를 가져오고, 터빈 배기부에서 작은 팽창비의 노즐을 통해 배출되므로 추진제의 화학에너지를 모두 이용하지 못하여 추력과 비추력을 감소시키는 요인이 된다.

그림 3.8은 케로신을 연료로 사용하는 가스발생기 사이클 엔진인 Merlin 1D(좌)와 한국형 발사체용 1단 엔진인 75톤급 엔진(우)의 지상 시험 사진이다. 연소기 옆에 터빈을 구동시키고 배기덕트로 배출되는 연료과잉의 가스발생기 가스가 보인다. 가스발생기에서 연료(케로신)과잉 상태로 불완전 연소된 추진제는 검은 매연의 형태로 배출된다.

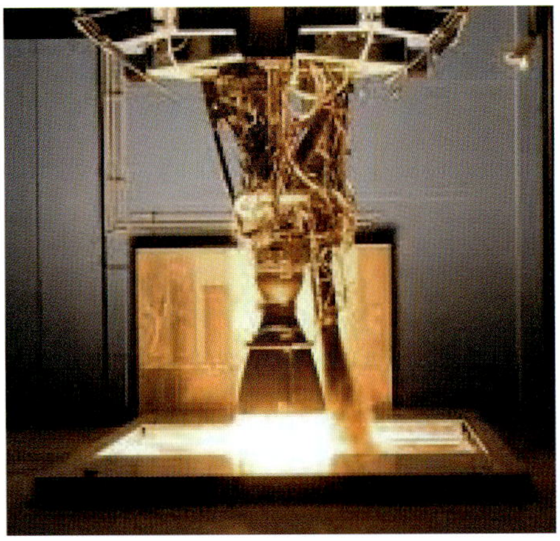 

그림 3.8 Merlin 1D(좌)[6], 75톤급 엔진(우)[3]

### 나. 다단연소 사이클 엔진

**다단연소 사이클 엔진**은 터빈을 구동한 가스가 모두 연소기로 보내져서 재연소를 하는 구조로, **폐회로 사이클(closed cycle)**이라고도 불린다.

다단연소 사이클 엔진은 산화제과잉 프리버너를 이용하는 방법과 연료과잉 프리버너를 이용하는 방법으로 나뉘는데, 작동방법의 이해를 돕기 위하여 케로신을 연료로 사용하는 엔진에서 일반적으로 사용하는 산화제과잉 프리버너 방식에 대하여 설명하고자 한다.

**산화제과잉 프리버너**를 이용하는 다단연소 사이클 엔진에서는 산화제 유량 전체와 작은 양의 연료를 프리버너에서 연소시킨다.[13] 이때 전체 산화제 중에 일부만이 연소에 참여하고 나머지 산화제는 연소열로 인하여 기화된다. 보통 산화제 과잉비(OF ratio)는 프리버너의 온도가 터빈에서 허용되는 수준인 500~700K 정도에서 결정된다. 이 산화제 과잉가스는 터빈을 지나 연소기로 들어가서 재생냉각채널을 통해 들어 온 연료와 연소실에서 재연소된다. 이러한 이유로 하여 다단연소 사이클이라고 부른다.

다단연소 사이클은 다음의 세 가지로 분류될 수 있다.

- 연료과잉의 프리버너 사용(연소기에서 연료과잉가스와 액체 산화제가 재연소됨)

13 대부분의 다단연소 사이클에서는 한 성분의 추진제 모두와 다른 성분의 추진제 일부를 프리버너에서 연소시켜서 터빈을 구동시킨다. 따라서 터빈을 구동시키는 유량이 가스발생기 사이클보다 매우 크므로 터빈 동력 또한 가스발생기 사이클의 터빈동력보다 크다. 다단연소 사이클에서 추진제의 차압이 큰 것을 고려하더라도 터빈의 동력이 상당히 크므로 연소압을 가스발생기 사이클보다 높게 할 수 있다.

**full-flow 다단연소 사이클**에서는 모든 추진제가 두 개의 프리버너에서 연소되어 두 개의 터빈을 구동하므로 터빈 동력이 다른 사이클에 비해 월등히 크고, 따라서 엔진 사이클 중에서 가장 높은 연소압을 만들 수 있다.

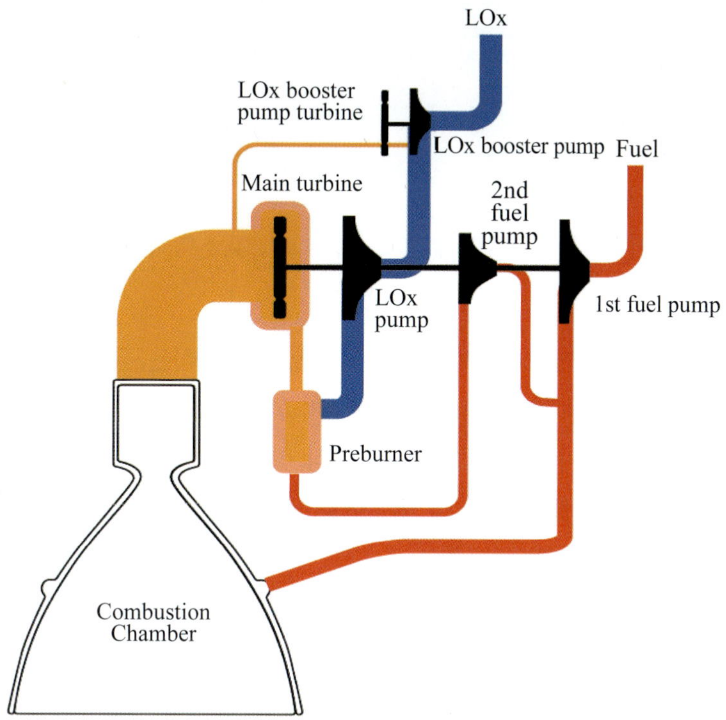


그림 3.9 다단연소 사이클 엔진의 구조

- 산화제과잉의 프리버너 사용(연소기에서 산화제 과잉가스와 액체 연료가 재연소됨)
- 연료 공급라인에는 연료과잉 프리버너를 사용하고 산화제 공급라인에는 산화제과잉 프리버너를 사용하는 사이클(**full-flow 다단연소 사이클**)

러시아에서 케로신을 연료로 사용하는 대부분의 다단연소 사이클 엔진은 산화제과잉 프리버너 방식을 사용하는데, 산소 과잉이므로 터빈에 매연(검댕)[14]이 쌓이는 문제를 해결할 수 있는 반면에 고온의 산소과잉가스를 이용함으로써 화재 발생 가능성이 증가하는 단점도 가지고 있다.

다단연소 사이클의 경우 터보펌프에서 프리버너로 고압의 연료를 보내기 위하여 추가의 펌프(**kick pump** 또는 **2nd fuel pump**)를 사용하는 것이 일반적이다. 킥펌프는 적은 연료를 고압으로 만들어서 프리버너로 보내므로 대유량이 흐르는 주연료 펌프(1st fuel pump)의 출구압을 상대적으로 낮게 가져갈 수 있게 해준다.

14 일반적으로 **수트**(soot)라고 부른다. 완전연소하는데 필요한 양보다 많은 케로신이 연소될 때, 즉 연료 과잉일 때, 다량의 수트가 발생한다.

이때 주연료 펌프의 출구압은 연소기 압력에서 연료펌프와 연소기 사이의 차압(연료배관에서 차압 + 재생냉각 채널에서 차압 + 밸브류 차압 + 분사기 차압)을 더한 만큼이면 된다.[15]

### 다. 팽창식 사이클 엔진

**팽창식 사이클 엔진**은 재생냉각채널에서 가열된 연료(수소 또는 메탄)로 터빈을 회전시켜서 펌프의 구동력을 얻는다.

터빈을 고속으로 회전시키기 위해서 재생냉각채널을 통과하는 극저온 연료는 연소기의 열(엔탈피)을 많이 흡수해야 하는데, 이것은 연소기를 보호하는 측면에서는 좋은 냉각제여야 한다는 뜻도 된다. 수소와 메탄은 액상과 기체상 상태에서 모두 좋은 냉각제로서의 성능을 가지고 있어서 수소와 메탄을 사용할 경우에는 연소기 내부벽 보호를 위한 막냉각(film cooling)의 필요성이 없다.[16]

재생냉각채널에서 수소 또는 메탄은 냉각 성능을 감소시키는 2상유체 상황(기체상과 액

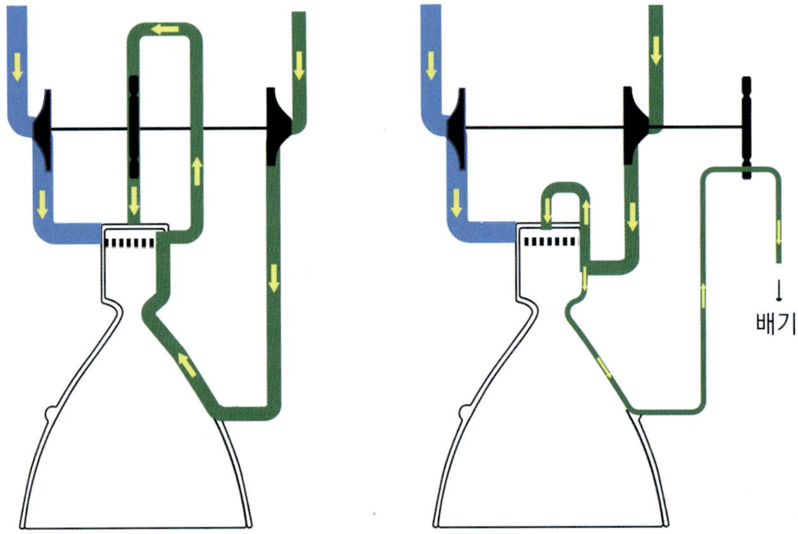


그림 3.10 팽창식 사이클 엔진의 구조

15 만약에 킥펌프(2nd fuel pump)가 없다면, 연료펌프 출구압은 연료펌프~프리버너~터빈~연소기로 이어지는 연료 라인의 차압에 연소압을 더한 값이 되어야 하고, 이 값은 재생냉각채널을 통과하는 연료 라인에서 필요한 펌프 출구압보다 크다.

16 케로신 엔진의 경우에는 재생냉각채널에서 케로신의 냉각성능이 좋지 않기 때문에 연소기 내부로 케로신을 투입하는 막냉각을 하며, 이는 비추력 손실을 가져온다.

체상이 혼재)이 되지 않게 **임계압력**(critical pressure)보다 높은 압력을 유지하는 것이 바람직하다. 수소와 메탄의 임계압력은 각각 1.3MPa와 4.64MPa이며, 이보다 압력이 높을 경우 **초임계유체**(supercritical fluid)가 되어 기체상 발생으로 생길 수 있는 차압증가와 열전달 감소 등의 문제를 회피할 수 있다.

팽창식 사이클 엔진은 ① 가스발생기, ② 가스발생기 시동을 위한 점화기 및 ③ 밸브류 등이 없으므로 신뢰성이 높은 반면 터빈 구동력을 연소기 재생냉각채널의 열전달에 의존하므로 연소압과 추력을 높이는데 한계가 있다.

팽창식 사이클 엔진은 그림 3.10과 같이 폐회로 타입과 개회로 타입으로 나눌 수 있다. 폐회로 타입은 full expander cycle이라고 부르며, 개회로 타입은 expander bleed cycle이라고 부른다. Expander bleed cycle의 경우 가스발생기 사이클과 마찬가지로 비추력 손실이 불가피하지만 터빈에서 큰 압력차를 이용하기 때문에 터빈 동력을 증가시킬 수 있으며, 따라서 고추력 엔진을 만들 수 있다.

## 라. 사이클의 압력 비교

### (1) 가스발생기 사이클과 다단연소 사이클의 비교

가스발생기 사이클 엔진과 다단연소 사이클 엔진의 구조를 비교하기 위하여 그림 3.11과 3.12의 산화제 라인을 보면, 가스발생기 사이클에서는 가스발생기가 산화제 탱크~산화제

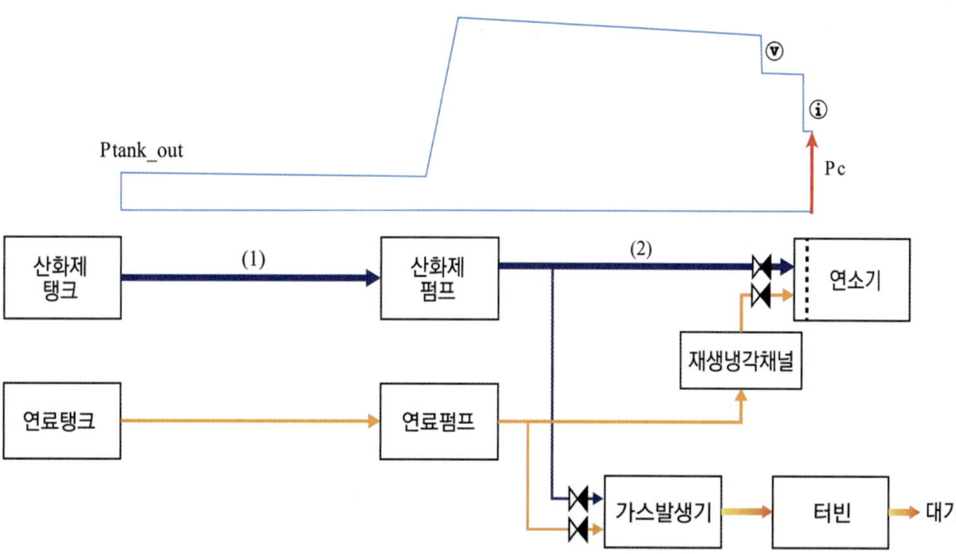


**그림 3.11** 가스발생기 사이클의 산화제 압력변화 추이

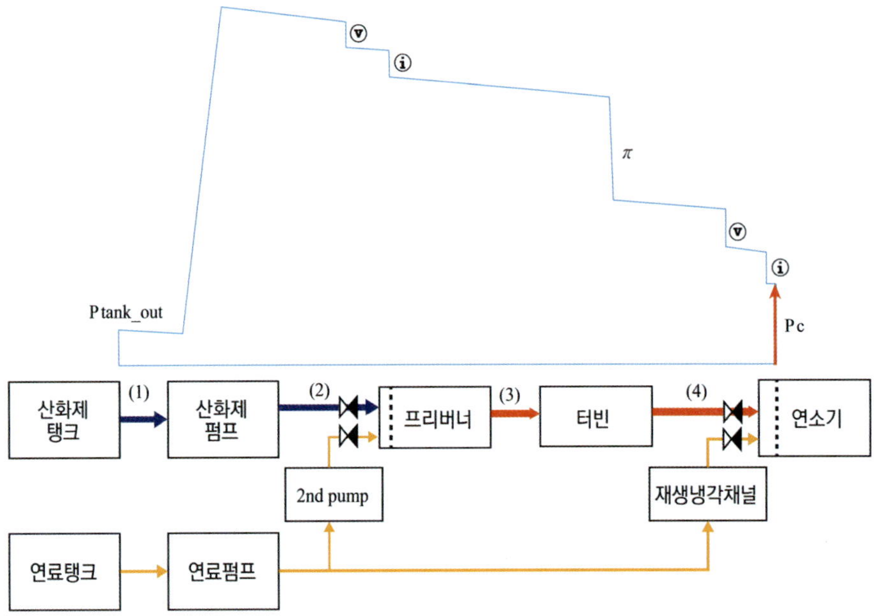


그림 3.12 다단연소 사이클의 산화제 압력변화 추이

펌프~연소기의 산화제 주배관에 존재하지 않는다. 반면 다단연소 사이클 엔진에서는 프리버너와 터빈이 산화제 펌프와 연소기 사이에 존재하고, 상당히 큰 차압을 발생시킨다. 따라서 다단연소 사이클 엔진의 펌프는 가스발생기 사이클 엔진의 펌프보다 훨씬 높은 양정(압력 증가)을 만들어내야 하고, 주요 구성품들은 고압의 압력조건에서 작동을 하게 된다.

성능 측면에서, 다단연소 사이클의 경우 산화제 탱크와 연료탱크로부터 나오는 추진제가 모두 연소기로 들어가서 최적화된 혼합비와 충분히 큰 팽창비의 노즐을 통하여 고속으로 배출되므로 비추력이 높은 반면에 가스발생기 사이클에서는 터빈을 구동하기 위한 불완전 연소 가스가 터빈배기노즐을 통하여 배출되므로 비추력 손실을 일으킨다.

다단연소 사이클 엔진은 가스발생기 사이클 엔진보다 펌프의 출구압이 높아야 한다. 따라서 터보펌프의 회전속도가 빠르며, 펌프 전단에 캐비테이션 방지를 위하여 펌프 입구압도 높아야 한다. 펌프 입구압을 높일 수 있는 방법은 추진제 탱크의 압력을 높이는 방법과 부스터펌프를 펌프 입구에 추가로 장착하는 방법이 있다. 추진제 탱크의 압력을 높이면 탱크 벽이 두꺼워져서 추진제 탱크의 무게가 증가하고, 부스터펌프의 장착은 엔진이 복잡해지며 엔진 무게의 증가를 가져온다. 따라서 부스터펌프의 장착여부는 추진기관 전체에 대한 비교 분석을 통해 결정한다.

가스발생기 사이클 엔진은 다단연소 사이클 엔진에 비하여 안정된 운용조건에서 작동하므로 상대적으로 높은 신뢰성을 갖는다. 연료과잉의 가스발생기를 갖은 가스발생기 사이클 엔진의 경우 사고발생과정이 비교적 긴 시간(0.1~0.5초) 동안에 이루어질 가능성이 크고, 이 경우 사고방지시스템이 사고를 포착할 수 있는 확률이 90~95%에 이를 수 있다.[7] 이러한 이유로 가스발생기 사이클 엔진인 RD-107과 RD-108이 장착된 소유즈 로켓이 60년 이상 가장 안전한 유인 우주로켓의 자리를 유지하고 있다.

### (2) 다단연소 사이클과 팽창식 사이클의 비교

다단연소 사이클 엔진과 팽창식 사이클 엔진(full expander cycle)은 모두 **폐회로 사이클**(closed cycle)이다. 다단연소 사이클 엔진은 프리버너에서 생성된 고온의 연소가스로 터빈을 돌림으로써 펌프를 구동시킬 수 있는 가용동력이 큰 반면, 팽창식 사이클 엔진은 연소기 벽의 열전달로 얻어진 엔탈피가 터빈 구동을 위한 에너지원이므로 연소압을 높이는데 한계가 있고, 따라서 추력도 크지 못하다. 연소압이 높지 않으면 엔진의 구성품들은 낮은 압력 상태에서 작동하므로 신뢰성이 높고 긴 수명에서 이점을 갖게 한다. 팽창식 사이클 엔진은 상단 엔진에 적합한데, 고공에서 작동하는 상단 엔진은 외부압이 진공에 가까우므로 노즐 팽창비를 늘려서 추력을 증가시킬 수 있다.[17]

폐회로 사이클 엔진은 최적의 추진제 혼합비로 추진제를 주연소기에서 모두 연소시킴으로써 추진제의 화학적 에너지를 모두 이용할 수 있다.

### (3) 사이클의 선정

가스발생기 사이클 엔진은 다단연소 사이클에 비하여 구조가 간단하며, 연소기 라인과 가스발생기 라인이 분리되어 있어 개발이 용이하고, 제작비용이 적으며 신뢰성도 높으나 비

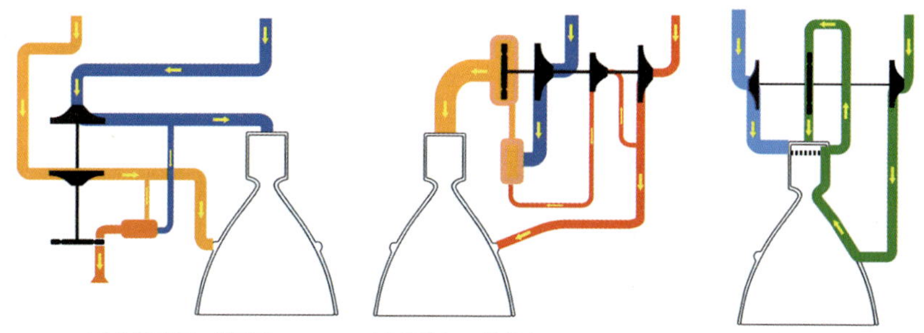


**그림 3.13** 터보펌프 방식 액체로켓엔진

17 엔진의 노즐 팽창비를 키워서 진공추력을 늘릴 수 있다. 그러나 발사체 안에 장착된 엔진의 노즐이 단분리 시 손상을 입지 않아야 하고, 노즐의 길이를 증가시키면 발사체의 길이도 길어져서 무게 증가를 가져온다. 더불어 노즐 팽창비를 매우 크게 하면 엔진의 구조적 안정성도 떨어진다. 따라서 노즐의 팽창비는 trade-off 과정을 거쳐서 발사체 전체 시스템에 가장 유익한 방향으로 선정되어야 한다.

추력 손실이 있다.

다단연소 사이클은 구조가 복잡하고, 상대적으로 사고 발생 확률이 높지만, 연소압을 높일 수 있어서 고성능(높은 비추력)과 고추력이 가능하다.

팽창식 사이클 엔진은 구조가 가장 간단하고 엔진의 작동 조건 또한 가장 안정적이어서 신뢰성이 높은 반면 연소기 재생냉각채널에서 얻을 수 있는 에너지(즉 터빈 구동력)가 한정되어 있어서 추력을 높이기가 어렵다. 따라서 주로 로켓의 상단에 사용된다.

엔진 사이클은 엔진에게 부여된 임무와 성능, 기존 엔진의 존재 여부 및 개발에 필요한 인프라 등 엔진개발 여건, 엔진의 신뢰성, 제작비용, 운용 편이성 등을 종합적으로 고려하여 결정한다.

## 제4절 | 연소압 결정

비추력과 추력 대 엔진무게비(추력/엔진무게)를 최대로 하는 압력을 연소압으로 선택한다.

연소기의 압력 $P_c$은 연소물의 해리 및 이온화 정도를 감소시키고, 연소실에서 연소온도를 높여 노즐 출구에서 연소가스의 분출속도를 증가시킨다.

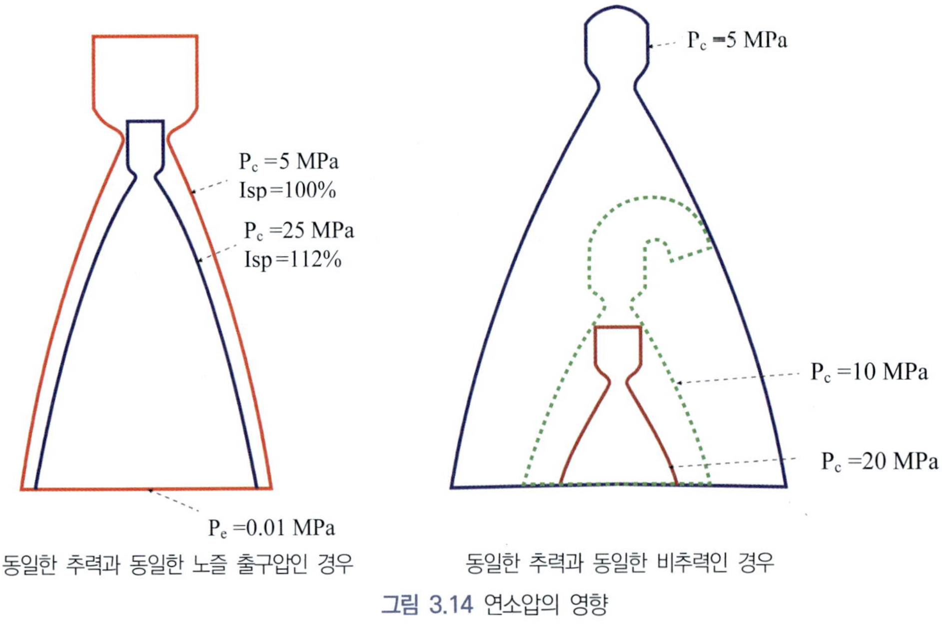


그림 3.14 연소압의 영향

1단에 사용되는 엔진의 경우 지상에서 점화되므로 노즐 출구에서 허용 가능한 연소가스의 압력은 하한을 가진다. 노즐 출구에서 압력이 작을 경우 노즐 안에서 충격파가 생기고 유동이 박리되어 심한 진동과 함께 노즐벽이 탈 수 있다. 따라서 추진제가 정해져 있을 때 비추력을 증가시키는 방법은 오직 노즐의 팽창비를 크게 하는 것뿐인데, 1단 엔진의 경우 연소압을 높임으로써 노즐 팽창비를 크게 할 수 있다.[8]

그림 3.14(좌)에서 연소압 $P_c$의 증가는 동일한 노즐 출구압력 $P_e$에서 노즐 확대비의 증가를 가능하게 하여, 결과적으로 추력과 비추력을 높인다. 동일한 추력과 비추력을 갖는다고 하면 그림 3.14(우)와 같이 연소압이 클수록 연소기의 크기는 작아진다.

엔진의 무게 측면에서 연소압의 증가는 동일 추력과 동일한 노즐 출구압에서 연소기의 크기와 무게를 줄일 수 있어서 엔진 전체의 추력 대 무게비를 크게 할 수 있다. 이처럼 연소압이 높은 것이 바람직하지만 가스발생기 사이클 엔진은 최적의 연소압이 존재하며 이보다 높을 경우에는 대기로 버려지는 가스발생기 유량이 커져서 비추력이 감소한다.

그림 3.15에서 보는 바와 같이 엔진사이클과 연소압은 큰 상관관계를 갖는다. 만약에 연소압을 먼저 정하면 엔진 사이클이 자연적으로 결정된다고 볼 수 있고, 반대로 엔진 사이클을 먼저 결정하면 연소압의 범위가 대략적으로 결정된다.

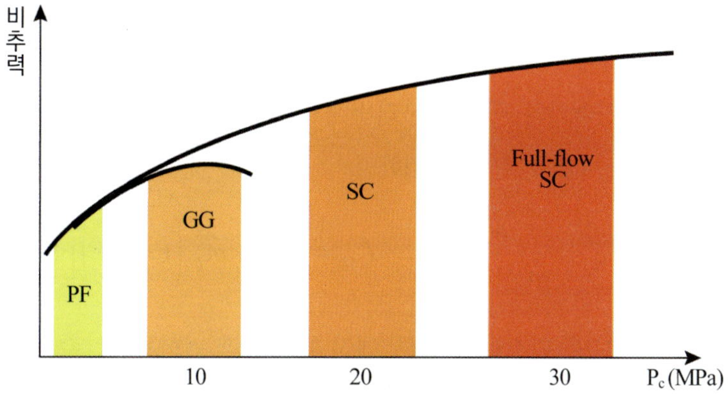


그림 3.15 엔진 사이클과 연소압, 비추력간의 관계

## 1 가스발생기 사이클에서 연소압 결정

가스발생기 사이클 엔진에서 연소압을 높이기 위해서는 펌프의 출구압을 높여야 한다. 펌프의 출구압을 높이기 위해서는 터빈의 동력을 높여야 하는데 가스발생기 사이클에서 터빈 동력을 높이는 방법은 터빈구동가스의 유량을 늘리는 방법이 이용된다. 왜냐하면 터빈의 안전을 위해 터빈 구동가스의 온도는 정해져 있어서 높을 수가 없다.

엔진의 비추력 측면에서 연소압을 증가시키면 연소기의 비추력이 증가하는데, 연소압이 100bar 이상으로 높은 경우에 연소압의 증가 시 비추력은 완만하게 증가한다. 반면에 연소압을 높이기 위해서는 터빈구동가스의 유량을 지속적으로 늘려야 하는데, 터빈구동가스는 터빈을 구동시키고 대기로 배출되므로 비추력 손실이 증가한다.

이와 같이 가스발생기 사이클 엔진의 경우 두 현상(연소압을 높이면 연소기에서 비추력 증가 그리고 터빈구동가스가 대기로 배출되어 비추력 손실)이 결합하면서 연소압 증가 시에 초기에는 엔진 전체의 비추력이 증가하고 최고 비추력에 도달한 다음에 추가의 연소압 증가는 엔진의 비추력을 감소시킨다.

수식을 이용해서 가스발생기 사이클 엔진의 비추력 변화와 최고 비추력을 얻는 연소압에 대하여 고려해보자.

가스발생기 사이클 엔진의 비추력 계산식은 다음과 같다.

$$I_{eng} = \frac{F_c + F_{gg}}{\dot{m}_c + \dot{m}_{gg}} = \frac{1 + \dfrac{\dot{m}_{gg}}{\dot{m}_c}\dfrac{I_{gg}}{I_c}}{1 + \dfrac{\dot{m}_{gg}}{\dot{m}_c}}$$

여기서 $F_c$, $F_{gg}$-연소기와 터빈배기노즐에서 발생하는 추력, $\dot{m}_c$, $\dot{m}_{gg}$-연소기 유량과 가스발생기 유량, $I_c, I_{gg}$-연소기의 비추력과 터빈배기노즐의 비추력이다.

**가스발생기 비유량**을 다음과 같이 정의하면

$$\overline{m}_{gg} = \frac{\dot{m}_{gg}}{\dot{m}_c + \dot{m}_{gg}}, \qquad I_{eng} = I_c\left[1 - \overline{m}_{gg}\left(1 - \frac{I_{gg}}{I_c}\right)\right]$$

이고, 위 식을 분석해보면 연소압에 따른 엔진 비추력의 변화를 알 수 있다.

연소압의 증가는 연소기의 비추력 $I_c$을 증가시키고 가스발생기 비유량 $\overline{m}_{gg}$도 증가한다. 따라서 두 요소를 함께 고려하면 어떤 연소압에서 엔진 전체의 비추력 $I_{eng}$은 최고값을 갖고 그 이상의 연소압에서는 감소하게 된다.

연소압의 크기는 많은 요소에 영향을 받는데, 특히 가스발생기와 터보펌프의 영향이 가장 크다. 가스발생기 사이클에서 추진제 유량이 일정할 때 터빈구동가스온도 $T_{gg}$, 가스상수 $R_{gg}$, 터빈 효율 $\eta_{tb}$, 펌프의 효율 $\eta_{o.p}$, $\eta_{f.p}$이 클수록 더 높은 연소압을 얻을 수 있고, 따라서 비추력도 높다.

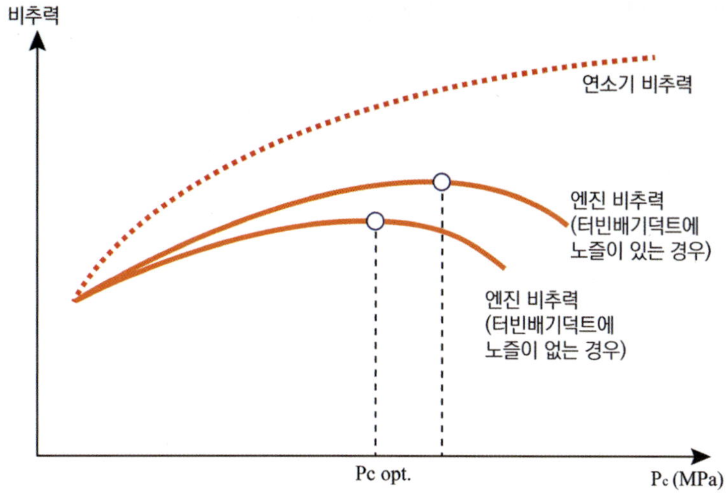


그림 3.16 가스발생기 사이클 엔진의 연소압과 비추력 관계

## 2 다단연소 사이클의 연소압 결정

다단연소 사이클 엔진에서 최대 가능 연소압은 터빈과 펌프의 동력밸런스[18]로 찾을 수 있다. 터보펌프에서 동력밸런스를 확인하기 위하여 터빈 및 펌프에서 동력식을 고려하자.

터빈 동력식[19]이 다음과 같을 때

$$N_t = \eta_t \dot{m}_{gg} \frac{k}{k-1} R_{gg} T_{gg} \left[ 1 - \left( \frac{P_{out}}{P_{in}} \right)^{\frac{k-1}{k}} \right]$$

터빈의 단위동력(1kg 유량당 동력)은 다음과 같다.

$$\overline{N}_t = \frac{N_t}{\dot{m}} = \eta_t \frac{\dot{m}_{gg}}{\dot{m}} \frac{k}{k-1} R_{gg} T_{gg} \left[ 1 - \left( \frac{1}{\pi_t} \right)^{\frac{k-1}{k}} \right]$$

여기서 터빈 출구압은 연소압에 분사기 차압과 가스덕트(연소기와 터빈을 잇는 배관)의 차압을 합한 것이다. 즉, $P_{t,out} = P_c + \Delta P_{inj} + \Delta P_{gas\,duck}$

---

18 터빈의 가용동력과 펌프들의 소요동력을 같게 하는 것을 **터보펌프의 동력밸런스**라고 한다.

19 터빈 동력식의 유도는 부록 5절에 설명되었다.

터빈 입구압은 터빈 출구압과 터빈에서 차압을 더한 것으로, $P_{t,in} = P_{t,out} + \Delta P_t$

$$\frac{P_{t,out}}{P_{t,in}} = \frac{1}{1 + \frac{\Delta P_t}{P_c}\left(\frac{1}{1 + \frac{\Delta P_{inj}}{P_c} + \frac{\Delta P_{gas\,duct}}{P_c}}\right)}$$

펌프에서 필요 단위 동력은 다음과 같다.

$$\overline{N}_{\Sigma p} = \frac{N_{\Sigma p}}{\dot{m}} = \frac{OF}{OF+1}\overline{N}_{o.p} + \frac{1}{OF+1}\overline{N}_{f.p}$$

여기서 $OF$-추진제 혼합비, $\overline{N}_{o.p}$-산화제 펌프의 단위동력, $\overline{N}_{f.p}$-연료펌프의 단위동력이다.

펌프출구압 $P_{p,out}$은 연소압 $P_c$+터빈에서 차압 $\Delta P_t$+연소기와 펌프 사이의 차압 $\sum_{i=1}^{n} \Delta P_i$이므로

$$P_{p,out} = P_c + \Delta P_t + \sum_{i=1}^{n} \Delta P_i$$

$$P_{p,out} = P_c\left(1 + \frac{\Delta P_t}{P_c} + \frac{\sum_{i=1}^{n} \Delta P_i}{P_c}\right) \tag{3-1}$$

이다.

식 (3-1)에서 연소압을 높이려면 펌프 출구압과 펌프동력이 증가해야 한다. 이를 그래프로 그리면 그림 3.17과 같다.

그림 3.17에서 터빈 동력이 일정할 때 연소압이 증가하면 펌프의 필요 동력도 증가한다. 연소압이 120~180bar 범위에 있는 $P_{c_1}, P_{c_2}, P_{c_3}, P_{c_4}$에서 $\overline{N}_t$와 $\overline{N}_{\Sigma p}$가 만난다. $P_{c\_1}$, $P_{c\_2}$, $P_{c_3}$에서는 $\overline{N}_t$와 $\overline{N}_{\Sigma p}$가 두 지점에서 동력밸런스가 이루어지는데, 당연히 터빈 차압이 낮은 쪽의 동력밸런스가 엔진의 작동 측면에서 부하가 작아서 유리하다.

연소압을 증가를 시키면 결국 한 점에서 $\overline{N}_t$와 $\overline{N}_{\Sigma p}$가 일치하게 되는데, 그때의 압력이 해당 엔진에서 실현가능한 최대 연소압($P_{c\_4}$)이 된다. 이 연소압($P_{c\_4}$)보다 연소압을 높이면 펌프의 필요동력이 터빈에서 실제 만들 수 있는 동력보다 커서 터보펌프의 동력 밸런스가 성립되지 않는다.

다단연소 사이클 엔진에서 연소압에 영향을 끼치는 주요 요소는 펌프의 효율, 터빈의 효율과 터빈구동가스의 $\frac{\dot{m}_{gg}}{\dot{m}} R_{gg} T_{gg}$이다. 효율들이 높을 때 더 높은 연소압을 얻을 수 있는데,

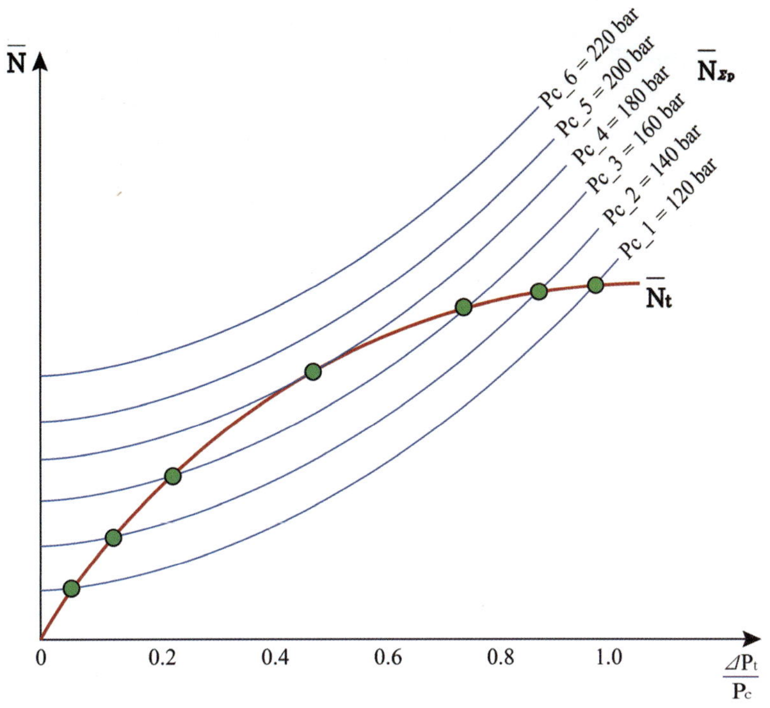


**그림 3.17** 연소압 변화에 따른 터빈과 펌프의 동력 밸런스[9]

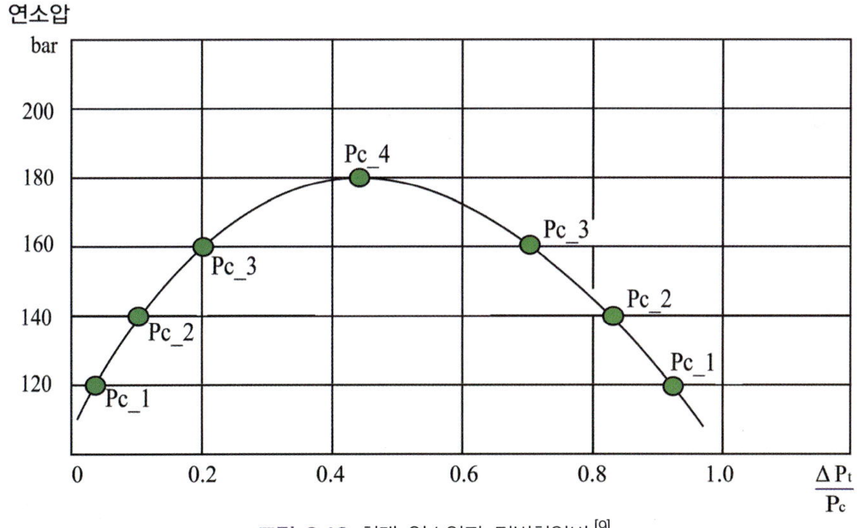


**그림 3.18** 최대 연소압과 터빈차압비[9]

이것은 펌프에서 요구동력이 적어지고, 터빈에서 가용동력이 커지기 때문이다. 터빈구동가스의 $R_{gg}T_{gg}$는 가스가 할 수 있는 일의 양을 규정한다. 아래 터빈 동력식(3-2)에서 터빈 구동가스의 $R_{gg}T_{gg}$가 클수록 터빈 가용동력이 커지고, 결국 연소압을 높일 수 있다. 마찬가지로 $\frac{\dot{m}_{gg}}{\dot{m}}$를 증가시키면 터빈유량이 증가하므로 연소압을 높일 수 있다.

$$N_t = \eta_t \dot{m}_{gg} \frac{k}{k-1} R_{gg} T_{gg} \left[ 1 - \left( \frac{P_{out}}{P_{in}} \right)^{\frac{k-1}{k}} \right]$$

다단연소 사이클 수소 엔진의 최대 연소압을 프리버너와 관련하여 고려해 보자.

수소엔진의 경우 추진제 혼합비가 6 정도이다. 연료로 수소를 사용할 때 산화제 과잉가스의 $R = 280 \sim 300\, J/(kg/K)$이고, 터빈의 최대 허용온도는 $T_{gg} \approx 700 \sim 800\, K$이다. 연료과잉가스의 $R = 400 \sim 600\, J/(kg/K)$이고 터빈의 최대 허용온도는 $T_{gg} \approx 900 \sim 1100\, K$이다.

따라서 수소엔진에서 산화제 과잉가스를 사용한다면 $\dot{m}_{gg}/\dot{m}$가 크고,[20] 가스발생기 가스의 온도와 가스상수는 작다. 반면에 연료과잉가스를 사용한다면 $\dot{m}_{gg}/\dot{m}$가 작고, 가스발생기 가스의 온도와 가스상수는 크다.

만약 연소압이 $P_c = 120 \sim 140\, bar$ 수준이면 가스발생기 가스가 산소과잉이든 연료과잉이든 큰 의미가 없다.[21]

펌프의 출구압이 $500 \sim 600\, bar$일 때, $T_{gg} \approx 600 \sim 700\, K$ 온도의 산소과잉 가스발생기를 사용하면 최대 연소압은 $180 \sim 190\, bar$ 수준이며, $T_{gg} \approx 900 \sim 1100\, K$ 정도의 연료과잉 가스발생기를 사용하면 최대 연소압은 $200 \sim 220\, bar$에 이를 수 있다.[9]

## 제5절 | 엔진의 유공압구조 선정

엔진의 연소압과 사이클이 결정이 되면, 보다 구체적인 엔진 유공압 구조를 선정할 수 있다.

**엔진 유공압구조**는 선정된 사이클에 개폐밸브, 제어밸브, 오리피스 등의 주요 구성품을 배치한 스킴(scheme)으로, 구성품의 작동파라미터를 선정할 때 기본이 되는 그림이다.

---

20 다단연소 사이클의 경우 산화제과잉 프리버너에서는 산소 전체와 수소 일부가 프리버너로 들어가고, 연료과잉 프리버너에서는 수소 전체와 산소 일부가 프리버너로 들어간다. 추진제 혼합비가 6인 점을 고려할 때 산화제과잉 프리버너에 $\dot{m}_{gg}$가 연료과잉 프리버너의 $\dot{m}_{gg}$보다 큰 것은 자명하다.

21 수소엔진에서 산화제 과잉가스는 화재를 유발할 위험성이 있고, 연료과잉가스는 터빈 재질에 취성을 일으키는 단점이 있다.

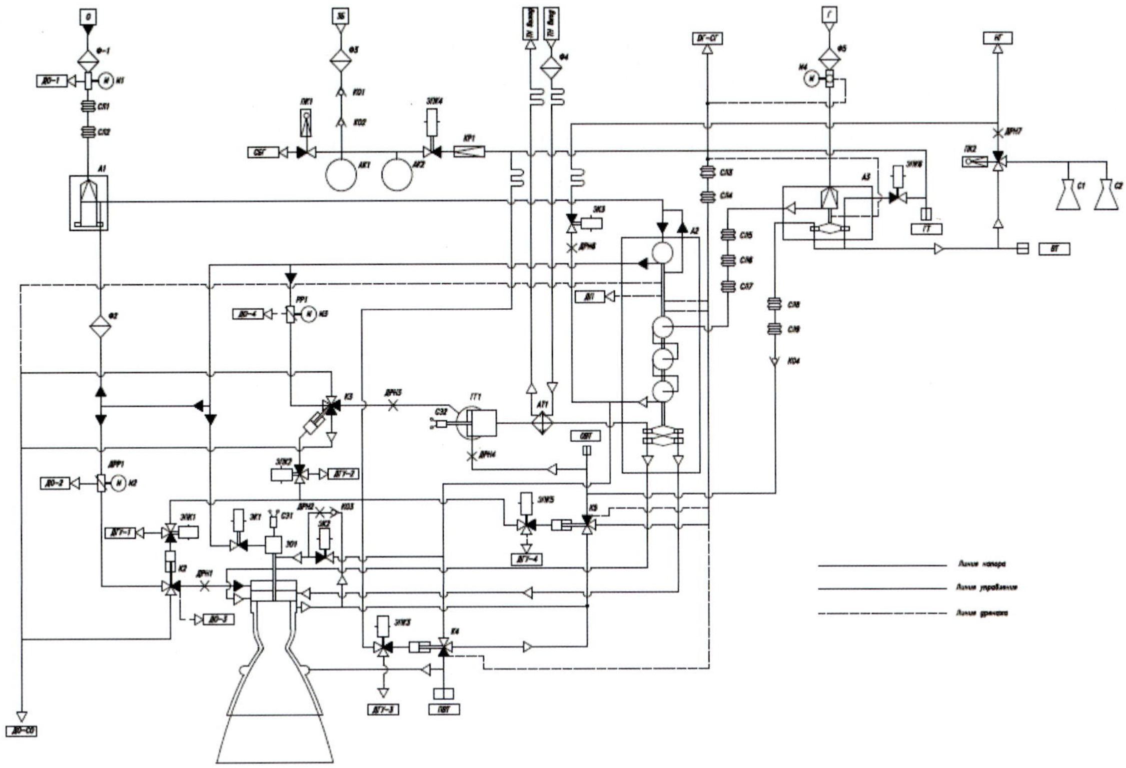

그림 3.19 액체로켓엔진 유공압구조도의 예[10]

## 1 가스발생기 사이클 엔진

가스발생기 사이클 엔진의 경우 일반적으로 가스발생기는 연료과잉 가스를 사용한다. 연료과잉 가스일 때 터빈 입구온도를 더 높게 할 수 있고, 가스상수도 더 크다. 즉 $R_{gg}T_{gg}$이 산화제과잉 가스일 때보다 크므로 가스발생기의 유량 $\dot{m}_{gg}$을 줄일 수 있어서 비추력이 상대적으로 높아진다.

재생냉각채널의 냉각유체로는 주로 연료를 사용하고, 추력이 작은 엔진의 경우에는 연소기의 충분한 냉각을 위하여 연소기의 일부분을 산소로, 나머지 부분은 연료로 냉각하기도 한다.

연료과잉 가스발생기를 사용하는 경우 추력제어밸브는 가스발생기의 산화제 배관에 설치하게 되는데, 산화제 유량이 적어서 제어밸브의 크기를 작게 할 수 있기 때문이다. 가스발생기의 온도는 터빈을 보호하기 위하여 정해진 범위 내에 있어야 하므로 연료배관(추력제어밸브가 설치되지 않은 배관)에는 혼합비 안정용 제어밸브(stabilizer)가 장착된다.

연소기의 혼합비 제어밸브는 주로 연료 라인에 설치되며, 이유는 다음과 같다.

① 연료유량이 산화제보다 적어서 밸브의 크기를 작게 할 수 있다 ② 연료가 산화제에 비해 금속에 대해 반응이 적다. ③ 제어밸브를 연료 라인에 설치할 경우 펌프에서 필요한 동력도 적어진다. 왜냐하면 연료 라인의 유량이 산화제 라인의 유량보다 적고, 펌프 동력은 $\dot{m}\,\Delta P_{c.v}$(유량 × 제어밸브 차압)에 비례하기 때문이다.

한국형발사체의 1, 2, 3단에 사용하는 75톤급 및 7톤급 엔진은 케로신을 연료로 사용하는 가스발생기 사이클 엔진으로 위와 같은 이유로 해서 다음과 같은 유공압구조를 갖는다.

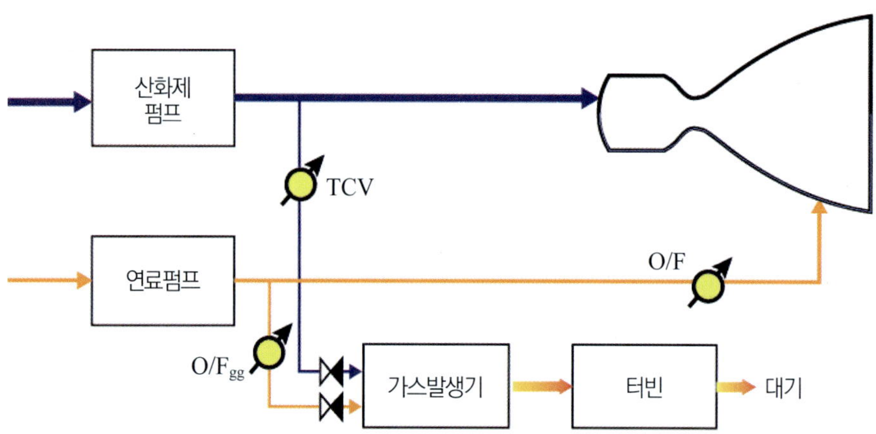


TVC-추력 제어밸브, $O/F_{gg}$-GG 추진제혼합비 제어밸브, $O/F$-연소기 추진제혼합비 제어밸브

**그림 3.20** 가스발생기 사이클 엔진의 제어밸브 위치[11]

## 2 다단연소 사이클 엔진

다단연소 사이클 엔진의 유공압구조는 프리버너의 추진제혼합비(산화제과잉 또는 연료과잉)와 터보펌프의 종류(단일축 여부, 2단 펌프 존재 여부, 부스터펌프의 존재 여부 등)에 따라 다양한 형태가 존재한다.

그림 3.21은 가장 간단한 다단연소 사이클 엔진의 구조로 산화제과잉 프리버너를 채택하고 있으며, 재생냉각채널의 냉각제로 연료를 사용한다. 이 구조에서는 산화제 펌프로부터 전체 산화제와 연료펌프로부터의 일부 연료가 프리버너로 들어가므로 산화제 펌프의 출구압과 연료펌프의 출구압은 유사한다. 추력의 증감은 산화제과잉 프리버너에 연료의 양을 조

절하여 프리버너 온도 $T_{gg}$를 변경함으로써 얻는다.

이러한 이유로 추력제어밸브는 프리버너의 연료 라인에 설치되며 프리버너의 혼합비 유지를 위한 혼합비 안정밸브가 존재하지 않는다. 연소기의 혼합비 제어밸브는 연소기 연료 라인에 설치된다. 연소기의 혼합비 제어밸브는 연소기의 혼합비를 최적으로 만들어서 연소 효율을 최대로 하고, 로켓에 저장된 산화제와 연료를 동일한 시간에 소모하게 하여 임펄스(추력×시간)를 최대화할 수 있다.

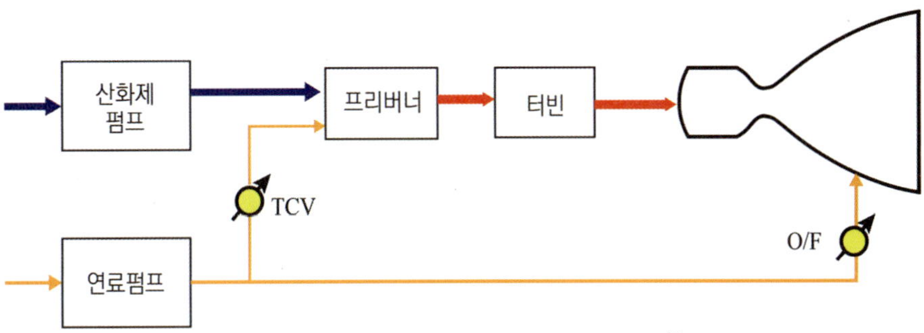


**그림 3.21** 다단연소 사이클 엔진의 제어밸브[9]

그림 3.22는 2단 연료펌프(킥펌프)를 사용한 구조로, 러시아의 케로신 계열 엔진들(RD-120, RD-170, RD-180, RD-191 등)이 주로 채택하고 있다. 이 경우 주연료펌프의 출구압은 프리버너의 압력이 아니라 연소압과 재생냉각채널 및 연료 주배관 라인의 압력들을 고려하여 결정한다.

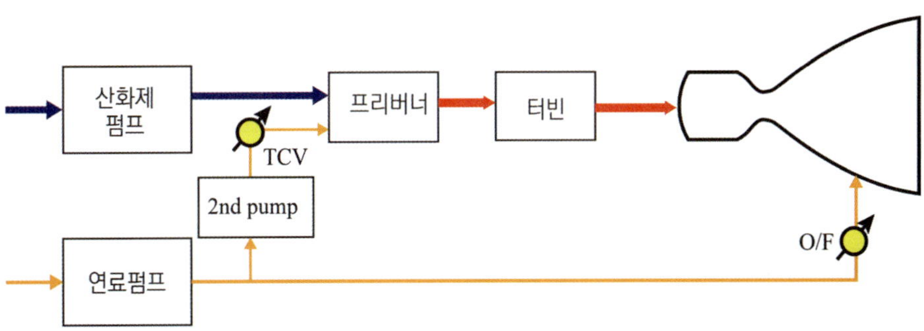


**그림 3.22** 다단연소 사이클 엔진의 제어밸브[9]

그림 3.23은 연료과잉 프리버너를 사용하고 재생냉각채널의 냉각제로 연료를 사용하는 구조이다. 주로 수소엔진에서 많이 적용되는데, 수소펌프 출구압이 매우 높은 단점이 있다. 이 구조에서 수소는 펌프를 지나 재생냉각채널을 통과하고 다시 프리버너와 터빈을 거쳐서 연소기로 들어간다. 추력제어밸브와 연소기 혼합비 제어밸브는 그림 3.21과 동일한 이유(적은 유량 쪽에 추력 제어밸브 설치)로 산소 라인에 설치한다.

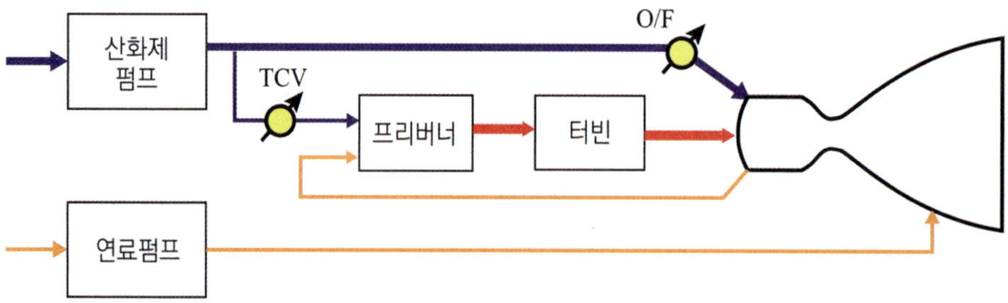


그림 3.23 다단연소 사이클 엔진의 제어밸브 [9]

# 제6절 | 터빈구동가스 온도 결정

터빈 블레이드는 극한의 조건에서 작동되는 엔진 구성품 중 하나이다. 해외 액체로켓엔진 개발과정에서 터빈 블레이드의 파손에 의한 사고가 많았다. 따라서 터빈 블레이드의 안정적인 작동에 영향을 미치는 요인들에 대한 고려가 필수적이다. 일반적으로 가스발생기 사이클 엔진에서 터빈 블레이드의 구조적 안전에 영향을 미치는 요인은 터빈 입구온도, 터빈 입구에서 횡적 방향으로 온도변화, 터빈 회전수 및 진동, 터빈 구동가스가 가지고 있는 고체 입자, 구조의 변형을 일으키는 열유동 등을 들 수 있다. 이들 요인 중에 일반적으로 터빈 입구온도가 터빈 블레이드 수명에 가장 큰 영향을 주는 중요한 파라미터이다. 터빈입구온도는 엔진 작동 중에 최대 허용온도를 넘어서는 안 된다.

## 1 터빈구동가스 온도의 의미

터빈구동가스의 온도는 가스발생기의 추진제 혼합비에 의하여 결정된다. 추진제 혼합비로 가스발생기 가스의 성분, 가스의 기체상수 $R_{gg}$와 가스발생기 **가스의 작동능력** $R_{gg}T_{gg}$을 알 수 있고, 이로써 가스발생기 가스유량이 $\dot{m}_{gg}$인 터빈의 가용동력을 계산할 수 있다.

$$N_{tb} = \eta_{tb} \cdot \dot{m}_{gg} \cdot \frac{k}{k-1} \cdot R_{gg} \cdot T_{gg} \cdot \left[1 - \left(\frac{1}{\pi_t}\right)^{\frac{k-1}{k}}\right]$$

여기서,

$\eta_{tb}$ : 터빈 효율

$\dot{m}_{gg}$ : 가스발생기 연소가스 유량(터빈 구동가스 유량)

$k$ : 가스발생기 연소가스의 비열비

$T_{gg}$ : 가스발생기 연소가스의 온도

$\pi_t$ : 터빈 압력비 $(=P_{out}/P_{in})$

이다.

가스발생기 가스는 짧은 배관을 거쳐 터빈에 공급되므로 가스발생기 온도와 가스의 터빈 입구온도는 유사하다.[22] 따라서 이 장에서는 편의를 위해 가스발생기 가스온도 대신에 **터빈 입구온도(TIT**: Turbine Inlet Temperature)를 사용하겠다.

터빈의 동력을 크게 함과 동시에 가스발생기에서는 연소불안정을 일으키지 않기 위하여 추진제혼합비가 너무 낮은 것(=터빈 입구온도가 낮은 것)이 바람직하지 않으나, 터빈 입장에서는 터빈 블레이드의 안전을 위하여 추진제혼합비가 낮은 것을 요구한다. 이와 같이 터빈입구온도 결정은 가스발생기 개발자와 터빈 개발자가 상반된 입장에 서게 된다.

## 2 터빈의 한계 온도

터빈 구동가스의 온도는 터빈 블레이드의 열적 내구성에 의해 한계값을 갖는다. 그러므로 터빈 블레이드의 재질, 구조(터빈 블레이드의 냉각 여부 등) 및 작동환경(부하 및 회전수 등)에 의하여 터빈 구동가스의 온도를 선정한다.

터빈 구동가스 온도의 결정에 있어서 터빈 최대운용온도의 확인이 선행되어야 하는데, 터빈의 최대운용온도는 그림 3.24와 같이 시험을 통해 10시간 수명을 보장하는 터빈 한계온도와 회전수(RPM)의 관계로부터 얻는다.[12,13] 러시아의 경우도 미국의 예와 동일한 개념으로 터빈의 최대운용온도를 확인하고, 이 온도를 기준으로 정격 터빈 입구온도(TIT)와 비상정지온도를 결정한다.

22 케로신 과잉 가스발생기일 경우 후연소가 진행되어 터빈 입구에서 가스 온도가 가스발생기 내부의 가스 온도보다 높을 수 있다. 터빈노즐 입구에서 가스의 압력은 가스발생기 내부압의 95% 정도이다.

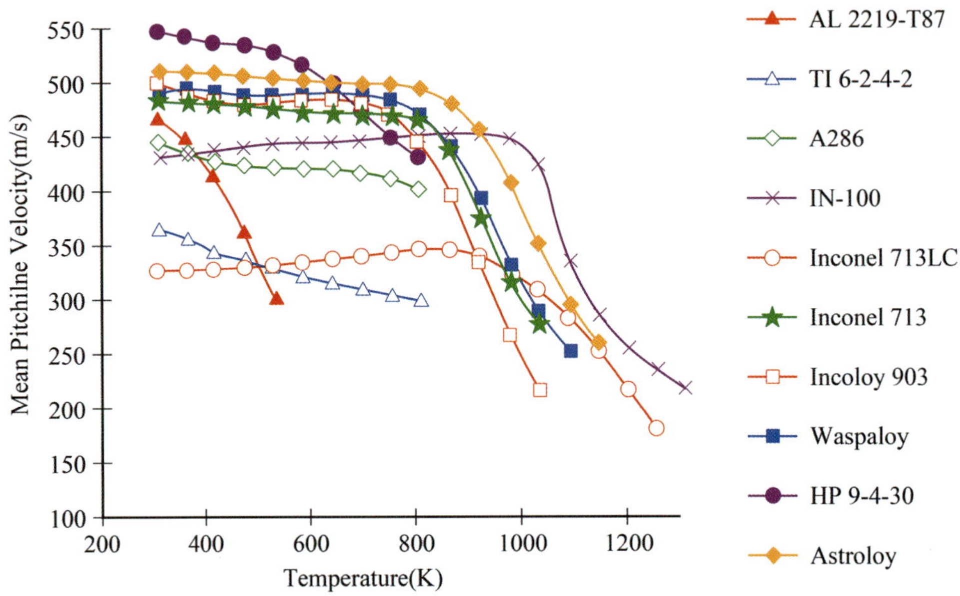


**그림 3.24** 터빈 회전수와 한계온도와의 관계[12,13]

## 3 정격 터빈 입구온도 결정

정격 터빈 입구온도는 터빈요소의 구조적 안전성을 기준으로 엔진의 작동조건 및 작동시간을 고려하여 결정된다. 정격 터빈 입구온도의 결정 방법은 NASA의 엔신 예비설계 보고서(Preliminary design report)[14]에 아래와 같이 기술되어 있으며, 그림 3.25와 같이 도시된다.

- 터빈입구온도는 엔진 설계 시 설계요구조건(Design Ground Rules)으로 제한
- 터빈 최대허용 작동온도(Maximum Turbine Operating Temperature)를 확인
- 엔진 설계 마진(Engine Design Margin)과 프리버너의 횡방향 온도편차 마진(Preburner Striation Temperature Margin) 그리고 엔진 혼합비 분산의 2 시그마(2$\sigma$ Engine and Mixture Ratio Variation)만큼의 낮은 온도에서 정격 터빈 입구온도를 선정

즉 터빈 정격 입구온도는 정격 회전수에서 10시간 수명이 보장되는 최대 터빈 작동온도에서 프리버너가스의 횡방향 온도 편차와 엔진 설계 마진 및 엔진의 혼합비 분산의 2$\sigma$만큼 낮은 값으로 정의된다.

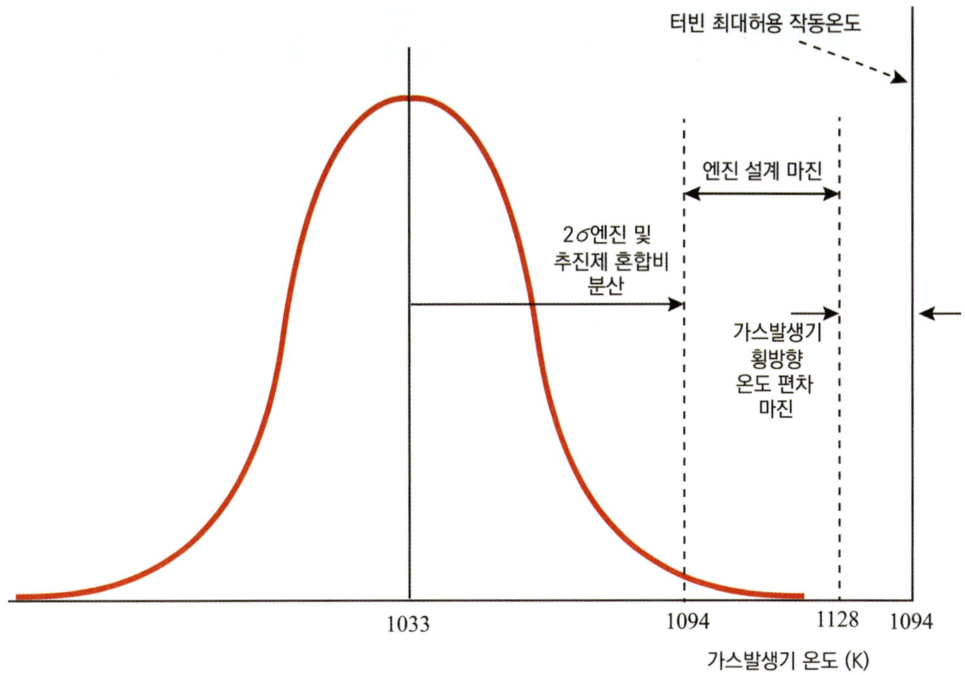


**그림 3.25** 터빈입구온도와 엔진 설계 마진[14]

## 4 가스발생기 사이클과 다단연소 사이클에서 터빈 입구온도

터빈 구동을 위한 가스발생기 가스의 온도는 터빈 재질의 열적 내구성과 가스발생기의 추진제 혼합비(산화제 과잉가스 또는 연료과잉가스)를 고려하여 결정한다.

동구권의 케로신 다단연소사이클 엔진의 경우 검댕(soot) 생성을 방지하기 위하여 산화제 과잉 가스발생기를 사용하는데, 이 경우 터빈 블레이드가 타버릴 가능성이 높아진다. 따라서 산화제 과잉가스의 온도는 750K 이하로 유지한다.

반면에 가스발생기 사이클의 경우 연료과잉가스로 터빈을 구동하는 경우가 흔한데 이때 가스 온도를 1100K까지 사용하며, 적정 가스온도는 터빈 블레이드의 내구성에 의해 결정된다.

## 제7절 | 터보펌프 최대 허용 회전수 결정

터보펌프에서 회전수를 높일수록 펌프의 크기가 작아지고 터빈의 효율이 올라가므로 가능한 한 회전수를 높이는 것이 바람직하다.

그런데 터보펌프의 최대 회전수는 ① 펌프에서 캐비테이션 발생과 ② 터빈 블레이드의 한계 응력에 의하여 제한된다.

터보펌프가 그림 3.26과 같이 단일축을 갖고, 산화제 펌프, 연료펌프 및 터빈으로 구성되어 있다면 터보펌프의 최대 회전수는 터보펌프의 세 부분(산화제 펌프, 연료펌프 및 터빈) 중에서 허용 가능한 회전수가 가장 낮은 값을 선택해야 한다.

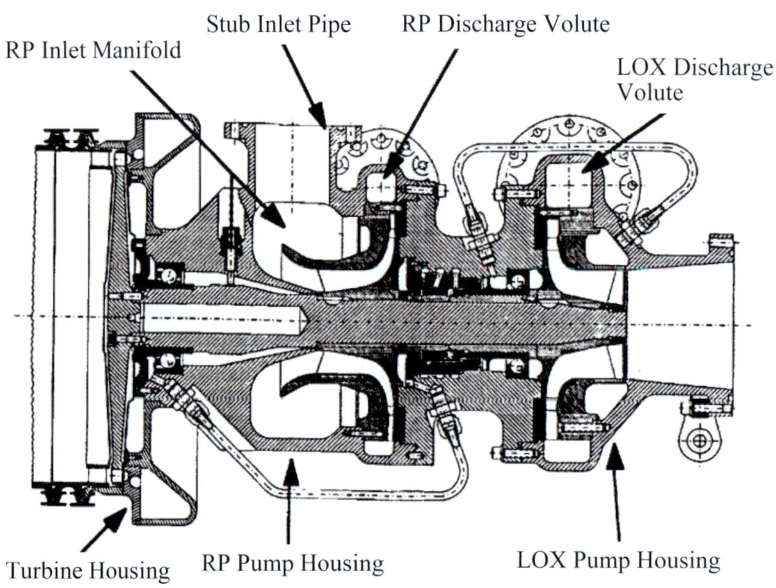


그림 3.26 Fastrac 엔진용 터보펌프의 단면도 [15]

일반적으로 펌프 회전수의 선정 기준은 체적유량(Volume flow rate)이다. 그런데 터보펌프에서 액체산소는 캐비테이션 발생에 취약하다. 동일한 캐비테이션 성능특성을 갖는 펌프(동일한 흡입 비속도[23]와 펌프 입구압)에서 액체산소는 다른 추진제에 비하여 낮은 회전수에서 캐비테이션이 발생한다. 따라서 터보펌프의 최대 허용 회전수는 많은 경우 산화제 펌

23 펌프의 캐비테이션, 유효흡입헤드(NPSH)와 흡입 비속도식에 대해서 부록 6절에 자세히 설명하였다.

프에 의하여 결정된다.[16]

펌프의 최대 허용 회전수 $w_{\max}$는 다음의 식으로 구한다.[24]

$$w_{\max} = \frac{n_{ss} NPSH_r^{3/4}}{298\sqrt{\dot{Q}}}$$

여기서 $n_{ss}$는 흡입비속도, $NPSH$는 유효흡입헤드, $Q$는 유량이다.

## 제8절 | 연소기 냉각방식 결정

효율측면에서 연소기의 연소온도는 높은 것이 바람직하지만, 연소온도가 높으면 연소기의 재료가 강도를 잃거나 손상이 발생한다. 따라서 연소기 벽면을 허용 가능 수준의 온도로 유지하기 위해서는 적절한 방식으로 냉각해야 한다.

연소기 냉각에는 재생냉각, 막냉각, 트랜스퍼레이션 냉각, 복사냉각, 삭마 냉각, 덤프 냉각 방식 등이 단일 또는 중복으로 사용되는데, 연소기 냉각방식은 추진제 종류, 엔진의 형태, 연소기의 구조 및 운용 조건 등을 고려하여 선정한다.

### 1 연소기 냉각 방식

#### 가. 재생 냉각

**재생 냉각**은 가장 널리 사용되는 연소기 냉각 방법이며, 연소기 내벽의 후면에 고속으로 냉각제를 흐르게 하여 대류적으로 연소기의 벽을 냉각한다. 냉각제로는 주로 연료가 사용되는데, 연소기의 벽을 냉각한 연료는 연소기로 들어가서 추력을 발생시킴으로써 재생냉각방법은 엔진의 비추력 손실을 가져오지 않는다.

24 펌프의 최대 허용 회전수 계산은 5장 1절에 예로써 제시되었다.

그림 3.27 재생냉각 채널

### 나. 막냉각(film cooling)

**막냉각**은 분사기 주변 또는 연소기 벽에 틈을 통해 냉각제를 주입하므로써 과도한 연소열로부터 연소기의 내벽을 보호하는 방법이다. 막냉각은 일반적으로 가장 열적 부하가 큰 지역의 상부에 적용한다. 그림 3.28에서는 연소기 내벽의 두 곳에 환형의 막냉각 주입구가 설치되어 있다.

그림 3.28 막냉각 채널

### 다. 트랜스퍼레이션 냉각(Transpiration cooling)

더운 날씨에 인간의 땀샘을 통해 나온 땀이 증발하면서 피부를 차갑게 하듯이 연소기 내벽에 작은 구멍들을 많이 만들어서 이 다공성 벽면을 통하여 냉각제를 투입함으로써 벽면을 젖게 하여 연소기의 내벽을 보호하는 방식이 **트랜스퍼레이션 냉각**이다. 이 냉각방식은 막냉각의 특별한 경우라고 할 수 있다.

그림 3.29 트랜스퍼레이션 냉각[Bagaveev Corp. 제공]

### 라. 복사냉각

**복사냉각**은 복사열로 내부 열을 외부로 방출하는 방법으로, 일반적으로 노즐 확장부에 많이 적용된다. 그림 3.30은 복사냉각방식이 적용된 Merlin 1D 엔진의 노즐 확대부이다. Merlin 1D 엔진의 노즐 확대부는 매우 얇은 니오븀 합금(niobium alloy) 판재로 만들어졌다.

그림 3.30 Merlin-1D 엔진의 복사냉각[SpaceX]

### 마. 삭마냉각

**삭마 냉각방식**에는 주로 복합재료가 사용되는데, 연소기의 내열부 재료가 서서히 타들어 가면서 연소기 열을 흡수하여 노즐로 배출하는 방식이다.

### 바. 덤프냉각

**덤프 냉각**(dump cooling)은 연소기 내벽과 외벽 사이의 작은 채널로 냉각제를 통과시킨 후 노즐 하단의 출구로 배출하는 방식이다. 재생냉각에서는 냉각제가 채널을 통과한 후에 연소실로 들어가 추력을 형성함에 비하여 덤프 냉각은 벽면 냉각 후 외부로 배출되므로 성능 손실을 일으킨다.

## 제9절 | 엔진 구성품의 차압수준 결정

새로운 엔진시스템의 성능 설계를 위한 초깃값으로 다음과 같은 엔진 구성품의 정적인 압력 특성값을 이용할 수 있다.[9,11,12,17]

## 1 연소기에서 차압

### 가. 분사기 차압

분사기의 차압은 연소압의 비율로 표현된다.[12]

$$\Delta P_{inj} = \begin{cases} 0.20 \cdot P_c, & \text{스로틀링이 없을 때} \\ 0.30 \cdot P_c, & \text{스로틀링을 할 경우} \\ 0.05 \cdot P_c, & \text{핀틀 타입 분사기인 경우} \end{cases}$$

연소기와 추진제 공급시스템(feed system)간의 압력섭동의 전달을 방지하기 위하여 다음의 분사기 차압이 고려되기도 한다.

$$\Delta P_{inj} = \begin{cases} 0.8 \cdot \sqrt{P_c}\text{ , 액체일 경우} \\ 0.4 \cdot \sqrt{P_c}\text{ , 기체일 경우} \end{cases} \quad \text{또는} \quad \Delta P_{inj} = \begin{cases} 1.5\,MPa \\ 0.3\,MPa \end{cases}$$

### 나. 재생냉각채널 차압

재생냉각채널에서 차압은 연소압의 크기에 따라 다음 같이 선정될 수 있다.[9]

$$\Delta P_{reg} = \begin{cases} (0.25 \sim 0.30) \cdot P_c ;\ \ P_c < 80\,MPa\text{ 일 경우} \\ (0.30 \sim 0.35) \cdot P_c ;\ \ P_c > 80\,MPa\text{ 일 경우} \end{cases}$$

## 2 가스발생기 / 프리버너 압력

### 가. 가스발생기 압력(가스발생기 사이클의 경우)[11]

$$P_{gg} = (0.8 \sim 0.85) P_c$$

가스발생기의 연소압은 연소기의 연소압보다 약간 낮게 선정하는 것이 현명하다. 왜냐하면 펌프의 필요동력은 $N = \frac{\dot{m} \cdot \Delta P}{\eta \cdot \rho} = \frac{(\dot{m}_{cc} + \dot{m}_{gg}) \cdot \Delta P}{\eta \cdot \rho}$ 인데, 적은 유량의 가스발생기를 위하여 $\Delta P$를 높이는 것은 바람직하지 않다. 추력에 중요한 연소기의 압력을 고려하여 $\Delta P$를 선정하고, 가스발생기의 연소압은 펌프의 출구압 $P_{out} (= \Delta P + P_{in})$으로 하용가능한 압력범위 내에서 선정하는 것이 일반적이다.

### 나. 프리버너 압력(다단연소 사이클의 경우)

다단연소 사이클의 경우 프리버너의 연소압은 터보펌프의 에너지밸런스 해석을 통하여 얻어지는 값으로, 엔진의 사이클 해석 전에는 알 수가 없다. 프리버너의 연소압을 결정하는 예는 5장에 기술되어 있다.

## 3 터보펌프에서 차압

### 가. 터빈 압력비(turbine pressure ratio)

(1) 터빈 압력비(가스발생기 사이클인 경우)

$$\pi_t = (P_{out}/P_{in})_{turbine} = 10 \sim 20$$

(2) 터빈 압력비(다단연소 사이클인 경우)

다단연소 사이클의 경우 터빈 압력비는 터보펌프의 동력 밸런스 계산에 의하여 얻어지므로 엔진 사이클 해석 후에 알 수 있다.

가스발생기(또는 프리버너)와 터빈 사이에 차압에 의하여 터빈입구에서 압력은 가스발생기 압력의 95% 정도이다.

$$P_{in.turbine} = 0.95 \cdot P_{gg}$$

### 나. 펌프 승압

펌프에서 승압은 펌프 출구압에서 입구압을 뺀 것으로 $\Delta P_p = P_{p,out} - P_{p,in}$이고, 출구압은 $P_{p,out}(= \Delta P_p + P_{p,in})$이다.

엔진 입구에서 $P_{p,in}$의 압력으로 펌프에 들어온 추진제는 펌프에서 $\Delta P_p$만큼 압력이 더해져서 $P_{p,out}$으로 펌프출구로 나가게 된다. 이후에 추진제는 연소실까지 각종 차압 요소들의 합 $\Delta P_\Sigma$(배관차압, 밸브차압, 터빈차압, 분사기 차압 등)만큼 압력이 감소하여 최종적으로 연소압 $P_c$에 도달한다.

따라서 가스발생기 사이클에서 펌프의 출구압 $P_{p,out}$은 연소압 $P_c$이 결정되고 차압 요소들의 합 $\Delta P_\Sigma$이 확인되면 펌프의 출구압($P_{p,out} = P_c + \Delta P_\Sigma$)으로 계산할 수 있다.

다단연소 사이클과 팽창식 사이클 엔진에서도 터빈 차압이 터보펌프의 동력 밸런스에 의해 얻어지므로 압력방정식과 동력방정식을 연계해서 풀어야 하는 것 이외에 기본적인 펌프 출구압 계산 방법은 가스발생기 사이클의 경우와 유사하다. 이와 관련된 내용은 5장에서 자세히 다룬다.

### 다. 부스터 펌프 승압

$$P_{p,out} = (1.5 \sim 2.0) \cdot P_{in}$$

## 4 밸브 차압

### 가. 추력 제어밸브 차압

$$P_{t.reg} = (0.1 \sim 0.2) \cdot P_c$$

### 나. 혼합비 제어밸브 차압

$$P_{OF.reg} = (0.1 \sim 0.15) \cdot P_c$$

### 다. 개폐밸브 및 오리피스 차압

$$P_{valve} = (0.05 \sim 0.1) \cdot P_c$$

## 5 배관 차압

### 가. 추진제공급라인 차압

엔진의 배관 차압은 배관의 길이, 단면적 및 굽은 배관의 정도와 개수에 따라 다르다.

### 나. 터빈과 연소기 사이 가스관 차압

다단연소 사이클에서 터빈 출구부터 연소기 사이 연결배관의 차압은 다음 식으로 계산된다. 여기서 계수 0.1은 연소기 전단에 프리버너가스의 흐름을 고르게 하기 위한 격자 구조물이 있을 때 해당하는 값이다.

$$P_{gas\,duct} = (0.02 \sim 0.1) \cdot P_c$$

### 다. 추진제공급라인 차압

추진제공급라인의 차압식은 다음과 같다.

$$\Delta P_{o.line} = P_{o.pump} - P_c = \Delta P_{o.pipes} + \Delta P_{o.valves} + \Delta P_{o.inj}$$

$$\Delta P_{f.line} = P_{f.pump} - P_c = \Delta P_{f.pipes} + \Delta P_{f.valvews} + \Delta P_{f.cool} + \Delta P_{f.inj}$$

## 6 부스터 펌프의 터빈 압력비

### 가. 유압터빈(hydraulic turbine)

$$\pi_t = (P_{out}/P_{in})_{turbine} = 1.1 \sim 1.2$$

### 가. 가스터빈(gas turbine)

$$\pi_t = (P_{out}/P_{in})_{turbine} = 5 \sim 15$$

# 제10절 | 엔진 구성품의 효율 예측

## 1 터보펌프

터보펌프의 효율을 이론적으로 예측하기는 어렵다. 인듀서와 슈라우드가 있고, 펌프 내부 유로의 설계가 우수하면 펌프의 효율이 올라가는 경향은 분명하지만, 펌프의 내부 유동에서 역류 및 누설, 유체에 대한 유동저항 및 베어링과 실(seal) 등에 의한 마찰에 의한 손실 발생은 시험으로만 정확하세 평가할 수 있다.

다음에 소개되는 효율식은 러시아의 케로신 다단연소 사이클 엔진에 대한 경험식이다.[17]

### 가. 산화제 펌프

터보펌프에서 산화제 펌프의 효율은 $\eta = 0.65 \sim 0.8$ 범위에 있다. 정격 작동점에서 펌프의 효율은 다음 식으로 예상할 수 있다.

- 산화제 펌프의 경우($37.4 \le n_s \le 124$)

$$\eta_{fp} = -1.544 + 1.233\,n_s^{0.25} - 0.167\,n_s^{0.5}$$

여기서 펌프 비속도 $n_s = \dfrac{3.65 \cdot rpm \cdot \sqrt{Q}}{H^{0.75}}$ 이며, $rpm$은 펌프 회전수, $Q(m^3/s)$는 체적 유량, $H(m)$는 양정이다.

## 나. 연료 펌프

터보펌프에서 산화제 펌프의 효율은 $\eta = 0.5 \sim 0.7$ 범위에 있다. 정격 작동점에서 펌프의 효율은 다음 식으로 예상할 수 있다.

- 연료펌프의 경우($18.8 \le n_s \le 70$)

$$\eta_{fp} = -4.777 + 3.941\, n_s^{0.25} - 0.710\, n_s^{0.5}$$

## 다. 터빈

터보펌프에서 산화제 펌프의 효율은 $\eta = 0.45 \sim 0.8$ 범위에 있다.

- 충동터빈의 경우($8 \le \pi_t \le 57.3$)

$$\eta_t = 0.004 + 2.676\left(\frac{u}{C_{ad}}\right) - 2.928\left(\frac{u}{C_{ad}}\right)^2$$

- 반동터빈의 경우($1.27 \le \pi_t \le 1.93$)

$$\eta_t = 2.496\left(\frac{u}{C_{ad}}\right) - 2.069\left(\frac{u}{C_{ad}}\right)^2$$

수소연료를 사용하는 팽창식 사이클 엔진인 RL10은 항공기 기술로 제작된 터빈을 사용하고 있으며, 터빈의 반동도[25]는 0.5이다.

여기서,

$$u = \frac{D_m}{2} \cdot \omega$$ ($D_m$은 mean pitchline velocity, $w\,(rad/s)$는 터빈의 회전수)

$$C_{ad} = \sqrt{2L_{o\,ad}} = \sqrt{2\frac{k}{k-1}RT_o\left(1 - \frac{1}{\pi_t^{\frac{k-1}{k}}}\right)}$$

$\pi_t$는 터빈 압력비이다.

## 라. 부스터펌프

부스터펌프의 효율은 대략 다음의 범위에 있다.

25 터빈의 반동도(degree of reaction)는 블레이드에서 가스가 얼마나 팽창하는지(즉, 운동에너지가 변하는지)를 나타내는 척도로서, 터빈 노즐에서 가스가 가속되고 터빈 블레이드 전후의 유동속도가 일정하면 **충동터빈**(impulse turbine), 반대로 터빈 노즐에서 운동에너지 변화는 없고 블레이드에서 가스가 팽창을 하면 **반동터빈**(reaction turbine)이라고 한다. 한국형 발사체의 엔진에서는 **충동터빈**이 이용된다.

$$\eta = 0.4 \sim 0.7$$

이상과 같이 엔진의 주요 파라미터 설정 방법과 주요 구성품의 차압 및 효율에 대하여 검토하였다.

앞에서 제시된 값은 엔진의 개념설계를 위한 초깃값으로 활용될 수 있으나, 실제 엔진의 요구조건, 특수한 설계 여건 및 운용조건에 따라 매우 다른 값을 가질 수 있다.

엔진의 연소압, 유공압 구조와 주요 구성품의 차압 등의 정보를 이용하여 엔진 구성품의 설계 파라미터를 구하는 과정을 엔진의 사이클 해석 또는 에너지 밸런스 해석이라고 한다.

엔진 사이클 해석을 통해 얻은 주요구성품의 설계 파라미터는 구성품의 개발요구조건이 된다.

# 04 엔진 사이클 해석

“첫 번째 사람이 성취하기 전에 모든 비전은
농담으로 취급되지만, 실현된 이후에는
평범한 것으로 받아들여진다.”

- 로버트 고다드(1882~1945)
미국 로켓 개발의 아버지

발사체에서 요구하는 추력과 비추력을 얻기 위해서 엔진 구성품들은 적절한 성능을 갖추어야 한다. 엔진에서 일정한 추력과 비추력을 갖게 하는 엔진 구성품의 성능 조합은 무수히 많으며 그 중에서 엔진 구성품들의 열적, 구조적 부하를 가장 적게 하면서 발사체에서 요구하는 모든 요구조건을 만족하는 엔진 구성품의 성능 조합을 찾아야 한다.

발사체에서 필요한 엔진의 요구조건(기능과 성능 등)을 만족시키는 엔진 구성품들의 성능파라미터 찾기를 **사이클 해석**(cycle analysis) 또는 **에너지 밸런스 해석**(energy balance analysis)이라고 부른다.[1]

엔진의 사이클 해석으로부터 얻은 엔진 구성품들의 성능파라미터는 엔진 구성품 설계의 초깃값이 되며, 엔진 구성품 개발팀은 이 성능 파라미터를 구현하는 구성품을 설계해야 한다.

즉 엔진의 사이클 해석은 발사체에서 요구하는 성능을 만족시키는 최적의 엔진을 개발하는 과정인 동시에 엔진 구성품의 설계요구조건을 만드는 단계이다.

역으로 사이클 해석은 엔진의 주요 구성품의 성능 한계값이 정해져 있을 때(예를 들면 발사체 직경에 의하여 노즐 팽창비가 한계값을 갖거나, 터빈 블레이드 재질로 인하여 터빈 입구온도가 정해졌을 때 등) 이러한 엔진 구성품으로 발사체에서 요구하는 엔진을 제작할 수 있는 지 파악하거나 구성품들의 성능값들로 최고 성능의 엔진시스템을 예측하는데도 이용된다.

초기 엔진 설계 시 사이클 해석을 할 때 엔진 구성품의 작동파라미터(압력, 온도, 유량 등)에 대한 정보가 없으므로 예상값이나 유사한 구성품의 경험값을 사용하고, 나중에 구성품의 해석 또는 시험 결과가 나오면 그 데이터를 이용하여 엔진의 사이클 해석을 반복하여 수행한다.

엔진 구성품의 파라미터 값들이 정확할수록 엔진 사이클 해석 결과는 실제 엔진의 성능을 보다 정확하게 예측할 수 있다.

1 사이클 해석이라는 용어는 서구권에서 주로 사용되고, 에너지 밸런스 해석은 동구권에서 통용되는 용어이다. 본문에서 사이클 해석이라는 용어를 주로 사용하겠으나, 에너지 밸런스 해석이 물리적으로 더 직관적이다.

## 제1절 | 엔진 사이클 해석(에너지 밸런스 해석)의 이해

앞서 가압식 엔진의 설계에 대하여 설명하였다.

가압식 엔진의 경우 엔진의 사이클 해석[1]은 압력 배분으로 족하다. 엔진에 요구되는 추력과 비추력이 있다고 할 때, 연소압과 노즐 팽창비가 결정되면 추진제 유량이 확정되고, 연소기와 탱크 사이의 배관과 밸브의 차압이 정해지며(차압은 유량과 유속으로 계산됨), 이로써 추진제탱크의 압력을 얻는다. 다음 식은 가압식 액체로켓엔진의 연소압과 추진제 탱크압과의 관계이며, 자세한 설명은 2장 2절에 있다.

$$P_c = P_{ox} + \rho h_{tank} + \rho h_{pipe} - \Delta P_{hydraulic} - \Delta P_{inj}$$

$$P_c = P_{fu} + \rho_{fu} h_{tank'} + \rho_{fu} h_{pipe'} - \Delta P'_{hydraulic} - \Delta P_{reg.cooling} - \Delta P'_{inj}$$

가압식 추진기관에서 구조적인 이유로 탱크의 압력을 낮게 가져가야 한다면 배관과 밸브들의 차압을 적게 하거나 연소압을 낮추어야 한다.

가압식 사이클 엔진은 이와 같이 압력배분만으로 엔진시스템의 파라미터 설계가 가능한데 반하여 터보펌프 공급식 엔진은 터보펌프에서 동력 밸런스를 맞추어 주어야 하고, 연소기와 가스발생기(또는 프리버너) 간에 추진제 유량 배분도 고려해주어야 한다.

따라서 터보펌프 공급식 엔진에서 사이클 해석의 핵심은 터빈의 가용동력과 펌프들의 필요동력이 일치하도록 구성품들의 파라미터들을 조정하는 것이다.

## 제2절 | 팽창식 사이클 엔진의 사이클 해석

팽창식 사이클 엔진의 사이클 해석은 가스발생기 사이클 및 다단연소 사이클 엔진보다 이해가 용이하다. 따라서 팽창식 사이클 엔진의 사이클 해석을 먼저 살펴보기로 하자.

그림 4.1과 같은 팽창식 사이클 엔진에서 각 구성품 간에 다음의 세 가지 밸런스가 맞아야 한다.

---

1 엔진의 사이클 해석에 대한 간략한 설명은 4장에, 예는 5장에 기술하였다. 4장에서 이해되지 않는 부분은 5장의 예를 봄으로써 이해될 수 있다.

- 유량 밸런스(질량 보존의 법칙)
- 압력 밸런스(추진제 라인에 따른 압력 변화)
- 동력 밸런스

## 1 유량 밸런스

팽창식 사이클 엔진에서는 그림 4.1과 같이 산화제 탱크에서 나오는 액체산소가 모두 연소기로 들어간다. 연료의 경우도 연료탱크에서 나오는 모든 연료가 재생냉각채널을 지나 터빈을 구동시킨 후에 연소기로 들어간다.

이 경우 산화제와 연료는 각각의 공급라인에서 질량보존의 법칙을 만족시킨다.

$$\dot{m}_o,\ \text{from tank} = \dot{m}_o,\ \text{into chamber}$$
$$\dot{m}_f,\ \text{from tank} = \dot{m}_f,\ \text{into chamber}$$

따라서 유량 밸런스는 자연스럽게 성립한다.

## 2 압력 밸런스

사이클 해석의 이해를 쉽게 하기 위하여 산화제와 연료의 엔진 입구압을 모두 3bar로 하고 연소실의 압력을 100bar로 가정했다.(실제 팽창식 사이클에서 연소기 벽에서 얻은 열로 터빈을 구동하는 방식이므로 연소압을 100bar까지 올리기는 매우 어렵다.)

산화제 라인의 압력 밸런스를 먼저 고려해보자.

연소압이 100bar일 때 분사기 차압이 연소압의 0.25배라고 하면, 산화제 분사기 전단에서 산화제 압력은 125bar이고, 산화제 라인 차압(배관 및 밸브 차압 등)이 20bar라면 산화제 펌프 후단에서 산화제 압력은 145bar이어야 한다. 산화제 펌프의 입구압이 3bar이고 출구압이 145bar이므로 산화제 펌프에서 양정은 142bar(= 145 − 3)가 되어야 한다.

연료의 경우도 동일한 과정을 거치는데, 연료 분사기 전단에서 압력은 연소압에 분사기 차압을 더한 125bar이다. 그런데 연료는 **압력비** $\pi_t(=P_{t.in}/P_{t.out})$인 터빈을 통과하므로 터빈 전단에서 연료압은 $125 \cdot \pi_t$가 된다. 재생냉각채널에서 차압이 15bar이라고 할 때, 재생냉각채널 전단에서 압력은 $125 \cdot \pi_t + 15$이어야 하고, 밸브 차압 10bar와 전체 배관차압

1bar를 더하면 연료펌프 후단에서 압력은 $125 \cdot \pi_t + 26$bar이어야 한다. 연료펌프 입구압이 3bar이므로 연료펌프에서 양정 $\Delta P_{f.p}(= P_{f.out} - P_{f.in})$은 $125 \cdot \pi_t + 23$bar이다.

위와 같은 과정을 거쳐서 그림 4.1과 같이 엔진의 주요부분에서 압력값들을 구하였다. 연료 라인의 경우 각 구간에서 압력이 미지수인 터빈 압력비 $\pi_t$의 함수로 표시되는데, 다음에 설명될 동력 밸런스로 터빈 압력비 $\pi_t$를 구하면 연료 라인의 압력 밸런스 결과를 숫자값으로 얻게 된다.

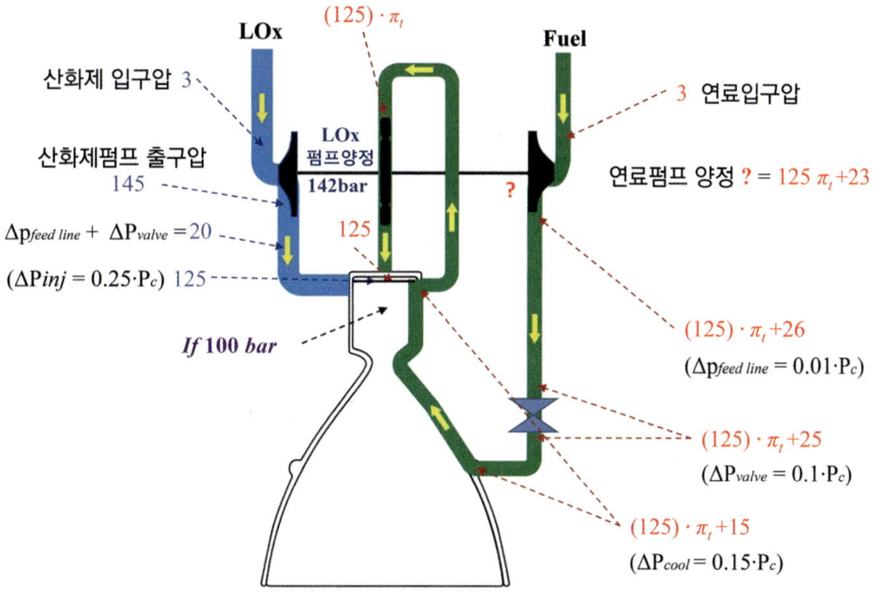


**그림 4.1** 팽창식 사이클 엔진의 압력 밸런스

## 3 동력 밸런스

펌프의 양정과 효율, 산화제의 밀도와 유량을 알 때 산화제 펌프의 필요동력은 식 (4-1)로 구할 수 있다.

$$N_{o.p} = \frac{\dot{m}_{o.p} \cdot \Delta P_{o.p}}{\eta_{o.p} \cdot \rho_o} = \frac{\dot{m}_{o.p} \cdot 142}{\eta_{o.p} \cdot \rho_o} \tag{4-1}$$

연료펌프의 필요동력은 식 (4-2)와 같고, 터빈 압력비 $\pi_t$만이 미지수이다.

$$N_{f \cdot p} = \frac{\dot{m}_{f \cdot p} \cdot \Delta P_{f \cdot p}}{\eta_{f \cdot p} \cdot \rho_f} = \frac{\dot{m}_{f \cdot p} \cdot (125 \cdot \pi_t + 23)}{\eta_{f \cdot p} \cdot \rho_f} \tag{4-2}$$

가용동력(터빈 동력)은 식 (4-3)과 같고, $k$, $R_f$, $T_f$는 연료의 물성값으로 얻을 수 있다. 식 (4-3)에서 오직 터빈압력비 $\pi_t$만이 미지수이다.

$$N_t = \eta_t \cdot \dot{m}_f \cdot \frac{k}{k-1} \cdot R_f \cdot T_f \cdot \left[1 - \left(\frac{1}{\pi_t}\right)^{\frac{k-1}{k}}\right] \tag{4-3}$$

여기서 $\pi_t = P_{t.in}/P_{t.out}$이고, 터빈구동매질은 재생냉각을 통과하면서 데워진 연료이다.

식 (4-1), (4-2)와 (4-3)을 동력 밸런스 식 $N_t = \sum N_p$ 에 적용하면 다음과 같고, 이 경우 미지수가 $\pi_t$ 하나이므로 등식을 만족시키는 $\pi_t$값을 구할 수 있다.

$$\eta_t \cdot \dot{m}_f \cdot \frac{k}{k-1} \cdot R_f \cdot T_f \cdot \left[1 - \left(\frac{1}{\pi_t}\right)^{\frac{k-1}{k}}\right] = \frac{\dot{m}_{o \cdot p} \cdot \Delta P_{o \cdot p}}{\eta_{o \cdot p} \cdot \rho_o} + \frac{\dot{m}_{f \cdot p} \cdot (125 \cdot \pi_t + 23)}{\eta_{f \cdot p} \cdot \rho_f}$$

$\pi_t$값이 구해지면 연료 라인 각부분의 압력 관계식에 대입하여 연료 라인의 각지점에서 압력값들을 알 수 있다.

사이클 해석에 대한 이해를 돕기 위하여 그림 4.1에서는 재생냉각채널에서 차압을 15bar로 가정하였다. 그런데 실제 팽창식 사이클 엔진의 설계에서 터빈구동기체의 온도 $T_f$는 연소기에서 열전달로 얻게 되는데, $T_f$가 작을 경우 터빈 동력이 충분하지 못하고 따라서 펌프의 양정이 작아지며 결국 원하는 연소압을 얻지 못할 수 있다. 또한 연소기 내벽 재료가 견디는 온도 이하로 충분히 냉각시키기 위하여 재생냉각채널에서 냉각제(연료)의 흐름을 빨리해야 할 경우가 있고 이때 재생냉각채널에서 차압은 더 커진다. 따라서 연소기 내벽의 보호를 위하여 연소기의 추진제 혼합비를 연료과잉으로 만들어서 연소온도를 낮추는 방법을 사용하기도 한다.

## 제3절 | 다단연소 사이클 엔진의 사이클 해석

다단연소 사이클 엔진과 팽창식 사이클 엔진(full expander cycle)은 모두 폐회로 사이클이므로 기본적인 사이클 해석 방법은 유사하다.

터보펌프에서 터빈의 가용동력과 펌프의 필요동력을 일치시키기 위해서는 터빈 가용동력과 펌프 동력을 수식으로 기술하여 방정식을 풀면 된다.

$$N_t = \sum N_p$$

$$\sum N_p = N_{o.p} + N_{f.p} = \frac{\dot{m}_{o.p} \cdot \Delta P_{o.p}}{\eta_{o.p} \cdot \rho_o} + \frac{\dot{m}_{f.p} \cdot \Delta P_{f.p}}{\eta_{f.p} \cdot \rho_f}$$

여기서 $N_t$는 터빈에서 만들어진 동력이며, $\sum N_p$는 산화제 펌프와 연료 펌프에서 소비하는 동력의 합이다. $\dot{m}_{o.p}$, $\dot{m}_{f.p}$는 산화제 펌프와 연료펌프를 통과하는 추진제 유량, $\Delta P_{o.p}$, $\Delta P_{f.p}$ 는 산화제 펌프와 연료펌프에서 승압된 양정값, $\eta_{o,p}$, $\eta_{f.p}$는 펌프의 효율이고, $\rho_o$, $\rho_f$는 산화제와 연료의 밀도이다. 즉 펌프에서 소비하는 동력은 추진제 유량과 양정에 비례하고, 펌프의 효율과 추진제 밀도에 반비례한다.

터빈에서 만들어지는 가용동력은 다음 식으로 구한다.

$$N_{tb} = \eta_{tb} \cdot \dot{m}_{gg} \cdot \frac{k}{k-1} \cdot R_{gg} \cdot T_{gg} \cdot \left[1 - \left(\frac{1}{\pi_t}\right)^{\frac{k-1}{k}}\right]$$

여기서 $\dot{m}_{gg}$은 터빈구동가스(프리버너의 연소가스) 유량, $R_{gg}$ $T_{gg}$는 터빈구동가스의 가스상수와 연소온도, $\pi_t$는 터빈의 압력비이다.

터빈의 단열일을 $L_{ad}$라고 하면, $L_{ad} = \frac{k}{k-1} \cdot R_{gg} \cdot T_{gg} \cdot \left[1 - \left(\frac{1}{\pi_t}\right)^{\frac{k-1}{k}}\right]$이다. 단열일 $L_{ad}$는 터빈구동가스 파라미터들의 함수이며, 이때 터빈 동력식은 다음과 같이 단순화된다.

$$N_t = \dot{m}_t \cdot \eta_t \cdot L_{ad}$$

엔진의 사이클 해석을 한 이후에 엔진의 구성품을 설계할 때 터빈 단열일을 보정해야 한다. 액체로켓엔진의 터빈 입구에서 터빈구동가스는 고압에 놓이기 때문에 실제 구동가스는 이상적인 가스의 특성값과 차이가 있다. 이러한 차이는 압력이 증가함에 따라 더 커진다.

최신 케로신 엔진에서 프리버너 가스의 실제 단열일이 이상적인 경우보다 약 10% 정도 더 크다. 따라서 이론적인 상황보다 낮은 터빈의 압력비 또는 터빈구동가스의 온도에서 터보펌프의 동력밸런스가 이루어진다.[1]

## 제4절 | 가스발생기 사이클 엔진의 사이클 해석

가스발생기 사이클 엔진의 사이클 해석은 펌프 구동에 필요한 터빈 동력을 얻기 위한 가스발생기의 작동조건(터빈 압력비, 온도, 유량)을 결정하는 것이다. 그런데 일반적으로 가스발생기 가스의 온도는 터빈 블레이드가 허용하는 온도로 정해지므로 사이클 해석은 터빈의 압력비와 터빈구동가스의 유량(가스발생기 가스의 유량)을 선정하는 것으로 귀결된다.

### 1 가스발생기 유량 계산

가스발생기에서 소모되는 유량 대비 엔진에서 소모되는 전체 추진제량을 **가스발생기의 비유량**이라고 하며,

$$\overline{m}_{gg} = \frac{\dot{m}_{gg}}{\dot{m}_{eng}} = \frac{\dot{m}_{gg}}{\dot{m}_{cc} + \dot{m}_{gg}} \tag{4-4}$$

이다.

보통 가스발생기 사이클 엔진의 비유량은 $\overline{m}_{gg} = 0.01 \sim 0.05$에서 정해지는데, 가스발생기 비유량 값을 가스발생기 유량으로 표현하면

$$\dot{m}_{gg} = \dot{m}_c \cdot \frac{\overline{m}_{gg}}{1 - \overline{m}_{gg}}$$

여기서 $\dot{m}_c$는 연소기 유량이다.

가스발생기의 산화제 유량과 연료 유량은

$$\dot{m}_{o \cdot gg} = \frac{OF_{gg}}{1 + OF_{gg}} \cdot \dot{m}_{gg}$$

$$\dot{m}_{f \cdot gg} = \frac{1}{1 + OF_{gg}} \cdot \dot{m}_{gg} \quad \text{또는} \quad \dot{m}_{f \cdot gg} = \dot{m}_{gg} - \dot{m}_{o \cdot gg}$$

여기서 $OF_{gg}$는 가스발생기에서 추진제 혼합비이며, 가스발생기 가스온도가 결정되면 따라서 정해지는 값이다.

산화제 펌프와 연료펌프에서 유량은

$$\dot{m}_{o.p} = \dot{m}_{o.c} + \dot{m}_{o.gg}$$
$$\dot{m}_{f.p} = \dot{m}_{f.c} + \dot{m}_{f.gg}$$

여기서 $OF_c$, $OF_{gg}$ 및 $\dot{m}_c$가 정해져 있다면 $\dot{m}_{o.p}$와 $\dot{m}_{f.p}$는 $\overline{m}_{gg}$의 함수이다.

$$\dot{m}_{o.p} = f(\overline{m}_{gg})$$
$$\dot{m}_{f.p} = f(\overline{m}_{gg})$$

## 2 펌프의 필요동력 계산

펌프는 연소기에서 요구되는 압력과 유량을 맞추기 위하여 추진제를 가압하는 역할을 한다. 따라서 연소실에 필요한 압력에 펌프와 연소실 사이의 차압이 더해진 만큼의 압력이 펌프의 출구에서 필요하다.

즉, 펌프에서 승압은 다음 조건을 만족해야 한다.

$$\Delta P_{pump} = P_c + \Delta P_{pump \sim combustor} - P_{p,\,in}$$

펌프의 효율($\eta$), 추진제의 밀도($\rho$) 및 양정($\Delta P_{pump}$)을 알면 산화제 펌프와 연료펌프의 동력($N_{o.p}$, $N_{f.p}$)은 오직 가스발생기 비유량의 함수이다.

$$N_{o.p} = \frac{\dot{m}_{o.p} \cdot \Delta P_{o.p}}{\eta_{o.p} \cdot \rho_o} = f_{o.p}(\overline{m}_{gg})$$
$$N_{f.p} = \frac{\dot{m}_{f.p} \cdot \Delta P_{f.p}}{\eta_{f.p} \cdot \rho_f} = f_{f.p}(\overline{m}_{gg})$$

펌프들의 총 동력은 $N_{\Sigma p} = N_{o.p} + N_{f.p}$이다.

## 3 터빈의 가용동력 계산

터빈 동력은 터빈효율, 터빈 유량(=가스발생기 유량), 가스발생기 가스의 비열비와 가스상수 및 터빈 압력비에 의하여 계산된다. 여기서 비열비와 가스상수는 가스발생기 추진제 혼합비를 정하면 결정되는 값이다. 터빈을 설계하면 터빈 효율과 압력비가 결정되고, 이때 터빈 동력은 가스발생기 유량의 함수, 즉 가스발생기 비유량의 함수이다.

$$N_{tb} = \eta_{tb} \cdot \dot{m}_{gg} \cdot \frac{k}{k-1} \cdot R_{gg} \cdot T_{gg} \cdot \left[1 - \left(\frac{1}{\pi_t}\right)^{\frac{k-1}{k}}\right] = f_{tb}(\overline{m}_{gg})$$

## 4 사이클 해석

펌프들의 총 동력과 터빈 동력을 같게 하는 가스발생기 비유량을 계산한다.

$$N_{o \cdot p}(\overline{m}_{gg}) + N_{f \cdot p}(\overline{m}_{gg}) = N_{tb}(\overline{m}_{gg})$$

위 식은 계산프로그램을 이용하거나, 엑셀 프로그램으로 가스발생기 비유량 변화에 따른 펌프 총동력의 변화와 터빈 동력의 변화 그래프를 그려서 얻을 수도 있다. 가스발생기 비유량 $\overline{m}_{gg}$에 따른 펌프 총동력과 터빈 동력의 변화 그래프는 다음과 같다.

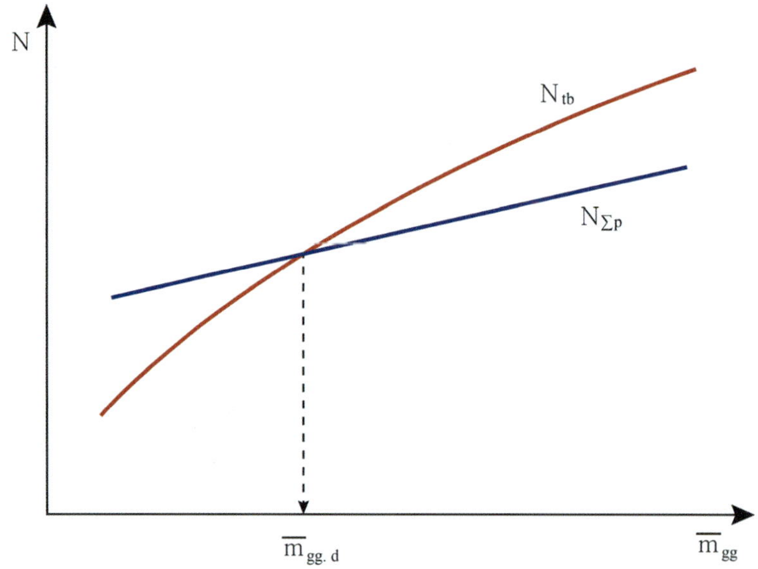


그림 4.2 동력밸런스를 이루게 하는 가스발생기 비유량

그래프에서 펌프의 총 동력 라인($N_{\Sigma p}$)과 터빈 동력 라인($N_{tb}$)이 교차하는 점이 가스발생기 비유량의 정격값($\overline{m}_{gg}$)이다.

## 5 정격 유량 결정

구해진 가스발생기 비유량으로 식 (4-4)를 이용하여 가스발생기의 정격 유량을 계산하고

$$\dot{m}_{gg} = \dot{m}_{cc} \cdot \frac{\overline{m}_{gg}}{1-\overline{m}_{gg}}$$

이어서 가스발생기의 산화제 유량과 연료유량을 계산하며

$$\dot{m}_{o \cdot gg} = \frac{OF_{gg}}{1+OF_{gg}} \cdot \dot{m}_{gg}$$

$$\dot{m}_{f \cdot gg} = \dot{m}_{gg} - \dot{m}_{o \cdot gg}$$

산화제 펌프와 연료펌프에서 정격 유량도 계산한다.

$$\dot{m}_{o \cdot p} = \dot{m}_{o} + \dot{m}_{o \cdot gg}$$

$$\dot{m}_{f \cdot p} = \dot{m}_{f} + \dot{m}_{f \cdot gg}$$

## 6 검산(펌프와 터빈의 동력 일치 확인)

산화제 펌프와 연료펌프의 정격 유량을 아래의 식 (4-5)~(4-7)에 대입하여 펌프와 터빈의 정격 동력을 계산한다.

$$N_{o \cdot p} = \frac{\dot{m}_{o \cdot p} \cdot \Delta P_{o \cdot p}}{\eta_{o \cdot p} \cdot \rho_{o}} \tag{4-5}$$

$$N_{f \cdot p} = \frac{\dot{m}_{f \cdot p} \cdot \Delta P_{f \cdot p}}{\eta_{f \cdot p} \cdot \rho_{f}} \tag{4-6}$$

$$N_{tb} = \eta_{tb} \cdot \dot{m}_{gg} \cdot \frac{k}{k-1} \cdot R_{gg} \cdot T_{gg} \cdot \left[1-\left(\frac{1}{\pi_t}\right)^{\frac{k-1}{k}}\right] \tag{4-7}$$

구해진 펌프 동력들의 합과 터빈 동력이 같은지 확인한다.

$$N_{\Sigma p} = N_{o \cdot p} + N_{f \cdot p} = N_{tb}$$

이때 펌프들의 동력 합과 터빈동력의 차이는 0.1%보다 작아야 한다.

## 7 터빈 배기덕트의 비추력과 추력 계산

### (1) 가스발생기의 특성속도

가스발생기의 특성속도를 구한다.

$$C^*_{gg} = \frac{\sqrt{R_{gg}} \cdot T_{gg}}{\left(\frac{2}{k+1}\right)^{\frac{k+1}{2(k-1)}} \cdot \sqrt{k}}$$

### (2) 터빈의 유효효율계수

터빈의 유효효율계수를 구한다.

$$\eta_{eff} = \left[1 - \left(\frac{P_{tb.out}}{P_{tb.in}}\right)^{\frac{k-1}{k}}\right] \cdot \eta_t$$

여기서 $\eta_t$는 터빈의 기계적 효율이다.

### (3) 배기덕트의 특성속도

가스발생기 가스가 터빈을 통과하면서 에너지를 상실하게 되므로 가스발생기의 특성속도에 비하여 배기덕트 노즐 입구에서 특성속도는 터빈의 유효효율계수에 해당하는 만큼 감소한다.

$$C^*_{ex} = C^*_{gg} \sqrt{1 - \eta_{eff}}$$

### (4) 배기덕트의 추력계수

배기덕트의 추력 계수는 다음 식으로 계산된다.

$$K_{ex} = \left(\frac{1}{k+1}\right)^{\frac{k+1}{2(k-1)}} \left[\frac{\frac{2k}{k-1} - \left(\frac{k+1}{k-1}\right)\left(\frac{P_a}{P_{out}}\right)^{\frac{k-1}{k}}}{\frac{\sqrt{2}}{k-1}\left[1 - \left(\frac{P_a}{P_{out}}\right)^{\frac{k-1}{k}}\right]}\right]$$

여기서 $P_a$는 노즐 출구단면에서 압력이며, 초기 근사치로 외기압을 사용할 수 있다.

### (5) 배기덕트의 비추력

배기덕트의 비추력은 다음 식으로 구한다.

$$Isp_{ex} = C^*_{ex} \cdot K_{ex}$$

### (6) 배기덕트의 추력

배기덕트의 추력식은 다음과 같다.

$$F_{ex} = \dot{m}_{gg} \cdot Isp_{ex}$$

### (7) 엔진의 추진제 혼합비

엔진의 추진제 혼합비는 다음 식으로 계산한다.

$$OF = \frac{K_{cp}(OF_{gg}+1)(1-\overline{m}_{gg}) + OF_{gg}(K_{cp}+1)\overline{m}_{gg}}{(OF_{gg}+1)(1-\overline{m}_{gg}) + (K_{cp}+1)\overline{m}_{gg}}$$

## 제5절 | 전기펌프 사이클 엔진의 사이클 해석

**전기펌프 사이클** 엔진에서는 터빈이 없으므로 터빈과 펌프간의 동력밸런스 계산이 필요하지 않다. 즉 전기펌프 사이클 엔진의 사이클 해석은 가압식 엔진의 압력밸런스 해석(2장 2절

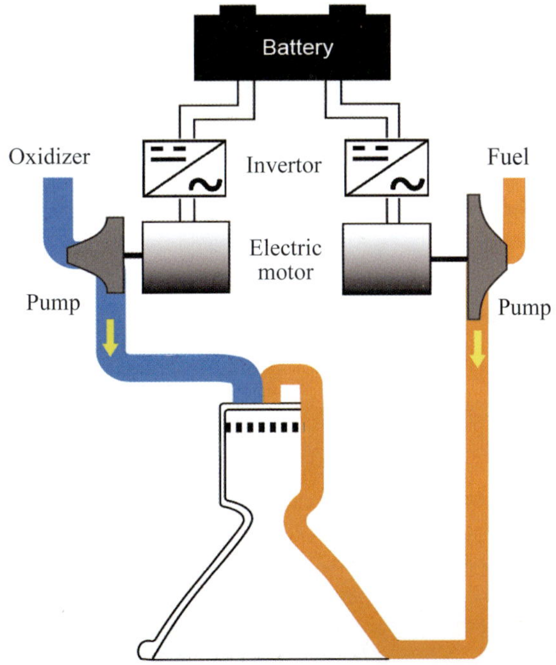


**그림 4.3** 전기펌프 사이클 엔진 구조

참조)에서 펌프에서의 승압(양정)만 추가해주면 된다.

$$P_c = P_{ox} + \rho h_{tank} + \Delta P_{산화제펌프양정} + \rho h_{pipe} - \Delta P_{hydraulic} - \Delta P_{inj}$$
$$P_c = P_{fu} + \rho_{fu} h_{tank'} + \Delta P_{연료펌프양정} + \rho_{fu} h_{pipe'} - \Delta P_{hydraulic}^{'} - \Delta P_{reg.cooling} - \Delta P_{inj}^{'}$$

## 제6절 | 엔진 사이클 해석 모델

엔진 설계의 초기단계에는 기존의 엔진개발 경험으로 얻은 구성품의 작동파라미터 값들이나 참고문헌[1,2,3,4]에 제시된 차압 정보들을 사용하여 사이클 해석을 수행하게 된다. 이후 엔진 구성품의 개발과정에서 구성품의 수류시험과 성능시험들로 더 정확한 구성품의 정보가 나오면 이들을 이용하여 사이클 해석을 다시 수행한다.

엔진의 사이클 해석 결과는 엔진 시험의 준비를 위한 기초정보를 제공하고, 엔진 시험 후에 엔진시험의 결과 분석에도 사용된다.

엔진 시험으로 엔진에 대한 실제 정보가 나오면 엔진 사이클 해석을 위한 초기조건 값들을 실제 시험값으로 업데이트하여 사이클 해석 결과와 엔진시험 결과가 동일하도록 사이클 해석 모델을 수정한다.

실제 엔진과 동일한 파라미터 값을 산출하는 정교한 엔진 사이클 해석 모델[2]은 단시험 및 비행시험을 준비하고 결과를 분석하는데 활용되고, 사고가 발생할 경우 사고의 원인을 파악하는 데도 유용하게 사용될 수 있다.

2 엔진 사이클 해석 모델은 엔진의 각 구성품에 관한 수학적 모델로 만들어진 컴퓨터 프로그램이다.

LIQUID ROCKET ENGINE

# 05 엔진의 성능설계

“처음에는 생각, 환상, 동화가 필연적으로 선행하고,
과학적인 계산이 뒤따르며,
결국 실행이 생각을 완수한다.”

– 콘스탄틴 E. 치올콥스키(1857~1935)
우주공학의 아버지

# 제1절 | 팽창식 사이클 엔진의 성능설계

## 1 개요

액체수소를 연료로 사용하는 팽창식 사이클 엔진의 설계를 위하여 엔진시스템의 성능 설계(사이클 해석)를 수행해보자.

설계하고자 엔진은 그림 5.1과 같은 구조로 RL10 엔진[1]과 유사하다. 액체수소가 재생냉각채널에서 열에너지를 받아 데워진 후에 터빈을 구동시키고, 터빈에서 얻은 동력은 터빈과 동일축에 놓인 수소펌프와 기어박스로 연결된 산화제 펌프를 회전시켜서 추진제의 압력을 높인다. 그리고 펌프에서 승압된 추진제는 연소기로 진입하여 추력을 발생시킨다.

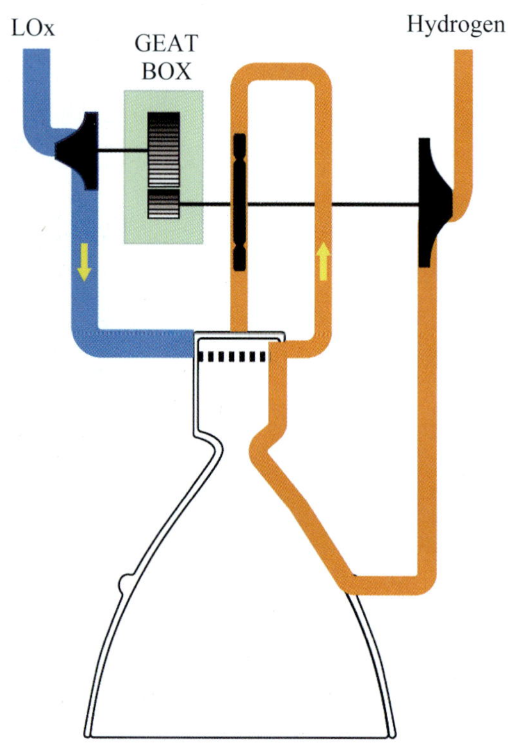


그림 5.1 팽창식 사이클 스키메틱

1 RL10 엔진에 대한 보다 자세한 내용은 6장 5절에 설명하였다.

설계를 위한 초깃값은 표 5.1과 같다.

표 5.1 엔진 설계를 위한 초깃값

| 항 목 | | 단위 | 값 |
|---|---|---|---|
| 연료 | | | 액체수소 |
| 구조 | | | 팽창식 사이클 |
| 추력 | | kN | 70 |
| 비추력 | | s | 440 |
| 혼합비 | | | 5.6 |
| 효율 | 터빈효율 | | 0.70 |
| | LOX펌프 효율 | | 0.64 |
| | 수소펌프 효율 | | 0.52 |
| 펌프 입구압력 | LOX펌프 | MPa | 0.4 |
| | 수소펌프 | MPa | 0.2 |
| 펌프 입구온도 | LOX | K | 92 |
| | 액체수소 | K | 20.4 |
| 추진제 밀도 | LOX | $kg/m^3$ | 1140 |
| | 액체수소 | $kg/m^3$ | 70.8 |
| 터빈 입구온도 | | K | 210 |
| 터빈 작동유체 | 기체상수 | J/kgK | 4124.4 |
| | 비열비 | | 1.4 |
| 연소압 | | MPa | 3.0 |
| 차압 | LOX펌프 ~ 연소기 | MPa | 0.8 |
| | 연료펌프 ~ 터빈 | MPa | 1.0 |
| | 터빈 ~ 연소기 | MPa | 0.8 |

## 2 사이클 해석

### 가. 추진제 유량 계산

요구되는 추력을 내기 위해 엔진에 필요한 산화제와 연료 유량은 다음 관계식으로 얻는다. 엔진에서 사용되는 전체 유량은

$$\dot{m}_{eng} = \frac{F}{Isp} = \frac{70 \cdot 10^3}{440 \cdot 9.81} = 16.22\,kg/s$$

산화제 유량을 구하면

$$\dot{m}_o = \frac{O/F}{1+O/F} \cdot \dot{m}_{eng} = 13.76\ kg/s$$

연료 유량은

$$\dot{m}_f = \frac{1}{1+O/F} \cdot \dot{m}_{eng} = 2.46\ kg/s$$

터빈유량이 연료 유량과 같다고 하면[2]

$$\dot{m}_t = \dot{m}_f = 2.46\ kg/s$$

## 나. 펌프에서 필요 동력 계산

### (1) 산화제 펌프의 동력

산화제 펌프의 양정은 연소압($P_c$)에 산화제 펌프와 연소기까지 차압($\Delta P_{o.p \sim c}$)을 더한 후 산화펌프 입구압($P_{o.pin}$)을 뺀 값이다

$$\Delta P_{o.p} = P_c + \Delta P_{o.p \sim c} - P_{o.pin} = 3.0 + 0.8 - 0.4 = 3.4 \times 10^6\,Pa$$

산화제 펌프에서 필요한 동력은 다음과 같다.

$$N_{o.p} = \frac{\Delta P_{o.p} \cdot \dot{m}_{o.p}}{\eta_{o.p} \cdot \rho_o} = \frac{3.4 \times 10^6 \cdot 13.76}{0.62 \cdot 1140} = 66.19\,kW \qquad (5\text{-}1)$$

### (2) 연료펌프의 동력

연료펌프의 양정은 터빈 전단 압력($P_c + \Delta P_{cc \sim tb}$)에 터빈과 연료펌프 사이 차압($\Delta P_{tb \sim f.p}$)을 더한 후 연료펌프 입구압($P_{f.pin}$)을 뺀 값이다.

---

2 팽창식 사이클 엔진에서 정격 터빈 유량은 일반적으로 연료 총유량의 약 95%를 사용한다. 왜냐하면 엔진이 제작될 때 제작오차 등에 의하여 엔진의 추력 등 성능값이 약간씩 다른 값을 갖고, 이러한 엔진들 간의 제작오차에 의한 **성능을 보정**(제작된 엔진의 성능편차를 없애서 동일한 성능을 갖게 하는 과정)하기 위하여 약 5%의 연료 유량을 추력 마진으로 남겨놓아야 하기 때문이다.

5장 1절의 예제에서는 이해를 돕기 위하여 연료 모두가 터빈을 구동하는데 사용되는 것으로 간주하였고, 1장의 그림 1.5는 5% 정도 연료를 마진으로 가지는 메탄엔진의 사이클 해석 결과를 보여준다.

$$\Delta P_{f \cdot p} = (P_c + \Delta P_{c \sim tb}) + \Delta P_{tb \sim f \cdot p} - P_{f \cdot p\, in}$$
$$= (3.0 + 0.8) \cdot \pi_t + 1.0 - 0.2 = (3.8\,\pi_t + 0.8) \times 10^6\, Pa$$

연료 펌프에서 필요한 동력은 미지수인 터빈 압력비 $\pi_t$의 함수로 구해진다.

$$N_{f \cdot p} = \frac{\Delta P_{f \cdot p} \cdot \dot{m}_{f \cdot p}}{\eta_{f \cdot p} \cdot \rho_f} = \frac{(3.8\,\pi_t + 0.8) \times 10^6 \cdot 2.46}{0.52 \cdot 70.8} = (3.8\pi_t + 0.8) \cdot 6.682 \times 10^4 \quad \text{(5-2)}$$

## 나. 터빈 동력 계산

터빈에서 만들어지는 가용동력은 다음의 식으로 계산 가능하다.

$$N_t = \dot{m}_t \cdot \eta_t \cdot (RT)_t \frac{k}{k-1}\left(1 - \frac{1}{\pi_t^{\frac{k-1}{k}}}\right) = 2.46 \cdot 0.70 \cdot (4124.4 \cdot 210)\left(1 - \pi_t^{\frac{1-k}{k}}\right)$$
$$= 1.491 \times 10^6 \cdot \left(1 - \pi_t^{\frac{1-1.4}{1.4}}\right) \quad \text{(5-3)}$$

## 다. 터빈과 펌프의 동력 밸런스

터빈 동력과 펌프 동력이 같아야 하므로 $N_t = N_{o \cdot p} + N_{f \cdot p}$이다.

식 (5.1), (5.2), (5.3)로부터

$$1.491 \times 10^6 \cdot \left(1 - \pi_t^{\frac{1-1.4}{1.4}}\right) = 66.19 \times 10^3 + (3.8\pi_t + 0.8) \cdot 6.682 \times 10^4 \quad \text{(5-4)}$$

$\pi_t$에 관한 1차식인 (5-4)를 풀면, $\pi_t = 1.395$가 나온다.

## 라. 터빈과 펌프의 동력 계산

### (1) 연료펌프 동력

연료펌프에서 필요한 동력을 계산하기 위하여 터빈과 펌프의 동력 밸런스 계산($N_t = N_{o \cdot p} + N_{f \cdot p}$)의 결과값인 $\pi_t = 1.395$을 식 (5-2)에 대입하면,

$$N_{f \cdot p} = \frac{\Delta P_{f \cdot p} \cdot \dot{m}_{f \cdot p}}{\eta_{f \cdot p} \cdot \rho_f} = (3.8\pi_t + 1) \cdot 6.682 \times 10^4 = 407.3\, kW$$

### (2) 터빈 동력

터빈의 가용동력을 식 (5-3)으로 구하면,

$$N_t = \dot{m}_t \cdot \eta_t \cdot (RT)_t \frac{k}{k-1}\left(1 - \frac{1}{\pi_t^{\frac{k-1}{k}}}\right) = 1.491 \times 10^6 \cdot \left(1 - 1.395^{\frac{1-k}{k}}\right)$$
$$= 473.5\,kW$$

(3) 검산

식 (5-1)의 산화제 펌프의 동력(66.2kW)과 연료펌프의 동력(407.3kW)을 더하면 앞에서 계산한 터빈 동력(473.5kW)과 일치하는 것을 확인할 수 있다.

## 마. 펌프 출구압

산화제 펌프 출구압은 $P_{o.p,\,out} = P_{o.p,\,in} + \Delta P_{o.p} = 0.4 + 3.4 = 3.8\,MPa$이다.

연료펌프 출구압은 $P_{f.p,\,out} = P_{f.p,\,in} + \Delta P_{f.p} = 0.2 + 3.8 \cdot \pi_t + 0.8 = 6.3\,MPa$이다.

## 바. 온도 계산

펌프에서 추진제가 상승한 온도값을 구하면,

$$\Delta T_o = \frac{1 - \eta_{o.p}}{Cp_o} = \frac{1 - 0.64}{0.96} = 1.9\,K$$

$$\Delta T_f = \frac{1 - \eta_{o.f}}{Cp_f} = \frac{1 - 0.52}{13} = 6.12\,K$$

여기서,

$$Cp_o = 0.96\,kJ/(kg \cdot K)\ \ (T_o = 90.2\,K\text{일 때})$$
$$Cp_f = 13\,kJ/(kg \cdot K)\ \ (T_f = 20.4\,K\text{일 때})$$

이다.

## 사. 펌프 회전수 계산

(1) 산화제 펌프의 회전수

펌프의 캐비테이션 특성을 나타내는 흡입 비속도식[3](suction specific speed)은 다음과 같다.

$$n_{ss} = \frac{298 \cdot n \cdot \sqrt{Q}}{NPSH^{0.75}}$$

3 펌프의 흡입 비속도에 대해 부록 6절에 설명하였다.

위의 식을 회전속도식으로 변경하면,

$$\omega = \frac{n_{ss} \cdot NPSH^{3/4}}{\sqrt{Q}} \tag{5-5}$$

을 얻는다. 허용 유효흡입양정은

$$NPSH = \frac{P_{in} - P_v}{\rho_o} + \frac{v_{in}^2}{2} - \Delta h_{margin}$$

인데, 여기서 $P_{in}$은 펌프 입구에서 추진제의 정압, $P_v$는 추진제의 증기압(92K의 액체산소의 $P_v = 0.13\,MPa$)이다.

$v_{in}$는 펌프 입구에서 추진제의 속도이고, $\Delta h_{margin}$은 계산오류나 펌프 제작 시 캐비테이션 특성 차이를 고려한 마진이다. 보통 $\Delta h_{margin} = 10 \sim 30\,kJ/kg$이다.

펌프 입구속도는 크지 않으므로 속도항을 무시($v_{in} \approx 0$)하면

$$\begin{aligned} NPSH &= \frac{P_{in} - P_v}{\rho_o} + \frac{v_{in}^2}{2} - \Delta h_{margin} \\ &= \frac{(0.4 - 0.13) \times 10^6}{1140} - 20 \\ &= 216.84\,kJ/kg \end{aligned}$$

산화제 펌프의 체적유량은

$$Q = \frac{\dot{m}_o}{\rho_o} = \frac{13.76}{1140} = 0.0121\,m^3/s$$

펌프의 흡입비속도가 $n_{ss} = 1000$이라고 할 때 산화제 펌프의 최대 가능 회전수는 식 (5-5)로부터

$$\omega = \frac{n_{ss} \cdot NPSH^{0.75}}{\sqrt{Q}} = \frac{1000 \cdot 216.84^{\frac{3}{4}}}{298 \cdot \sqrt{0.0121}} = 1726\,rad/s$$

$$rpm_o = \frac{\omega}{2\pi} = \frac{1726 \cdot 60}{2 \cdot 3.14} = 16482$$

이다.

### (2) 연료펌프의 회전수

액체수소를 연료로 사용하는 다수의 액체로켓엔진은 추진제 혼합비(질량비)로 $OF = 5.2 \sim 5.8$를 사용한다. 그런데 액체산소와 액체수소의 밀도비는 16배 이상이 되므로 연소

기에서 요구되는 추진제 혼합비를 맞추어 주기 위해서는 액체수소 펌프의 회전수가 액체산소의 회전수보다 훨씬 커야 한다.

연료 펌프의 이론적인 최적의 회전수는 다음과 같은 산화제 펌프와 연료펌프의 회전수 관계식으로부터 구할 수 있다.

$$\frac{rpm_{h \cdot p}}{rpm_{o \cdot p}} = \left(\frac{\rho_o}{\rho_f}\right)^{\frac{1}{4}} \cdot (OF)^{\frac{1}{2}} = \left(\frac{1140}{70.8}\right)^{\frac{1}{4}} \cdot (5.3)^{\frac{1}{2}} \simeq 4.6$$

$$rpm_{h \cdot p} = 4.6 \cdot rpm_{o \cdot p} = 4.6 \cdot 16,482 = 75,817$$

참고로, 아리안 로켓에 사용된 수소엔진 **HM7**[4]의 경우 수소펌프의 분당 회전수는 60,000rpm이고 산소펌프는 13,000rpm으로, 두 펌프의 회전수비는 4.6이다.[1]

HM7 엔진의 후속버전으로 개발된 Vinci 엔진[5]의 수소펌프와 산소펌프의 회전수는 각각 90,000rpm과 18,000rpm으로, 펌프의 회전수비는 5이다.[2]

반면 표 5.2에 제시된 다른 수소엔진들의 펌프 회전수비는 2.3~3.2로, 이론적인 최적 회전수비와는 차이가 있는데, 이는 각 엔진들의 추진제 혼합비, 입구조건(압력과 온도), 펌프의 구조 및 내구성, 구동 동력 조건 등이 다르기 때문이다. 특히 대형엔진의 경우 수소펌프의 회전수를 높게 할 경우에 펌프 임펠러의 내구성에 문제가 생길 수 있다.

표 5.2 수소연료 엔진의 터보펌프 회전수[3]

| 엔진 | 단위 | LE-5 | LE-5A | LE-7 | LE-7A | SSME | Vulcain |
|---|---|---|---|---|---|---|---|
| 로켓 | - | H-1 | H-2A | H-2 | H-2A | 우주왕복신 | Ariane 5 |
| 국가 | - | 일본 | 일본 | 일본 | 일본 | 미국 | 유럽 |
| 추진제 | - | $LOX/LH_2$ | $LOX/LH_2$ | $LOX/LH_2$ | $LOX/LH_2$ | $LOX/LH_2$ | $LOX/LH_2$ |
| 추력 | tonf | 10.5 | 12.4 | 110 | 112 | 213 | 105 |
| 엔진무게 | kg | 225 | 248 | 1720 | 1830 | 3177 | 1300 |
| 엔진타입 | | GG | Ex. bleed | SC | SC | SC | GG |
| 비추력 | sec | 445 | 446 | 446 | 440 | 453 | 430 |

4 **HM7 엔진**은 액체산소와 액체수소를 추진제로 사용하는 상단용 가스발생기 사이클 엔진으로 추력이 62.2 kN, 진공비추력이 444.6초, 추진제 혼합비가 5이고 무게는 165kg이다. HM7 엔진은 Ariane 1 로켓에, HM7B 엔진은 Ariane 2,3,4,5 ECA에 사용되었다.

5 **Vinci 엔진**은 Ariane 5 로켓의 상단엔진으로 개발되었고, 분리된 두 개의 펌프(dual pump design)로 구성된 팽창식 사이클(closed expander cycle) 구조로 되어 있으며, 진공추력은 180kN, 비추력은 465초, 추진제 혼합비는 5.8이고, 연소압은 6.0MPa이다.[2]

| 엔진 | 단위 | LE-5 | LE-5A | LE-7 | LE-7A | SSME | Vulcain |
|---|---|---|---|---|---|---|---|
| 연소압 | MPa | 3.7 | 4 | 12.7 | 12 | 200 | 98 |
| 수소펌프 회전수 | rpm | 50000 | 51000 | 42000 | 41900 | 34311 | 34000 |
| 산소펌프 회전수 | rpm | 16000 | 17000 | 18100 | 18300 | 22250 | 13000 |
| 회전수비 | – | 3.13 | 3 | 2.32 | 2.29 | 1.54 | 2.61 |
| 마력 | PS | | | 30400 | | 103800 | 18900 |
| 펌프 최고압 | MPa | 5.6 | 6.8 | 27 | 28.6 | 42.6 | |

## 3 사이클 해석 결과

액체수소를 연료로 사용하는 팽창식 사이클 엔진의 사이클 해석 결과는 그림 5.2 및 표 5.3과 같다.

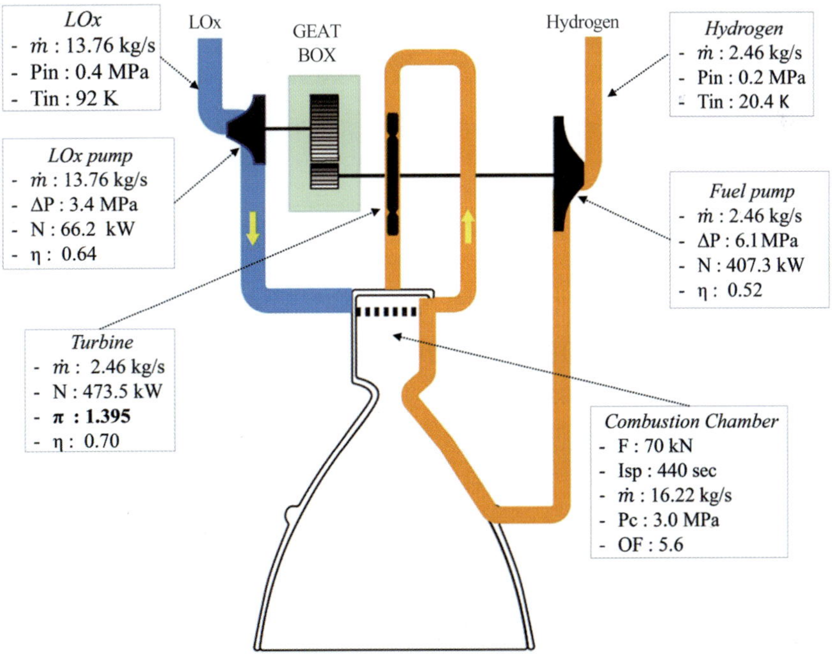


**그림 5.2** 수소 팽창식 사이클 엔진의 사이클 해석결과

표 5.3 수소 팽창식 사이클 터보펌프 작동 파라미터

| | 파라미터 | 기호 | 단위 | 값 |
|---|---|---|---|---|
| 1 | 터빈 가용동력 | $N_t$ | kW | 473.5 |
| 2 | 산화제 펌프 요구 동력 | $N_{o.p}$ | kW | 66.2 |
| 3 | 연료펌프 요구 동력 | $N_{f.p}$ | kW | 407.3 |
| 4 | 산화제 펌프 양정 | $\Delta P_{o.p}$ | MPa | 3.4 |
| 5 | 연료펌프 양정 | $\Delta P_{f.p}$ | MPa | 6.1 |
| 6 | 산화제 펌프 회전수 | $n_{o.p}$ | rpm | 16,482 |
| 7 | 연료펌프 회전수 | $n_{f.p}$ | rpm | 75,817 |
| 8 | 산화제 펌프에서 산소 온도상승 | $\Delta T_{o.p}$ | K | 1.9 |
| 9 | 연료펌프에서 연료 온도상승 | $\Delta T_{f.p}$ | K | 6.12 |
| 10 | 터빈 압력비 | $\pi_t$ | | 1.395 |

# 제2절 | 다단연소 사이클 엔진의 성능설계

## 1 개요

다단연소 사이클 엔진의 사이클 해석을 수행하는데 있어서, 참고할 모델 엔진으로 케로신을 연료로 사용하는 RD-120을 선택하였다.

RD-120 엔진의 공개 정보[4,5]를 사용하여 그림 5.3과 동일한 구조의 다단연소 사이클 케로신 엔진을 설계하여 보자.

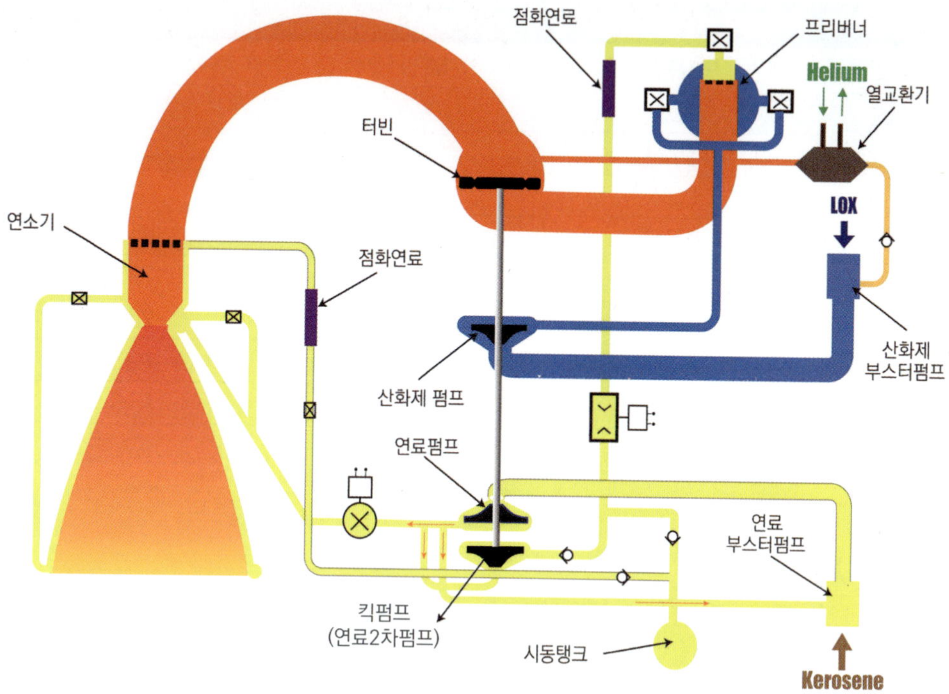


**그림 5.3** 다단연소 사이클 케로신 엔진의 예: RD-120 엔진 [Emergomash]

## 가. 설계를 위한 초깃값

설계하고자 하는 엔진은 RD-120 엔진과 동일한 구조를 가지며, 설계 추력은 1,000kN, 진공 비추력이 350초, 연소압 166bar이고, 추진제 혼합비는 2.6이다.

**표 5.4** 엔진 설계를 위한 초깃값 [5]

| 항 목 | | 단위 | 값 |
|---|---|---|---|
| 연료 | | | 케로신 |
| 구조 | | | 산화제과잉 다단연소 사이클 |
| 추력 | | kN | 1000 |
| 진공 비추력 | | s | 350 |
| 혼합비 | | | 2.6 |
| 효율 | 터빈효율 | | 0.72 |
| | LOX펌프 효율 | | 0.66 |
| | 연료펌프 효율 | | 0.65 |
| | 연료 kick 펌프[6] 효율 | | 0.3 |
| 펌프 | LOX펌프 | MPa | 0.4 |

| 항 목 | | 단위 | 값 |
|---|---|---|---|
| 입구압력 | 연료펌프 | MPa | 0.2 |
| 펌프 입구온도 | LOX | K | 91 |
| | 케로신 | K | 258 |
| 추진제 밀도 | LOX | $kg/m^3$ | 1135 |
| | 케로신 | $kg/m^3$ | 857 |
| 터빈 입구온도 | | K | 735 |
| 터빈 작동유체 | 기체상수 | J/kgK | 265 |
| | 비열비 | | 1.32 |
| 연소압 | | MPa | 16.6 |

## 2 사이클 해석

### 가. 추진제 유량 계산

엔진에서 요구되는 추력을 내기 위하여 필요한 산화제와 연료 유량은 다음 관계식으로 얻는다.

엔진에서 사용되는 전체 유량은 다음과 같다.

$$\dot{m}_{eng} = \frac{F}{Isp} = \frac{1000 \times 10^3}{350 \cdot 9.81} = 291.25\,kg/s$$

산화제 유량을 구하면

$$\dot{m}_o = \frac{OF}{1+OF} \cdot \dot{m}_{eng} = 210.35\ kg/s$$

연료 유량을 구하면

$$\dot{m}_f = \frac{1}{1+OF} \cdot \dot{m}_{eng} = 80.90\ kg/s$$

#### (1) 부스터 펌프에서 유량

RD-120, RD-170 및 RD-191 엔진[7]은 터빈 후단에서 프리버너 가스의 약 2%를 추출해

6 킥 펌프(**kick pump**)는 연료펌프 후단에 설치되어 연료 중 일부를 프리버너 연소압에 맞추기 위하여 2차로 승압하기 위한 펌프로, 2차 펌프로도 불린다. 그림 5.3에서 연료펌프(6) 하단에 연결된 펌프가 킥 펌프이다.

서 산화제 부스터펌프의 터빈을 구동하고,[8] 연료 부스터펌프의 터빈은 연료펌프 후단에서 연료유량의 8% 정도의 고압의 연료를 추출해서 구동한다.[4]

따라서 메인 산화제 펌프와 연료펌프에서 유량은 다음과 같다.

$$\dot{m}_{o.p} = \dot{m}_o \cdot 1.02 = 210.35 \cdot 1.02 = 214.55\,kg/s$$

$$\dot{m}_{f.p} = \dot{m}_f \cdot 1.08 = 80.90 \cdot 1.08 = 87.37\,kg/s$$

산화제 부스터펌프용 터빈과 연료부스터 펌프용 터빈의 구동 매질의 유량은

$$\dot{m}_{o.b} = \dot{m}_{o.p} \cdot 0.02 = 214.55 \cdot 0.02 = 4.29\,kg/s$$

$$\dot{m}_{f.b} = \dot{m}_{f.p} \cdot 0.08 = 87.37 \cdot 0.08 = 6.99\,kg/s$$

이다.

프리버너로 들어가는 연료 유량을 알기 위해서는 프리버너의 추진제 혼합비 $OF_{gg}$를 알아야 한다. 프리버너의 추진제 혼합비는 프리버너의 정격 온도로부터 구해진다. 보통 산화제과잉 프리버너의 연소가스 온도는 823K를, 연료과잉프리버너의 연소가스 온도는 1300K를 넘지 않는다.

프리버너의 연소압 31.9MPa에서 연소온도 735K를 얻을 수 있는 추진제 혼합비를 구하면 $OF_{gg} = 53.8$이다.[9]

프리버너 가스의 온도(735K)를 만들 수 있는 추진제 혼합비($OF_{gg}$)를 알고 있으므로 프리버너의 연료 유량을 구할 수 있다. 프리버너 연료 유량은 킥 펌프의 유량과 같다.

$$\dot{m}_{f \cdot gg} = \dot{m}_{k.p} = \frac{\dot{m}_{op}}{OF_{gg}} = \frac{214.55}{53.8} = 3.99\,kg/s$$

모든 산화제 유량이 프리버너로 들어가므로 ($\dot{m}_{o.gg} = \dot{m}_{o.p}$), 터보펌프의 터빈 유량은

$$\dot{m}_t = \dot{m}_o + \dot{m}_{f.gg} = 214.55 + 3.99 = 218.54\,kg/s$$

---

7 RD-170 계열(RD-180, RD-191) 엔진에 대해서 부록 2절에 자세히 설명하였다.

8 산화제 부스터 펌프용 터빈의 구동매질로 터빈 후단에서 추출한 산화제과잉 프리버너 가스 또는 산화제 펌프 후단에서 추출한 고압의 액체산소를 사용할 수 있다. 터빈 후단에서 추출한 산화제과잉 가스를 이용하여 산화제 부스터 펌프용 터빈을 구동할 경우 ① 메인 터빈을 돌려주는 산화제과잉 가스의 유량이 커지고, ② 산화제과잉 가스의 가스상수($R$) 및 온도($T$)가 높으며, ③ 고압의 액체산소로 부스터펌프를 구동할 때보다 프리버너 가스의 온도와 터보펌프 회전수의 증가가 적고, ④ 산화제 펌프를 지나는 유량이 상대적으로 작아서 펌프에서 동력 소모량도 상대적으로 적은 장점이 있다.[4]

9 계산에는 CEA(https://cearun.grc.nasa.gov)나 RPA(http://www.propulsion-analysis.com) 프로그램 등을 사용할 수 있다.

## 나. 펌프에서 필요한 양정 계산

### (1) 산화제 펌프 출구압

펌프의 양정을 구하기 위해서 일차적으로 펌프 출구압을 계산한다.

산화제 펌프 출구에서 압력은 연소기와 산화제 펌프 사이에서 발생하는 압력 손실을 고려하여 얻는다.

$$P_{o.pout} = (P_c + \Delta P_{c\sim tb.out})\pi_t + \Delta P_{tb.in\sim o.pout} = 18.3 \cdot \pi_t + 2.4\,MPa \qquad (5\text{-}6)$$

여기서, $\Delta P_{c\sim tb.out}$는 터빈출구~연소기 사이 차압(연소기 분사기 차압 + 배관차압), $\Delta P_{tb.in\sim o.p\,out}$는 산화제 펌프 출구~터빈입구 사이 차압 (배관차압 + 프리버너 차압 + 프리버너 산화제 밸브 차압)이고, $\pi_t = P_{tb.in}/P_{tb.out}$는 터빈 압력비이다.

### (2) 산화제 펌프 입구압

산화제 펌프의 입구압은 엔진 입구압($P_{o.in}$)+부스터펌프 양정($\Delta P_{ob}$)−산화제 부스터펌프입구의 필터에서 차압($\Delta P_{o.ft}$) −산화제 부스터펌프와 산화제 펌프 사이 차압($\Delta P_{o.b\_o.p}$)이다.

$$P_{o.pin} = P_{o.in} + \Delta P_{o.b} - \Delta P_{o.ft} - \Delta P_{o.b\_o.p} = 1.3\,MPa$$

### (3) 산화제 펌프 양정

산화제 펌프에서 양정은 산화제 펌프 입구압과 출구압의 차이로 계산한다.

$$\Delta P_{o.p} = \Delta P_{o.pout} - \Delta P_{o.pin} = 18.3 \cdot \pi_t + 2.4 - 1.3 = 18.3\pi_t + 1.1\,MPa \qquad (5\text{-}7)$$

### (4) 연료펌프 출구압

연료펌프의 출구압은 연소압($P_c$)+연소기로부터 연료펌프까지 차압들[연소기의 연료 분사기 차압($\Delta P_{f.inj}$)+재생냉각채널 차압($\Delta P_{cool}$)+연료밸브 차압($\Delta P_{f.v}$)+추진제혼합비 제어밸브 차압($\Delta P_{thr}$)+배관 차압($\Delta P_{f.pipe}$)]으로 계산한다.

$$P_{f.pout} = P_c + \Delta P_{f.inj} + \Delta P_{cool} + \Delta P_{f.v} + \Delta P_{thr} + \Delta P_{f.pipe} = 35.8\,MPa$$

### (5) 연료펌프 입구압

연료펌프 입구압은 엔진의 연료입구압($\Delta P_{f.in}$)+연료 부스터펌프의 양정($\Delta P_{f.b}$)− 연료 부스터펌프 입구에 설치된 필터의 차압($\Delta P_{ft}$)−부스터펌프와 연료펌프 사이 배관 차압

$(\Delta P_{pipe})$이다.

$$P_{f.pin} = P_{f.in} + \Delta P_{f.b} - \Delta P_{ft} - \Delta P_{pipe} = 0.51\,MPa$$

### (6) 연료펌프 양정

연료펌프의 양정은 연료펌프 입구압과 출구압의 차이다.

$$\Delta P_{f.p} = P_{f.pout} - P_{f.pin} = 35.8 - 0.51 = 35.29\,MPa$$

### (7) 킥펌프 출구압

킥펌프의 양정을 구하기 위해서는 먼저 킥펌프 출구압을 계산한다.

$$\begin{aligned} P_{k.pout} &= (P_c + \Delta P_{c \sim tb.out})\pi_t + \Delta P_{tb.in \sim f.pout} \\ &= 18.3 \cdot \pi_t + 16.6\,MPa \end{aligned} \tag{5-8}$$

여기서, $\Delta P_{c \sim tb.out}$는 터빈출구~연소기 사이 차압(연소기 분사기 차압+배관차압), $\Delta P_{tb.in \sim k.pout}$는 킥펌프 출구~터빈입구 사이 차압(배관차압+프리버너 차압+프리버너 연료밸브 차압), $\pi_t = P_{in}/P_{out}$는 터빈 압력비이다.

킥펌프의 입구압은 연료펌프 출구압과 같으므로($P_{k.pin} = P_{f.pout}$) 킥펌프의 양정은

$$\Delta P_{k.p} = P_{k.pout} - P_{k.pin} = 18.3 \cdot \pi_t + 16.6 - 35.8 = 18.3 \cdot \pi_t - 19.2\,MPa \tag{5-9}$$

이다.

## 다. 펌프에서 필요 동력 계산

산화제 밀도와 연료 밀도를 각각 $\rho_o = 1135\,kg/m^3$, $\rho_o = 857\,kg/m^3$이라고 할 때, 산화제 펌프의 소요 동력은

$$N_{o.p} = \frac{\Delta P_{o.p} \cdot \dot{m}_{o.p}}{\eta_{o.p} \cdot \rho_o} = \frac{(18.3 \cdot \pi_t + 1.1) \cdot 214.55}{0.66 \cdot 1135}\,MW \tag{5-10}$$

연료펌프의 소요 동력은

$$N_{f.p} = \frac{\Delta P_{f.p} \cdot \dot{m}_{f.p}}{\eta_{f.p} \cdot \rho_f} = \frac{35.29 \cdot 87.37}{0.65 \cdot 857} = 5.535\,MW$$

킥펌프에서 소요 동력은

$$N_{k \cdot p} = \frac{\Delta P_{k \cdot p} \bullet \dot{m}_{k \cdot p}}{\eta_{k \cdot p} \bullet \rho_f} = \frac{(18.3 \bullet \pi_t - 19.2) \bullet 3.99}{0.3 \bullet 857} MW \tag{5-11}$$

### 라. 터빈 동력 계산

터빈의 압력비를 $\pi_t = P_{in}/P_{out}$라고 할 때, 터빈에서의 차압은

$$\Delta P_t = P_{in} - P_{out} = P_{in} \bullet \left(1 - \frac{1}{\pi_t}\right)$$

이다.

터빈의 동력은 다음 식으로 계산한다.

$$N_t = \dot{m}_t \bullet \eta_t \bullet L_{ad}$$

여기서 터빈에서 가스의 단열일 $L_{ad}$은

$$L_{ad} = \frac{k}{k-1} \bullet R \bullet T_{gg} \bullet \left[1 - \left(\frac{1}{\pi_t}\right)^{\frac{k-1}{k}}\right] = \frac{1.32}{1.32-1} \bullet 265 \bullet 735 \left[1 - \left(\frac{1}{\pi_t}\right)^{\frac{1.32-1}{1.32}}\right]$$

$$= 0.8034 \bullet \left[1 - \left(\frac{1}{\pi_t}\right)^{0.242}\right] \frac{MJ}{kg}$$

이며, $k = C_p/C_v$-산화제 과잉가스의 비열비, $R$-프리버너에서 연소생성물의 가스상수, $T_{gg}$= 735K는 터빈으로 들어가는 산소과잉가스 온도이다.

터빈의 동력을 계산하면 다음과 같다.

$$N_t = \dot{m}_t \cdot \eta_t \cdot L_{ad} = 218.54 \cdot 0.72 \cdot 0.8034 \cdot \left[1 - \left(\frac{1}{\pi_t}\right)^{0.242}\right] \tag{5-12}$$

$$= 126.41 \cdot \left[1 - \left(\frac{1}{\pi_t}\right)^{0.242}\right] MW$$

### 마. 터빈과 펌프의 동력 밸런스

터보펌프에서 동력 밸런스가 이뤄지기 위해서는 터빈동력 $N_t$과 펌프 총동력 $\Sigma N_p$의 크기가 같아야 한다.

$$N_t = N_{o \cdot p} + N_{f \cdot p} + N_{k \cdot p} \tag{5-13}$$

따라서 $N_t - N_{o \cdot p} - N_{f \cdot p} - N_{k \cdot p} = 0$을 만족시키는 $\pi_t$를 풀면, $\pi_t = 1.67$을 얻는다. 이 압력비에서 터빈의 가용동력과 펌프의 소요동력들이 같아진다.

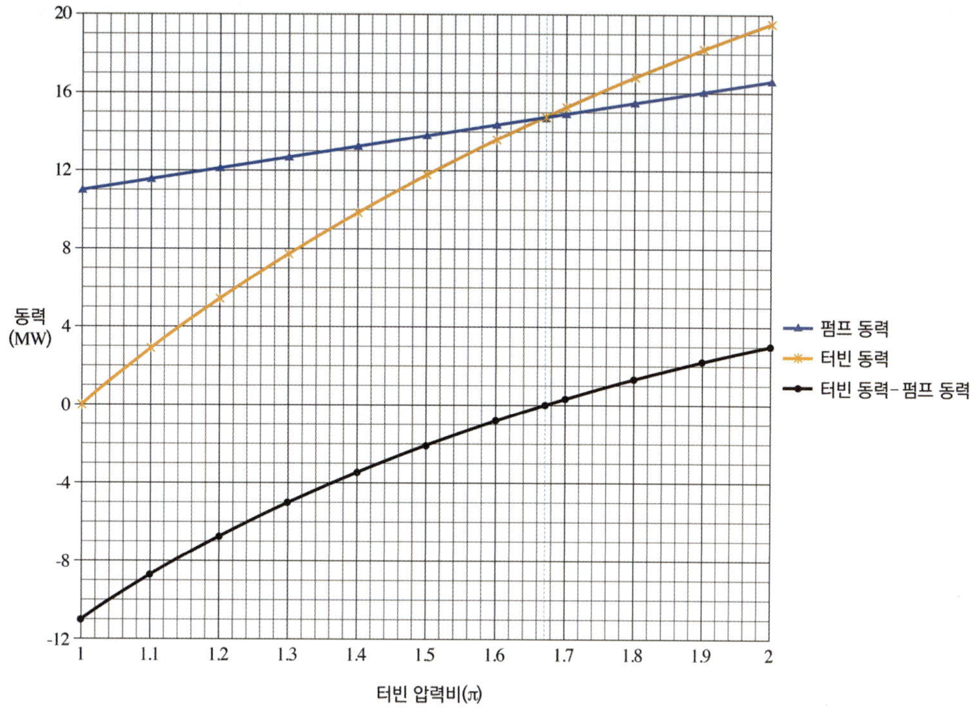


**그림 5.4** 터보펌프의 동력 밸런스

**표 5.5** 터보펌프의 동력 밸런스

| 터빈압력비 (π) | 개별 펌프 필요동력 | | | 전체펌프 필요동력 | 터빈 가용동력 | 펌프 필요동력과 터빈 가용동력의 차이 |
|---|---|---|---|---|---|---|
| | $N_{o.p}$ | $N_{f.p}$ | $N_{k.p}$ | $\Sigma N_{pumps}$ | $N_{tb}$ | $\Sigma N_{pumps} - N_{tb}$ |
| | (1) | (2) | (3) | (1)+(2)+(3)=(4) | (5) | (5)-(4) |
| 1 | 5.56 | 5.54 | -0.01 | 11.08 | 0.00 | -11.08 |
| 1.1 | 6.08 | 5.54 | 0.01 | 11.63 | 2.89 | -8.74 |
| 1.2 | 6.60 | 5.54 | 0.04 | 12.18 | 5.47 | -6.72 |
| 1.3 | 7.13 | 5.54 | 0.07 | 12.74 | 7.79 | -4.95 |
| 1.4 | 7.65 | 5.54 | 0.10 | 13.29 | 9.90 | -3.39 |
| 1.5 | 8.18 | 5.54 | 0.13 | 13.84 | 11.83 | -2.01 |
| 1.6 | 8.70 | 5.54 | 0.16 | 14.39 | 13.61 | -0.78 |
| 1.670 | 9.07 | 5.54 | 0.18 | 14.78 | 14.78 | 0.00 |
| 1.7 | 9.23 | 5.54 | 0.18 | 14.95 | 15.26 | 0.31 |
| 1.8 | 9.75 | 5.54 | 0.21 | 15.50 | 16.79 | 1.29 |
| 1.9 | 10.27 | 5.54 | 0.24 | 16.05 | 18.22 | 2.17 |
| 2 | 10.80 | 5.54 | 0.27 | 16.60 | 19.55 | 2.95 |

그림 5.4에서는 터빈 압력비에 따라 터빈의 동력 $N_t$과 펌프들의 소요동력 $\Sigma N_p$의 변화를 보여준다. 터빈동력선과 펌프 동력선 간의 교차 지점의 터빈 압력비 $\pi_t$에서 설계하는 엔진의 파라미터들 간의 균형이 이루어진다.

### 바. 압력과 동력 계산

터보펌프의 동력 밸런스 식 (5-13)을 풀어서 얻은 터빈압력비 $\pi_t = 1.684$를 식 (5-6)~(5-12)에 대입함으로써 각 구성품의 압력과 동력을 계산할 수 있다.

(1) 산화제 펌프 출구압(식 5-6)

$$P_{o \cdot pout} = 18.3 \cdot \pi_t + 2.4 = 32.96\,MPa$$

(2) 산화제 펌프 양정(식 5-7)

$$\Delta P_{o \cdot p} = 18.3 \cdot \pi_t + 1.1 = 31.66\,MPa$$

(3) 킥펌프 출구압(식 5-8)

$$P_{k \cdot pout} = 18.3 \cdot \pi_t + 16.6 = 47.16\,MPa$$

(4) 킥펌프 양정(식 5-9)

$$\Delta P_{k \cdot p} = 18.3 \cdot \pi_t - 19.2 = 11.36\,MPa$$

(5) 산화제 펌프의 필요동력(식 5-10)

$$N_{o \cdot p} = \frac{\Delta P_{o \cdot p} \cdot \dot{m}_{o \cdot p}}{\eta_{o \cdot p} \cdot \rho_o} = \frac{31.66 \cdot 214.55}{0.66 \cdot 1135} = 9.07\,MW$$

(6) 킥펌프의 필요 동력(식 5-11)

$$N_{k \cdot p} = \frac{\Delta P_{k \cdot p} \cdot \dot{m}_{k \cdot p}}{\eta_{k \cdot p} \cdot \rho_f} = \frac{11.36 \cdot 3.99}{0.3 \cdot 857} = 0.176\,MW$$

(7) 터빈의 가용동력(식 5-12)

$$N_t = 126.41 \cdot \left[1 - \left(\frac{1}{\pi_t}\right)^{0.242}\right] = 14.78\,MW$$

## 3 사이클 해석 결과

케로신을 연료로 사용하는 다단연소 사이클 엔진의 사이클 해석 결과는 그림 5.5 및 표 5.6과 같다.

사이클 해석 결과 연소압이 16.6MPa일 때 산화제 펌프 출구압은 32.96MPa, 연료 펌프 출구압은 35.8MPa, 킥 펌프 후단에서 압력은 47.16bar 정도가 필요하고, 터빈의 동력은 14.78MW에 이른다.

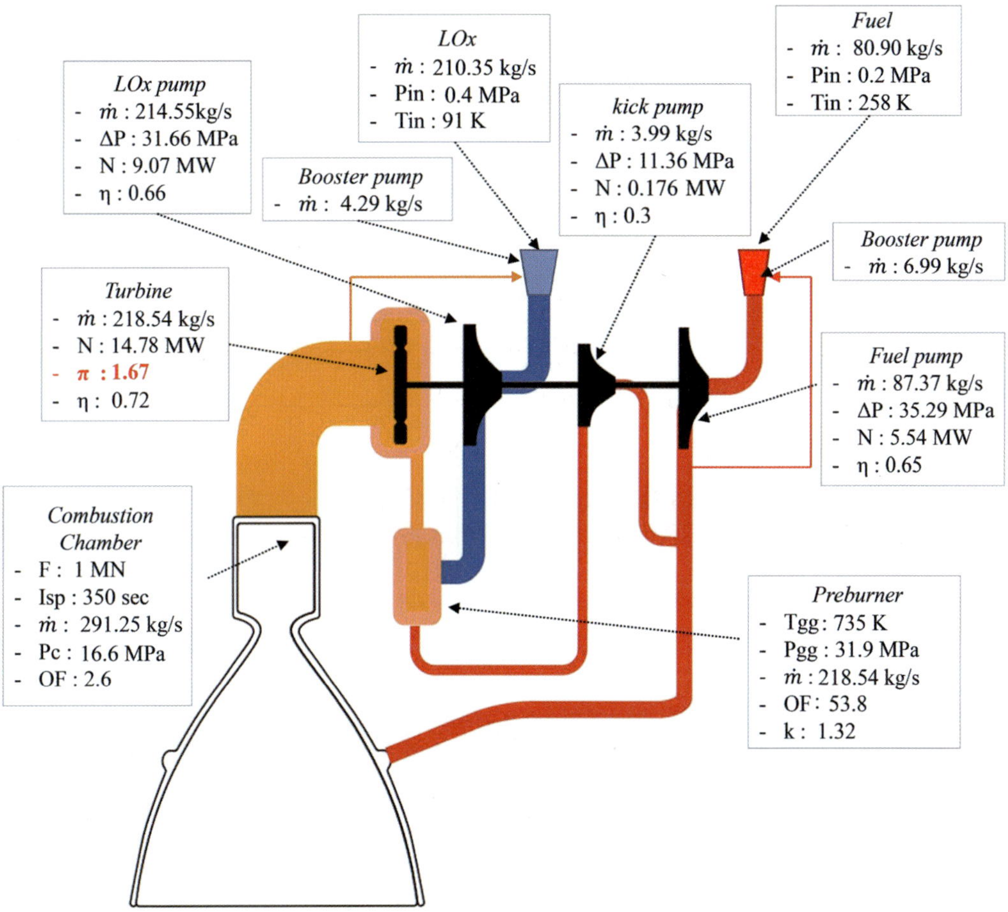


그림 5.5 케로신 다단연소 사이클 엔진의 사이클 해석결과

**표 5.6** 케로신 다단연소 사이클 엔진의 사이클 해석결과

| 파라미터 | 항목 | 단위 | 값 |
|---|---|---|---|
| 유량 | 연소실 | kg/s | 291.25 |
| | 프리버너 | kg/s | 218.54 |
| | LOx 펌프 | kg/s | 214.55 |
| | 주 연료펌프 | kg/s | 80.90 |
| | kick 펌프 | kg/s | 3.99 |
| | 산화제 펌프 양정 | MPa | 31.66 |
| | 연료펌프 양정 | MPa | 35.29 |
| | kick 펌프 양정 | MPa | 11.36 |
| 압력 | 산화제 펌프 출구압 | MPa | 32.96 |
| | 연료펌프 출구압 | MPa | 35.80 |
| | kick 펌프 출구압 | MPa | 47.16 |
| 동력 | 터빈 | MW | 14.78 |
| | LOX펌프 | MW | 9.07 |
| | 연료펌프 | MW | 5.54 |
| | 연료 kick | MW | 0.18 |
| 터빈 압력비 | | | 1.67 |
| 프리버너 혼합비 | | | 53.8 |

**※ 참고 (RD-120 엔진)**

**RD-120 엔진**은 Zenit 로켓(그림 5.6)의 2단용 주엔진으로, 1975년부터 1985년에 걸쳐 개발되었다. RD-120 엔진의 추진제는 액체산소와 케로신이며, 산화제과잉 프리버너를 사용하는 다단연소 사이클 구조로 되어 있다.

그림 5.7은 **RD-120 엔진**의 구성품과 주요지점에서 작동 파라미터를 보여준다.[7]

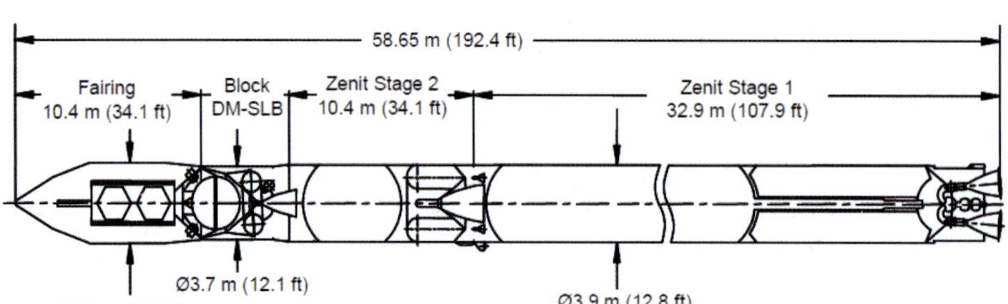


**그림 5.6** Zenit 로켓 구조(2단에 주엔진 RD-120과 보조엔진 RD-8이 장착)[6]

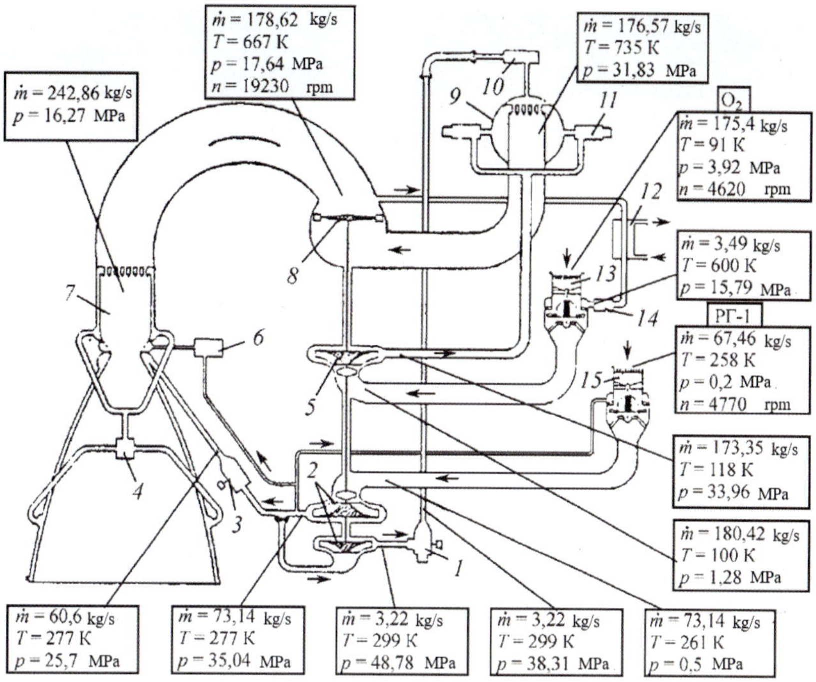


1-전기구동 추력제어밸브, 2-연료펌프(1st & 2nd pump), 3-전기구동 탱크동시소진 제어밸브, 4-연료밸브(MFV), 5-산화제 펌프, 6-연소기 막냉각밸브, 7-연소기, 8-터보펌프, 9-프리버너, 10-연료 차단밸브, 11-산화제밸브(MOV), 12-탱크가압용 헬륨 열교환기, 13-산화제 부스터펌프, 14-체크밸브, 15-연료 부스터펌프

**그림 5.7** RD-120 엔진의 주요 구성품 및 작동 파라미터 [7]

**그림 5.8** RD-120 엔진 [8,9]

## 제3절 | 가스발생기 사이클 메탄엔진의 성능설계

### 1 개요

추력 100톤급의 액체메탄을 연료로 사용하는 가스발생기 사이클 엔진에서 구성품의 성능 파라미터를 선정해보자.

추력 100톤급 가스발생기 사이클 메탄엔진은 유럽에서 야심차게 개발하고 있는 차세대 엔진인 프로메테우스(Prometheus)[10]와 동급이다.

### 2 설계 대상 엔진

#### 가. 엔진의 구조

설계하고자 엔진의 구조는 그림 5.9와 같다.

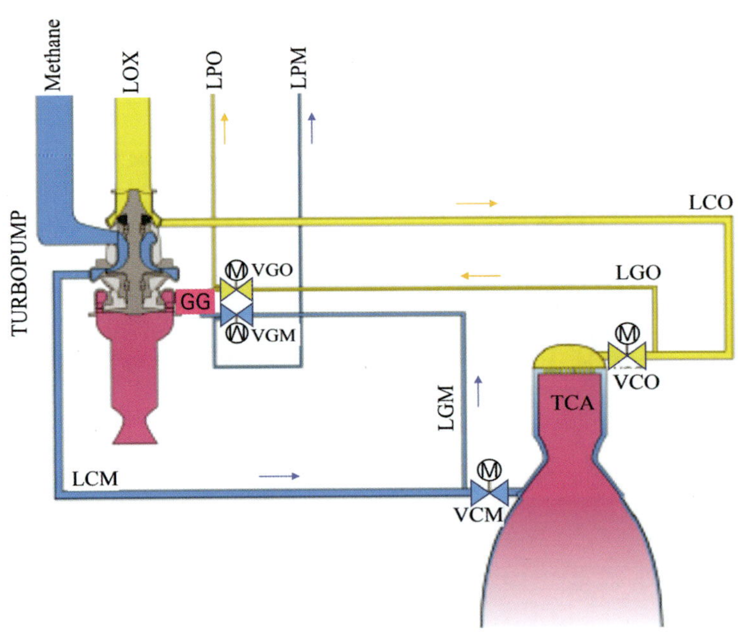


그림 5.9 프로메테우스 엔진의 사이클 구조[10]

10 프로메테우스 엔진에 대해서는 6장 6절에서 자세히 설명하였다.

펌프에서 승압된 액체메탄과 액체산소가 각각 주연소기와 가스발생기로 분기되어 들어간다. 가스발생기로 들어간 액체메탄과 액체산소는 연소되어 터빈을 돌리는데, 이때 얻은 동력으로 산화제 펌프와 연료펌프를 구동한다. 펌프에서 승압되어 연소기로 들어간 액체메탄과 액체산소는 연소되어 엔진의 추력을 발생시킨다.

설계하고자 하는 엔진은 프로메테우스 엔진에 존재하는 자가 증기 가압을 위한 추진제 추출 부분을 제외하여 가스발생기 사이클 본연의 기본적인 구조(그림 5.10 참조)를 갖는다.

### 나. 설계를 위한 초깃값

추력이 1MN이고, 지상 비추력이 320초, 연소압 110bar이며, 추진제 혼합비는 3.4인 엔진을 설계하고자 한다. 엔진의 설계를 위한 초깃값은 표 5.7과 같다.

**표 5.7** 엔진 설계를 위한 초깃값

| 항 목 | | 단 위 | 값 |
|---|---|---|---|
| 사용 단 | | | 2단(고공엔진) |
| 연료 | | | 액체메탄 |
| 구조 | | | 가스발생기 사이클 |
| 추력 | | kN | 1000 |
| 비추력 | | s | 360 |
| 혼합비 | | | 3.4 |
| 효율 | 터빈효율 | | 0.65 |
| | LOX펌프 효율 | | 0.73 |
| | 메탄펌프 효율 | | 0.71 |
| 펌프 입구압력 | LOX펌프 | MPa | 0.4 |
| | 메탄펌프 | MPa | 0.4 |
| 펌프 입구온도 | LOX | K | 93 |
| | 액체메탄 | K | 111 |
| 추진제 밀도 | LOX | $kg/m^3$ | 1133 |
| | 액체메탄 | $kg/m^3$ | 416 |
| 터빈 입구온도 | | K | 1100 |
| 터빈 작동유체 | 기체상수 | J/kgK | 536.4 |
| | 비열비 | | 1.18 |
| 연소압 | | MPa | 11.0 |

## 다. 엔진 구성품의 차압

엔진의 초기 설계단계에서 엔진 구성품의 차압은 과거의 엔진 개발 경험이나 이론적인 계산을 통하여 예측한다.

표 5.8에서 산화제 라인의 차압을 검토해보면, 입구압이 0.4MPa에서 12.8MPa만큼 펌프에서 승압되어 13.2MPa이 되고, 배관 차압(0.2MPa)과 오리피스 차압(0.2MPa)으로 12.8MPa까지 감압된 후, 개폐밸브(차압 0.6MPa)를 지나면서 12.2MPa이 되며, 차압이 1.2MPa인 분사기를 통과하면서 11.0MPa로 연소기에 진입하게 된다.

연료 라인도 유사한 과정을 거쳐서 펌프 출구압(16.5MPa)에서 연소압(11.0MPa)으로 압력이 감소한다.

**표 5.8** 연소기 라인 차압 배분(단위: MPa)

| 항 목 | | 산화제 라인 | | 연료 라인 | |
|---|---|---|---|---|---|
| 펌프 | 입구압 | 0.4 | | 0.4 | |
| | 펌프 양정 | +12.8 | | +16.1 | |
| | 출구압 | 13.2 | | 16.5 | |
| 연소기 라인 차압 | 배관 | -0.2 | 13.0 | -0.2 | 16.3 |
| | 오리피스 | -0.2 | 12.8 | | |
| | 제어밸브 | | | -1.1 | 15.2 |
| | 개폐밸브 | -0.6 | 12.2 | -0.5 | 14.7 |
| | 재생냉각채널 | | | -2.5 | 12.2 |
| | 분사기 | -1.2 | 11.0 | -1.2 | 11.0 |
| 연소기 | | 11.0 | | | |

**표 5.9** 가스발생기 라인 차압 배분(단위: MPa)

| 항 목 | | 산화제 라인 | | 연료 라인 | |
|---|---|---|---|---|---|
| 펌프 | 입구압 | 0.4 | | 0.4 | |
| | 펌프 양정 | +12.8 | | +16.1 | |
| | 출구압 | 13.2 | | 16.5 | |
| 가스발생기 라인 차압 | 배관 | -0.2 | 13.0 | -0.2 | 16.3 |
| | 제어밸브 | -1.1 | 11.9 | -3.1 | 13.2 |
| | 오리피스 | -0.3 | 11.6 | -0.3 | 12.9 |
| | 개폐밸브 | -0.5 | 11.1 | -0.5 | 12.4 |
| | 재생냉각채널 | | | -1.3 | 11.1 |
| | 분사기 | -1.1 | 10.0 | -1.1 | 10.0 |
| 가스발생기 | | 10.0 | | | |

가스발생기 라인의 경우 터빈이 가스발생기 후단에 존재하므로 가스발생기 라인의 구성품 차압 배분에 터빈 압력비를 고려할 필요가 없다.[11]

## 3 사이클 해석

### 가. 추진제 유량 계산

가스발생기 사이클 엔진의 총 추력은 주연소기 추력과 터빈배기가스 추력의 합이다.

설계하고자 하는 엔진의 총 추력이 1000kN이고, 총 비추력이 360초라고 할 때, 주연소기와 가스발생기에서 소모되는 총 유량은 다음과 같다.

$$\dot{m}_{eng} = \frac{F}{Isp} = \frac{1000 \cdot 10^3}{360 \cdot 9.81} = 283.16\,kg/s$$

### 나. 추진제 혼합비 계산

가스발생기 사이클의 성능 해석에서 가스발생기의 비유량 $\overline{m}_{gg}$을 전체 엔진 유량 대 가스발생기 유량의 비로 정의하고, 그 값을 0.03으로 하면,

$$\overline{m}_{gg} = \frac{\dot{m}_{gg}}{\dot{m}_{eng}} = \frac{\dot{m}_{gg}}{\dot{m}_c + \dot{m}_{gg}} = 0.03$$

연소기에서 최대 성능을 내기 위하여 연소기의 추진제 혼합비를 3.4로 정하고, 가스발생기에서 연소 가스온도를 1100K로 만들기 위하여 추진제 혼합비를 0.5로 한다.[12]

$$OF_c = 3.4$$
$$OF_{gg} = 0.5$$

가스발생기 비유량과 연소기 및 가스발생기 추진제 혼합비로 엔진의 혼합비를 구하면 $OF_{eng} = 3.159$가 된다.

$$\frac{OF_c(OF_{gg}+1)(1-\overline{m}_{gg}) + OF_{gg}(OF_c+1)\overline{m}_{gg}}{(OF_{gg}+1)(1-\overline{m}_{gg}) + (OF_c+1)\overline{m}_{gg}} = 3.159$$

11 터빈 압력비는 동력밸런스 계산에서 필요하다.

12 가스온도에 맞는 추진제 혼합비는 CEA(Chemical Equilibrium with Applications)나 RPA(Rocket Propulsion Analysis) 프로그램 등으로 찾을 수 있다.

엔진의 추진제 혼합비로 산화제 펌프와 연료펌프의 유량을 구하면

$$\dot{m}_{o.p} = \dot{m}_{eng}\frac{OF_{eng}}{1+OF_{eng}} = 215.08\,kg/s$$

$$\dot{m}_{f.p} = \dot{m}_{eng}\frac{1}{1+OF_{eng}} = 68.08\,kg/s$$

### 다. 추진제 공급라인 차압 계산

#### (1) 연소기 공급라인 차압

연소기 공급라인에서 펌프의 출구압은 펌프에서 연소기까지 차압들의 합이다.

$$P_{\text{산화제펌프 출구압}} = P_{\text{연소기}} + \Delta P_{\text{분사기}} + \Delta P_{\text{개폐밸브}} + \Delta P_{\text{오리피스}} + \Delta P_{\text{산화제배관}}$$

$$P_{\text{연료펌프 출구압}} = P_{\text{연소기}} + \Delta P_{\text{분사기}} + \Delta P_{\text{재생냉각채널}} + \Delta P_{\text{개폐밸브}} + \Delta P_{\text{제어밸브}} + \Delta P_{\text{오리피스}} + \Delta P_{\text{연료배관}} \quad (5\text{-}14)$$

#### (2) 가스발생기 공급라인 차압

가스발생기 공급라인에서 펌프의 출구압은 펌프에서 가스발생기까지 차압들의 합이다.

$$P_{\text{산화제펌프 출구압}} = P_{\text{가스발생기}} + \Delta P_{\text{분사기}} + \Delta P_{\text{개폐밸브}} + \Delta P_{\text{오리피스}} + \Delta P_{\text{제어밸브}} + \Delta P_{\text{산화제배관}} \quad (5\text{-}15)$$

$$P_{\text{연료펌프 출구압}} = P_{\text{가스발생기}} + \Delta P_{\text{분사기}} + \Delta P_{\text{재생냉각채널}} + \Delta P_{\text{개폐밸브}} + \Delta P_{\text{제어밸브}} + \Delta P_{\text{오리피스}} + \Delta P_{\text{연료배관}}$$

가스발생기 사이클 엔진에서 가스발생기 압력은 연소기 압력보다 낮은 것이 현명하다. 왜냐하면 펌프의 필요동력은 유량에 비례하므로 유량이 많은 연소기 라인의 압력이 펌프 출구압의 기준이 되는 것이 바람직하다.

표 5.8에서 산화제 펌프 출구압은

$$P_{\text{산화제펌프 출구압}} = P_{\text{연소기}} + \Delta P_{\text{분사기}} + \Delta P_{\text{개폐밸브}} + \Delta P_{\text{오리피스}} + \Delta P_{\text{산화제배관}} = 11.0 + 1.2 + 0.6 + 0.2 + 0.2 = 13.2\,MPa$$

이고, 산화제 펌프의 양정은

$$\Delta P_{o.p} = \text{산화제 펌프 출구압} - \text{산화제 펌프 입구압} = 13.2 - 0.4 = 12.8\,MPa$$

이다.

동일한 방법으로 연료펌프의 양정을 구하면,

$$\Delta P_{f \cdot p} = \text{연료펌프 출구압} - \text{연료펌프 입구압} = 16.5 - 0.4 = 16.1\,MPa$$

### 라. 펌프의 필요동력 계산

앞서 계산한 펌프의 양정과 표 5.7에 제시된 추진제 밀도, 유량 및 펌프 효율로 산화제 펌프와 연료펌프의 필요동력을 구하면,

$$N_{o \cdot p} = \frac{\dot{m}_{o \cdot p} \cdot \Delta P_{o \cdot p}}{\eta_{o \cdot p} \cdot \rho_o} = \frac{215.08 \cdot (13.2 \cdot 10^6)}{0.71 \cdot 1133} = 3.529\,MW$$

$$N_{f \cdot p} = \frac{\dot{m}_{f \cdot p} \cdot \Delta P_{f \cdot p}}{\eta_{f \cdot p} \cdot \rho_f} = \frac{68.08 \cdot (16.1 \cdot 10^6)}{0.70 \cdot 416} = 3.764\,MW$$

펌프들의 총 동력은

$$N_{pumps} = N_{o \cdot p} + N_{f \cdot p} = 7.293\,MW \qquad (5\text{-}16)$$

이다.

터빈 효율을 0.64, 터빈 압력비($\pi_t$)는 17, 가스발생기 가스 온도를 1100K라 하면, 터빈 동력식은 다음과 같다.

$$N_t = \eta_t \cdot \dot{m}_{gg} \cdot \frac{k}{k-1} \cdot R_{gg} \cdot T_{gg} \cdot \left[1 - \left(\frac{1}{\pi_t}\right)^{\frac{k-1}{k}}\right] \qquad (5\text{-}17)$$

$$= 0.64 \cdot \dot{m}_{gg} \cdot \frac{1.18}{1.18-1} \cdot 536.4 \cdot 1100 \cdot \left[1 - \left(\frac{1}{17}\right)^{\frac{1.18-1}{1.18}}\right]$$

여기서, 산소와 메탄이 연소하여 연소온도 1100K를 얻기 위해서는 추진제 혼합비가 0.5이어야 하며, 이때 k는 1.18, R=536.4kJ/kgK이다.

펌프에서 필요한 동력과 터빈에서 만들어 내는 동력이 같으므로, 식 (5-16) = (5-17)이어야 하며, 이를 만족시키는 $\dot{m}_{gg}$를 구하면,

$$N_{o \cdot p} + N_{f \cdot p} = N_{tb}(\dot{m}_{gg})$$

$\dot{m}_{gg} = 8.40\,kg/s$를 얻는다.

### 마. 배기턱드 추력 계산

가스발생기의 특성속도[13]를 계산하면,

$$C_{gg}^{*} = \frac{\sqrt{R_{gg} \cdot T_{gg}}}{\sqrt{k}\left(\frac{2}{k+1}\right)^{\frac{k+1}{2(k-1)}}} = 1.192 \times 10^{3}$$

터빈의 유효효율계수는

$$\eta_{t,\,eff} = \left[1 - \left(\frac{P_{t.out}}{P_{t.in}}\right)^{\frac{k-1}{k}}\right] \cdot \eta_{t,\,m} = 0.344$$

여기서 터빈의 기계적인 효율로 $\eta_{t,\,m} = 0.98$을 사용하였다.

가스발생기 가스가 터빈을 통과하면서 에너지를 상실하게 되므로, 배기덕트의 특성속도는 가스발생기의 특성속도에 비하여 터빈의 유효효율계수에 해당하는 만큼 감소한다.

$$C_{t,\,ex}^{*} = C_{gg}^{**}\sqrt{1 - \eta_{b,\,eff}} = 965.22\,m/s$$

배기덕트의 추력 계수를 계산하면,

$$K_{t,\,ex} = \left(\frac{1}{k+1}\right)^{\frac{k+1}{2(k-1)}} \left[\frac{\frac{2k}{k-1} - \left(\frac{k+1}{k-1}\right)\left(\frac{P_{nz,out}}{P_{nz,in}}\right)^{\frac{k-1}{k}}}{\frac{\sqrt{2}}{k-1}\left[1 - \left(\frac{P_{nz,out}}{P_{nz,in}}\right)^{\frac{k-1}{k}}\right]}\right] = 1.483$$

여기서, 터빈배기노즐의 입구압은 $P_{nz.in} = P_t/\pi_t = 0.95\,P_{gg}/17 = 4.47\,MPa$이며, 터빈배기노즐 출구압 $P_{nz.out} = 50\,kPa$로 고려하였다.

터빈배기에 의한 비추력은

$$Isp_{t,\,ex} = C_{tb,ex}^{*} \cdot K_{t,\,ex} = 145.93\,\sec$$

이며, 터빈배기가스가 만들어내는 추력은

$$F_{ex} = \dot{m}_{gg} \cdot Isp_{t,\,ex} = 8.40 \cdot 145.93 \cdot 9.81 = 12.02\,kN$$

이다.

13 특성속도의 정의는 부록 7절에 설명하였다.

## 3 사이클 해석 결과

메탄 연료로 사용하는 가스발생기 사이클 엔진의 사이클 해석 결과는 그림 5.10과 같다. 엔진 입구로 들어오는 추진제 총 유량 283.16kg/s은 연소기(274.76kg/s)와 가스발생기(8.4kg/s)로 분기되어 들어가고, 가스발생기로 들어간 추진제는 연료과잉상태(OF = 0.5)로 연소되어 터빈을 돌리고 대기로 배출된다. 엔진 전체의 추진제 혼합비는 3.159이다.

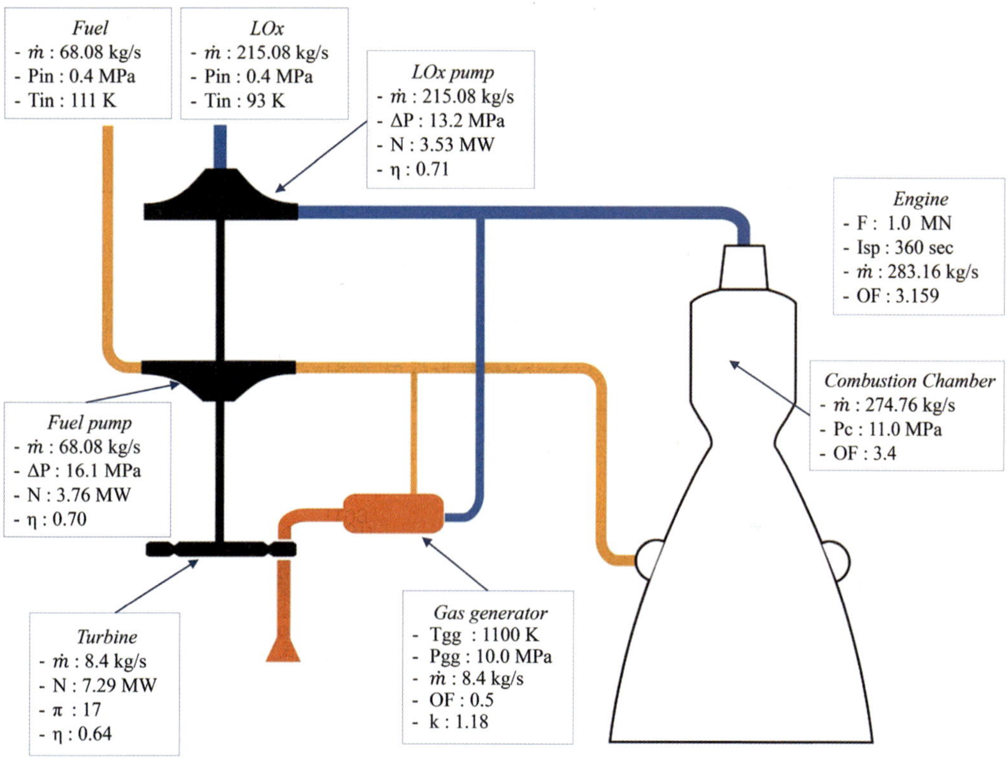


**그림 5.10** 메탄 가스발생기 사이클 엔진 사이클 해석결과

# 제4절 | 결론

5장에서 수소 팽창식 사이클 엔진, 케로신 다단연소 사이클 엔진 그리고 메탄 가스발생기 사이클 엔진 등 세 가지 형태의 엔진에 대하여 사이클 해석을 수행하였다.

세 가지의 사이클 해석 예를 적절히 활용하면 표 5.10에 제시된 모든 종류의 액체로켓엔진에 대한 사이클 해석도 가능하다.

**표 5.10** 로켓엔진의 종류

| 사이클 / 연료 | 가스발생기 사이클 (GG 사이클) | 다단연소 사이클 (SC 사이클) | 팽창식 사이클 (Ex 사이클 ) | 전기펌프 사이클 (ePump 사이클) |
|---|---|---|---|---|
| 케로신 | 케로신 GG 사이클 | 케로신 SC 사이클 | 불가능[14] | 케로신 ePump 사이클 |
| 수소 | 수소 GG 사이클 | 수소 SC 사이클 | 수소 Ex 사이클 | 수소 ePump 사이클 |
| 메탄 | 메탄 GG 사이클 | 메탄 SC 사이클 | 메탄 Ex 사이클 | 메탄 ePump 사이클 |

엔진 사이클 해석의 목적은 엔진에 요구되는 추력과 비추력 성능을 구현하기 위한 엔진 각 구성품의 성능파라미터들을 결정하는 것이다.

엔진 사이클 해석의 결과로 설계 중인 엔진의 유공압 구조에서 엔진 시스템의 성능 요구조건을 만족시킬 수 있을지를 확인할 수 있다.

사이클 해석으로 얻은 엔진 구성품들의 주요 파라미터는 엔진 구성품의 설계 시작을 위한 초깃값으로 활용된다. 이후 엔진 구성품들의 시제작품들이 제작되어 시험에 들어가면 구성품들에 대한 더 정확한 정보들(펌프의 경우 시험에 의한 양정값, 효율, 추진제 온도 상승 등)이 나오고 이들을 반영하여 사이클 해석을 재차 수행한다.

엔진시험을 준비할 때도 사이클 해석을 수행함으로써 시험 조건을 결정한다. 그리고 엔진시험 후 시험 데이터를 이용하여 사이클 해석(엔진 구성품의 수학적 모델)을 보완한다. 이러한 해석모델의 결과값과 실제 엔진의 작동 파라미터를 일치시키는 과정을 수학적 모델의 동일화(identification)라고 부른다. 이처럼 엔진의 사이클 해석은 엔진의 개발초기부터 발사체에서 운용이 끝날 때까지 새로운 시험 데이터가 나올 때마다 수행한다. 내적 혹은 외적요인[15]에 의한 엔진 파라미터들의 최대값과 최소값 계산도 사이클 해석과 유사한 방법으로 수행한다.[4]

14 케로신은 열용량이 적고 코킹 문제 등으로 팽창식 사이클에서 사용할 수 없다.

15 **외적요인**은 입구조건의 변화, 엔진의 스로틀링 등 발사체 시스템의 요인이고, **내적요인**은 엔진 구성품들의 수력학적, 기하학적 특성들의 오차들이다.

LIQUID ROCKET ENGINE

# 06 로켓엔진의 예

“내가 남들보다 조금 더 멀리 보았다면
그것은 내가 거인들의 어깨 위에 서 있었기 때문입니다.”

– 아이작 뉴턴(1643~1727)
인류 역사에 지대한 영향을 끼친 과학자

현재 상업용으로 운용되거나 개발되는 대다수의 액체로켓엔진은 연료로 케로신, 액체수소, 액체메탄을 주로 사용하고, 사이클로는 가스발생기 사이클, 다단연소 사이클, 팽창식 사이클, 전기펌프 사이클을 많이 이용한다.

6장에는 액체로켓엔진의 주요 세 가지 연료(케로신, 수소, 메탄)와 네 가지 사이클(가스발생기 사이클, 다단연소 사이클, 팽창식 사이클, 전기펌프 사이클)을 사용한 실례를 설명한다.

연료 세 가지와 사이클 네 가지를 조합하면 표 6.1처럼 모두 열두 가지 예가 나올 수 있지만, 케로신은 팽창식 사이클에 사용할 수 없고,[1] 전기펌프 사이클 방식은 모든 연료의 사용이 가능하지만 현재로는 케로신 엔진만이 개발되었다.

표 6.1의 예들 중에 Merlin 1D, RD-191, Vulcain, SSME, RL10, Rutherford은 기존에 개발되었거나 현재 로켓 발사에 사용 중에 있고, Prometheus, BE-4, Raptor, M10 등 메탄 연료를 사용하는 엔진은 현재 개발이 한창 진행 중이거나 개발 완료단계에 도달해 있다.

**표 6.1** 로켓엔진의 예

| 사이클 / 연료 | 가스발생기 사이클 (GG) | 다단연소 사이클 (SC) | 팽창식 사이클 (Ex) | 전기펌프 사이클 (ePump) |
|---|---|---|---|---|
| 케로신 | Merlin 1D | RD-191 | × | Rutherford |
| 수소 | Vulcain | SSME | RL10 | - |
| 메탄 | Prometheus | BE-4, Raptor | M10 | - |

## 제1절 | Merlin 1D (케로신 가스발생기 사이클 엔진)

**Merlin 1D**는 케로신(RP-1)을 연료로 사용하는 가스발생기 사이클 엔진으로 Falcon 로켓에 사용되고 있다. Merlin 1D 엔진의 터보펌프는 단일 축으로 되어 있으며, 연료펌프 후단에서 고압의 케로신을 일부 분기하여 TVC 구동기를 작동한 후에 펌프 전단의 저압부로 재순환한다. 이러한 구조는 한국형 발사체용 75톤급 엔진과 유사하다.

1 팽창식 사이클 엔진에서는 연료로 극저온 추진제(액체수소나 액체메탄)를 사용한다. 팽창식 사이클은 재생냉각채널에서 열에너지를 얻은 연료(수소 또는 메탄)로 터빈의 돌려서 펌프의 구동력을 얻는 방식으로, 케로신은 열용량이 적고 코킹이 일어나는 등의 단점으로 사용이 불가능하다.

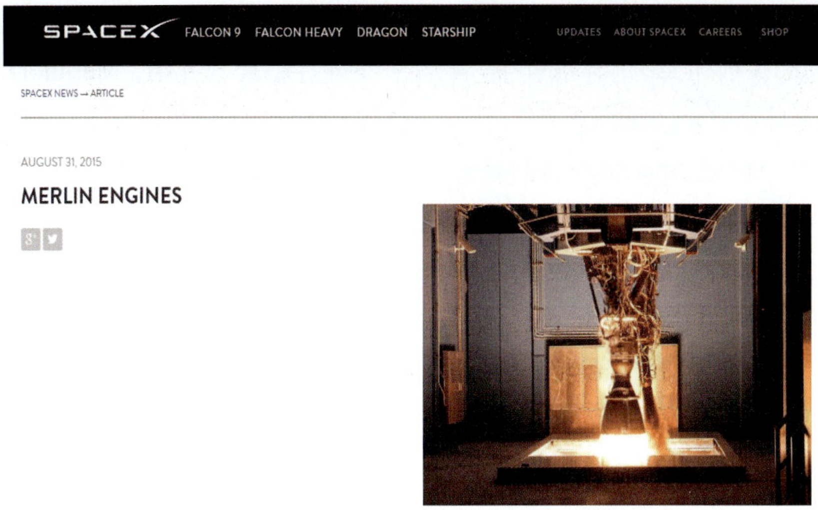


그림 6.1 SpaceX사 홈페이지의 Merlin 1D [1]

SpaceX사의 홈페이지에 있는 Merlin 엔진의 설명은 다음과 같다.

"Merlin 엔진은 Falcon 9의 1단에 사용하기 위하여 SpaceX의 사내에서 개발되고 제작된다. 액체산소와 케로신을 추진제로 사용하며, 지상 추력은 845kN(190,000lbf), 진공추력은 914kN(205,500lbf)이다. Merlin의 추력-무게비는 150을 넘는 가장 효율적인 부스터 엔진이면서, 우주 비행사를 운반하는 데 필요한 구조적 및 열적 안전 마진을 가지고 있다. 현재 Falcon-9 로켓은 엔진 정지 기능(engine out capability)을 갖는 유일한 발사체이다. Falcon-9는 1단 엔진 중 2개가 고장이 나도 임무를 완수할 수 있다. 1단의 엔진 아키텍처는 엔진 손실에도 불구하고 성공적인 비행을 한 아폴로 프로그램의 Saturn-I 및 Saturn-V 로켓에 의해 채택된 디자인을 개선한 버전이다."

## 1 엔진의 개발[2]

SpaceX는 2007년 3월 24일에 Merlin 1A를 장착한 Falcon 1로켓의 성공적인 발사 이후 2008년 9월 28일에 Merlin 1C를 사용하는 Falcon 1로켓을 발사했고, 2013년 9월 29일에 Merlin 1D 엔진을 1단에 적용한 Falcon 9를 발사하였다.

2 엔진 개발부분은 wikipedia를 참고하여 작성함

SpaceX의 엔진개발 속도는 매우 빠를 뿐만 아니라 엔진들의 성능 또한 크게 향상되었다. 특히 Merlin 1C에서 로켓엔진 개발자들의 기존 상식 수준을 넘어서는 Merlin 1D로의 개선은 경이롭다.

Merlin 1D 엔진은 SpaceX가 2011년에서 2012년 사이에 개발하여 2013년에 첫 비행을 하였는데, 지상추력 620kN(140,000lbf), 진공추력 690kN(155,000lbf), 진공비추력 310초, 노즐 팽창비 16 및 연소압 9.7MPa이고 추력을 100%에서 70%까지 조절 가능하도록 설계되었다. Merlin 1D는 이후 개선으로 전체 추력의 40%까지 추력제어가 가능해졌다.[2]

Merlin 1D 엔진의 설계 목표는

- 신뢰성 향상(피로수명 증가 및 연소실과 노즐의 열적 마진 증가)
- 성능 향상(추력 설계 목표 620kN 및 70~100% 스로틀 기능)
- 제작성 개선(적은 부품 수와 적은 노동 시간)

이었다.

2012년 6월에 SpaceX는 임무지속시간 185초 동안 Merlin 1D 엔진의 연소시험을 수행하여 추력 650kN, 추력무게비 158임을 확인하였고, 이로써 가스 발생기 사이클 케로신 엔진 중에 최고의 비추력을 달성했다.

SpaceX는 2013년 3월 20일에 Merlin 1D 엔진의 비행 인증을 획득했고, 2013년 6월에 Merlin 1D를 사용하는 Falcon 9 v1.1의 1단 개발시험을 완료했으며, 2013년 9월 29일 CASSIOPE 위성을 실은 Falcon 9 v1.1 로켓을 성공적으로 발사했다.

2015년 6월, Tom Mueller는 Merlin 1D의 무게는 TVC 구동기를 포함하여 470kg이며, 진공추력을 무게 증가 없이 825kN까지 향상시킬 것이라고 언급했다. 이렇게 되면 추력무게비가 158에서 180으로 향상된다.

업그레이드 된 Merlin 1D 엔진은 Falcon 9 Full Thrust에서 사용되고 있다.

2018년에는 Merlin 1D 엔진의 지상 추력이 850kN까지 증가하여 Rocketdyne의 H-1/RS-27 엔진과 거의 근접한 추력을 갖게 되었다.

## 2 구조

그림 6.2는 Merlin 1D 엔진의 외관 사진이다. Merlin 1D 엔진은 대부분의 구성품이 작고 효율적으로 상부에 배치되어 있어서 배관 길이와 브라켓 수를 감소시켰고, 플랜지/퍼지 라인 및 센서 포트를 최소화하였다. 연소압은 가스발생기 사이클을 고려할 때 고압

(10.8MPa)이어서 엔진의 전체적인 크기를 작게 할 수 있었고, 이로써 중량 감소효과를 얻었다.

Merlin 1D 엔진의 추진제 혼합비는 기본적으로 추진제 공급 배관 직경에 의해 결정되고 서보 모터 버터플라이 제어밸브(servo-motor-controlled butterfly valve)에 의하여 조절된다.

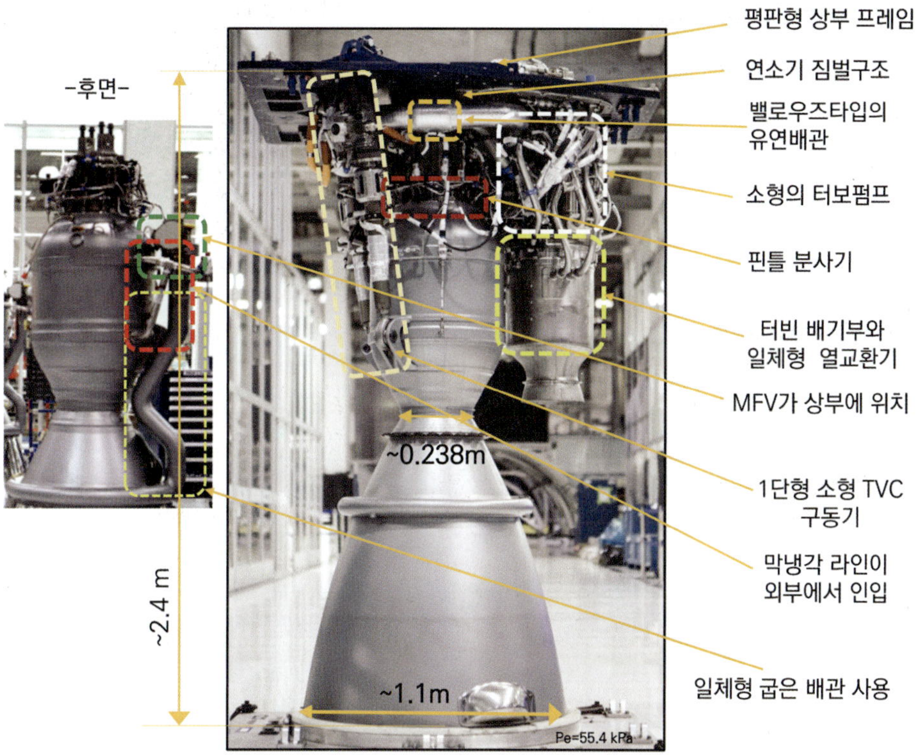


그림 6.2 Merlin 1D 엔진의 구조[3,4]

## 3 성능

Merlin 1D 엔진 정보는 매우 한정되어 있다. 따라서 공개된 Merlin 1D 엔진의 성능 자료[2]를 바탕으로 Merlin 1D의 지상버전과 고공버전의 성능을 정리하였다.

**표 6.2** Merlin의 주요 성능 정보

| | | Merlin 1D booster | Merlin 1D vacuum |
|---|---|---|---|
| 연소압(MPa) | | 10.8 | 10.8 |
| 노즐 팽창비 | | 16 | 165 |
| 추력 (kN) | at sea level | 845,162 | - |
| | at vacuum | 914,109 | 934,126 |
| 비추력 (sec) | at sea level | 282 | - |
| | at vacuum | 311 | 348 |

표 6.3은 Merlin 1A, Merlin 1C, Merlin 1D의 성능 정보로서, 비공식 자료들을 종합하여 작성하였다.

**표 6.3** Merlin 1 계열 엔진의 성능

| | | 1A | 1C | 1D |
|---|---|---|---|---|
| 연소압(MPa) | | 5.39 | 6.77 | 10.8 |
| 노즐확대비 | | 14.5 | 14.5 | 16 |
| 가스발생기 온도(K) | | - | 1033 | 1046 |
| 추진제 유량(kg/s) | | 130.5 | 161.4 | 298.7 |
| 추진제 혼합비 | | - | 2.17 | 2.36 |
| 추력 (kN) | 지상 | 327 | 420 | 845 |
| | 고공 | 370 | 480 | 914 |
| 비추력 (sec) | 지상 | 254 | 275 | 282 |
| | 고공 | 289 | 304.8 | 311 |
| Dry weight(kg) | | - | 630 | 470 |

일부자료에는 Merlin 1D 엔진의 노즐확대비를 21.4로 키웠다고 한다. 이 경우 확대비 12와 비교할 때 추력계수는 1.761(vs. 1.695)로 약 3.9%가 향상된다. Merlin 1D의 가스발생기 온도(1046K)는 900K와 비교할 때 가스발생기 유량을 약 17% 정도 줄이는 효과를 가져오며, 가스발생기 유량이 전체 추진제 유량의 3%라고 가정하면, 온도 증가에 의한 엔진 비추력은 약 0.23% 정도 상승이 가능하다. 그리고 Merlin 1D 엔진의 추진제 공급라인이 최적화되어 있어서 비추력 증가에 긍정적인 영향을 주는 것으로 판단된다.[4]

Merlin 1D 엔진은 제어 및 재사용이 가능함에도 성능(추력무게비)은 현존하는 액체로켓

엔진 중에 최고수준이다. 이러한 성능을 얻기 위해 SpaceX는 엔진의 연소압을 높이고 구성품의 작고 가볍게 제작하였으며 레이아웃을 최적화하였다. 그리고 구성품의 성능은 기존 유사 엔진의 구성품 성능 범위를 넘는 고성능과 낮은 차압을 갖는 것으로 평가된다.[4]

## 제2절 | RD-170 계열(케로신 다단연소 사이클 엔진)

**RD-170 엔진**은 Energomash가 개발한 세계에서 가장 큰 추력(지상추력 7256kN)을 갖는 케로신 다단연소 사이클 엔진이다. RD-170 엔진은 구소련에서 우주왕복선 부란(Buran)의 부스터 엔진으로 개발되었으며, 이 엔진의 부분 변형인 RD-171 엔진은 구소련에서 우주발사체용으로 처음 개발된 로켓인 Zenit[3]의 1단에 장착되었다.[1]

RD-170 엔진의 연소기와 일부 구성품을 이용하여 Atlas-3과 Atlas-5 로켓에 장착되는

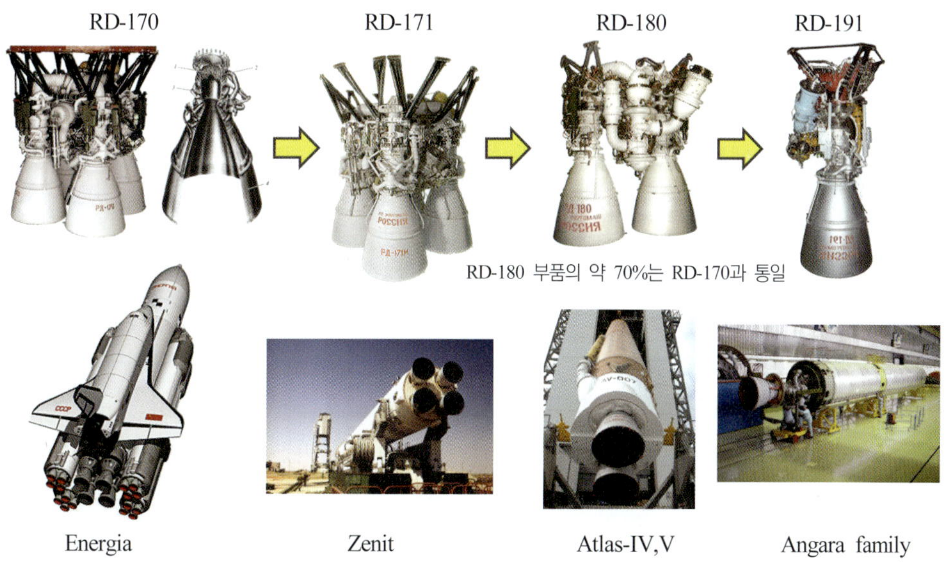


그림 6.3 RD-170 엔진의 진화[Energomash]

3 **Zenit 로켓**은 구소련에서 위성 운반용으로 설계한 첫 발사체이다. 그 이전에 개발된 모든 로켓은 군사용 목적으로 설계되었다. 인공위성을 지구 궤도에 최초로 올렸던 소유즈 로켓의 원형인 R-7 로켓도 대륙간 탄도 미사일로 개발되었는데, 핵탄두의 대기권 재진입 기술 개발이 지연되어서 사전에 계획되지 않았던 스푸트니크 인공위성의 발사가 이루어졌다.

RD-180 엔진을 개발하였고, 이후 앙가라 로켓의 주엔진인 RD-191[4]을 만들었다.

이처럼 검증된 부품들을 사용함으로써 엔진의 초기 신뢰도와 구조적 완결성을 높였다. RD-180 엔진 개발 시 구성품의 약 70%는 이미 RD-170 엔진에서 사용 중이던 것을 이용하였으며, 이로써 RD-180 엔진의 시험-개선과정은 단지 10개의 엔진과 90회의 연소시험만으로 가능하였다. RD-191 엔진의 개발에 있어서도 10개의 시험용 엔진으로 요구되는 신뢰도를 맞출 수 있었다.[2]

## 1 RD-170 / RD-171 엔진

RD-170은 연소기 4개, 터보펌프 1개, 프리버너 2개로 이루어진 엔진이다. 연소압은 250bar이며, 터보펌프의 회전수는 14,500rpm, 프리버너는 산화제 과잉가스를 사용한다. 산화제 과잉가스를 사용하여 케로신 엔진의 수트 문제를 해결한 반면에 터빈과 연소기 사이에 화재 발생에 취약해졌다. 산화제 과잉가스 라인의 화재 방지를 위하여 추진제 입구에 필터 장착, 터빈에 코팅과 함께 짐벌, 터빈, 가스배관(터빈~연소기 연결 배관) 등 주요부위를 액체산소로 냉각을 한다. 프리버너에서는 산소 전체와 케로신 유량의 일부가 연소되는데, 추진제 혼합비는 54.3이고 연소 압력은 535bar이다.

산화제 펌프 전단에는 가스터빈을 이용하는 산화제 부스터펌프가, 연료 펌프 전단에는 수력터빈을 이용하는 연료 부스터펌프가 장착되어 있다. 이로써 엔진 입구압을 낮게 유지할 수 있어서 추진제 탱크의 무게를 감소시켰다. 부스터 펌프는 터보펌프의 회전속도와 메인 펌프의 캐비테이션 마진을 높인다. 연료펌프는 2개로 구성되어 1차 연료펌프에서 승압된 다수의 케로신은 연소기로 주입되고, 일부 케로신은 2차 연료펌프(kick pump)에서 재차 승압되어 프리버너로 보내진다. 이러한 2차에 걸친 승압을 함으로써 고압의 프리버너 압력을 만들 수 있고, 1차펌프의 출구압은 연료 주배관~재생냉각채널~연소기의 상대적으로 낮은 차압이 걸리는 연료 라인에 맞게 설정된다.[5]

4 RD-191은 나로호 발사체(KSLV-1)의 1단 엔진으로도 사용되었다.

5 2차 연료펌프가 없다면 1차 연료펌프(주 연료펌프)의 출구압은 프리버너~터빈~연소기의 높은 차압이 걸리는 라인을 고려하여 설정되어야 한다.

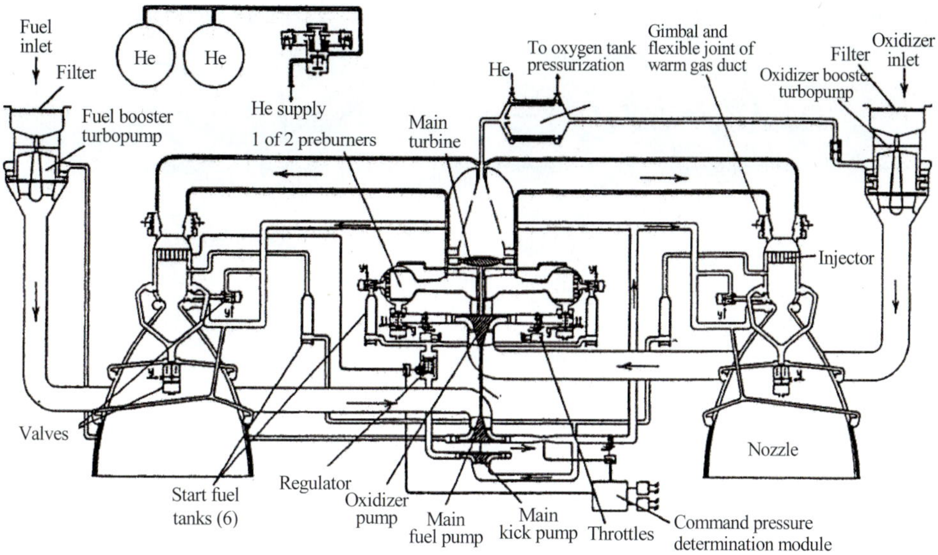


**그림 6.4** RD-170 엔진의 구성도[4]

개폐밸브의 작동은 공압(헬륨가스)을 이용하고, 연소기와 프리버너의 점화는 접촉발화성 점화연료를 사용한다. 터빈 후단과 산화제 부스터펌프를 연결하는 배관에는 열교환기가 설치되어 추진제 탱크의 가압을 위한 헬륨가스를 덥힌다.[6] 추력벡터제어를 위하여 연소기 상부에는 짐벌 밸로우즈가 설치되어 연소기의 회전을 가능하게 한다(그림 1.2 참조).

## 2 RD-180 엔진

### 가. 구조

**RD-180** 엔진은 RD-170 엔진의 50% 축소버전이라고 말할 수 있다. 연소기가 2개이며, 프리버너가 한 개, 터보펌프도 RD-170의 1/2 수준의 유량과 동력을 갖는다.

RD-180 엔진은 미국의 Atlas-5 로켓에 사용되는데, 지상 추력과 비추력은 3.83MN과 311초이고, 노즐 팽창비는 36.87, 엔진 무게는 5,480kg이다.

6 추진제 탱크의 가압가스로 질소를 사용할 때는 특별한 주의가 필요하다. 질소가스는 산소에 쉽게 용해되므로, 질소가스로 산화제 탱크를 가압하면 액체산소에 질소가 용해되고, 질소가 용해된 액체산소는 엔진의 산화제 펌프에서 캐비테이션을 일으키기 쉽다. 캐비테이션은 펌프의 성능저하와 함께 임펠러 손상, 추진체 공급 차단 등으로 사고를 유발할 수 있다.

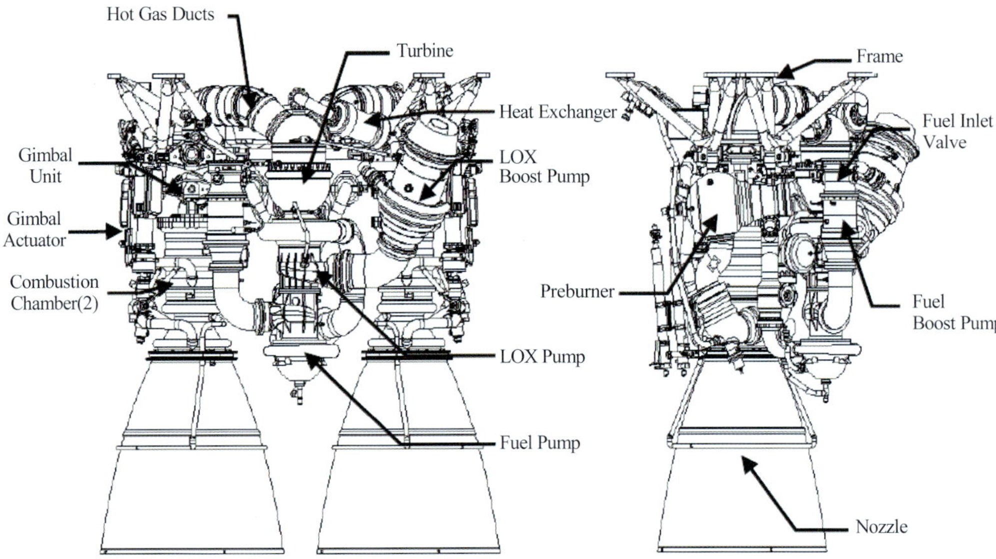


그림 6.5 RD-180 엔진의 외부형상 및 주요 구성품 [5]

RD-180 엔진의 유공압 구성도는 RD-170과 매우 유사하다.

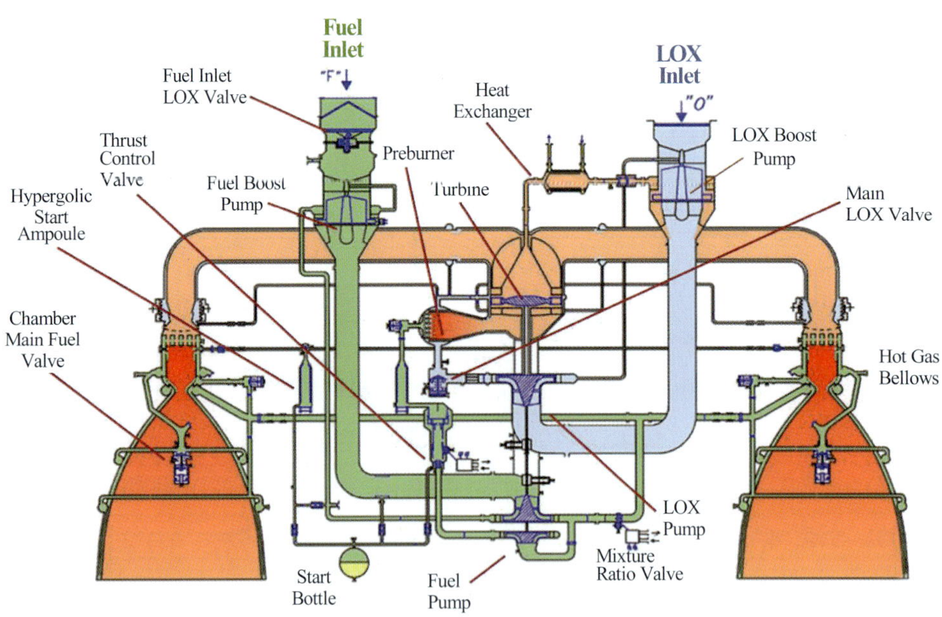


그림 6.6 RD-180 엔진의 유공압구성도 [5]

### 나. 작동 시퀀스

RD-180 엔진의 시동과정을 그림 6.7로 설명하면 다음과 같다.

(1) 시동 준비

산화제와 연료를 밸브 전단(12, 25) 및 점화연료(36, 56)전단까지 충전하고, 시동탱크(47)도 충전한다.

(2) 시동 과정

1. 시동탱크를 가압하면 점화연료가 담긴 앰블(36, 56)의 멤브레인이 열려서 점화연료가 프리버너와 연소기로 들어간다.

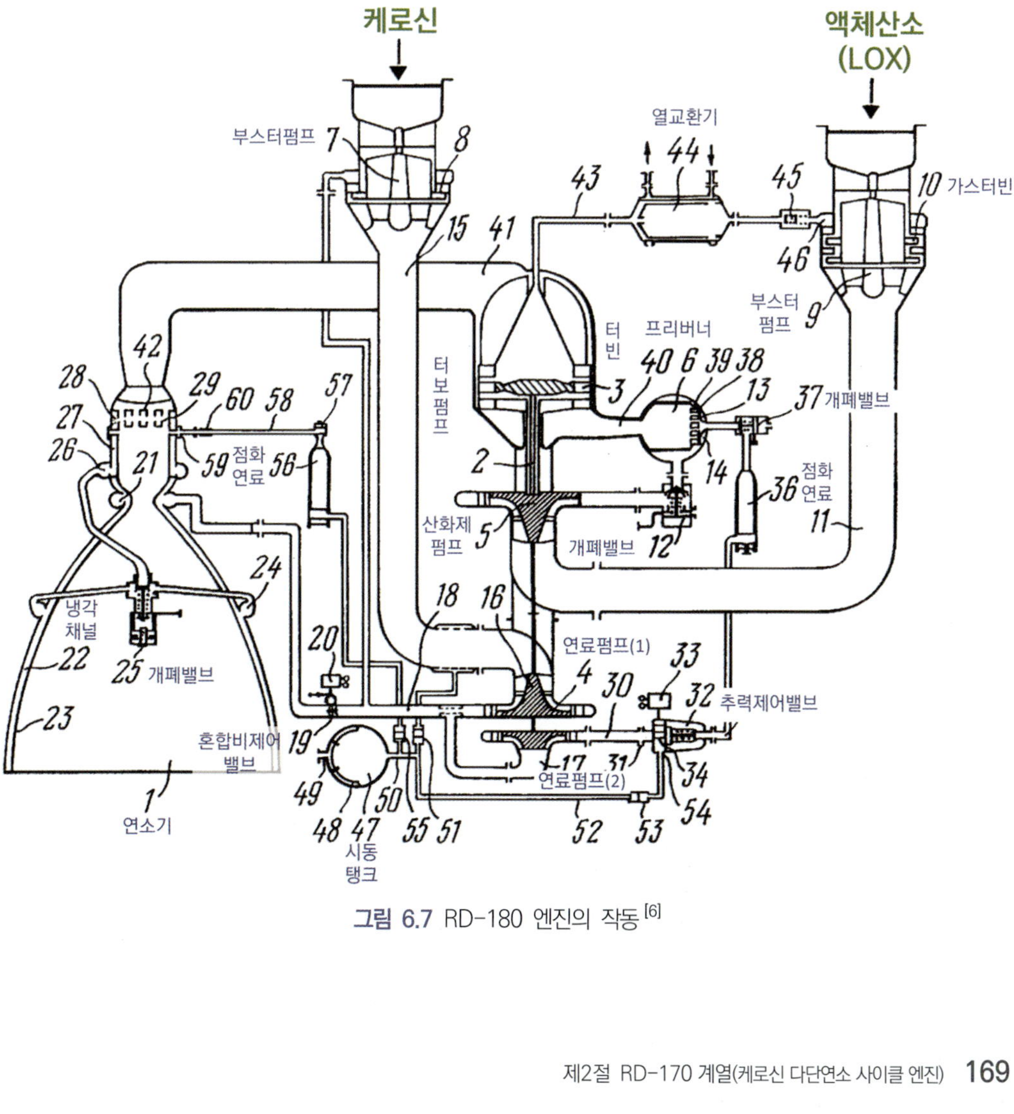


그림 6.7 RD-180 엔진의 작동 [6]

2. 개폐밸브(12, 37, 25)를 개방하여 추진제가 프리버너(6)와 연소기로 진입한다.
3. 프리버너(6)로 진입한 점화연료가 산화제와 발화한다.
4. 연료가 재생냉각채널(22)을 통해 연소기(1)로 들어가고 점화연료와 발화하여 연소기 내에서 추진제의 연소가 시작된다.
5. 연료펌프(17) 출구압의 증가에 따라 체크밸브(53, 55)가 닫히고, 따라서 시동탱크(47)로부터 점화연료 공급이 중단된다.
6. 프리버너(6)의 연료가 시동탱크의 점화연료에서 연료펌프를 통과한 케로신으로 대체되고 정상 연소가 진행된다.
7. 프리버너 가스는 터빈(3)을 회전시킨다.
8. 가스터빈(10)을 작동시키기 위하여 터빈(3)을 통과한 산소과잉 가스의 일부가 추출된다. 이 가스는 열교환기(44)를 지나 부스터펌프(9)의 가스터빈(10)을 회전시킨 후에 액체산소와 섞여서 응축되고 다시 프리버너(6)로 보내진다.
9. 연료펌프(4) 후단에서 고압의 케로신을 추출하여 연료부스터 펌프(7)를 구동시킨다.

터보펌프와 부스터펌프의 회전수가 정격 회전수에 도달하고, 연소기와 프리버너에서 정상적인 연소가 진행된다.

## 3 RD-191 엔진

**RD-191** 엔진은 RD-170 및 RD-180 엔진에서 사용하는 것과 동일한 연소기를 1개 사용한다. 따라서 연소기 4개인 RD-170 엔진에 비해 추력이 대략 25%(2.09MN)에 해당한다.

연소압은 25.8MPa이며, 지상 비추력은 310.7 초이고, 추진제 혼합비는 2.6이다. 엔진 추력은 30~100%까지 제어가 가능하다.

RD-191 엔진의 각 구성품의 차압은 3장 8절에서 예로 제시한 엔진 구성품의 차압보다 훨씬 크다.

재생냉각채널의 차압은 연소압의 60%에 이르고, 프리버너 연료 라인 전단에 장착된 추력제어 유량밸브의 차압은 연소압의 65%, 연소기 혼합비 제어밸브(연소기 연료 라인에 설치)의 차압은 연소압의 50%에 이른다.[7] 제어밸브에서 높은 차압은 엔진의 안정적인 추력제어를 위해 필요하다.

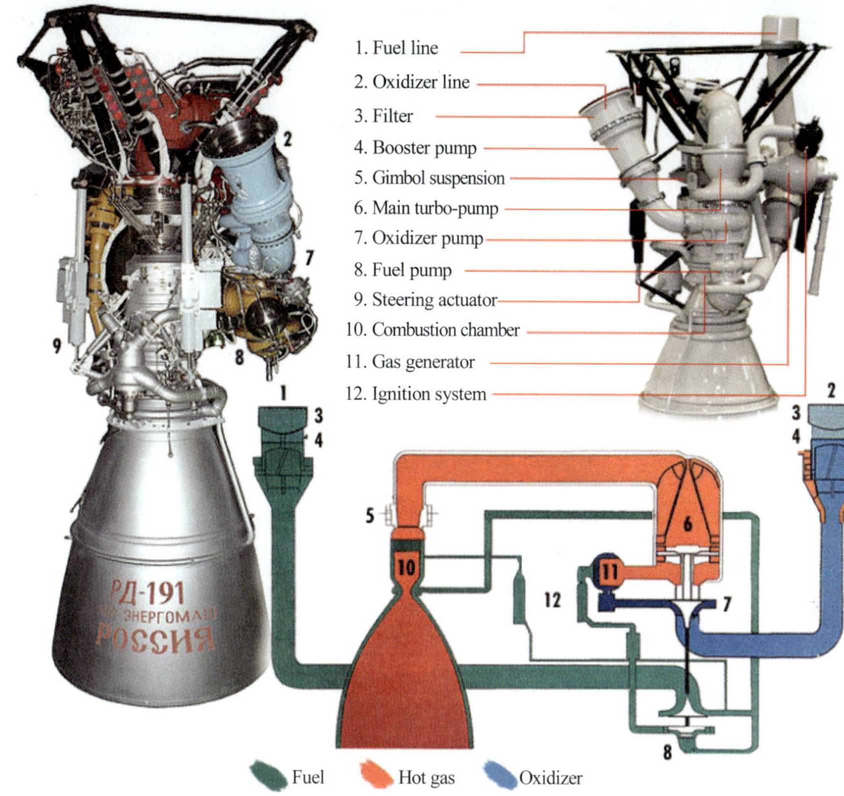


**그림 6.8** RD-191 엔진 구조 및 주요 구성품 [Energomash]

**표 6.4** RD-191 엔진의 제원 [7]

| 항 목 | | 값 |
|---|---|---|
| 지상 추력<br>진공 추력 | MN(tonf)<br>MN(tonf) | 1.92(196)<br>2.08(212.6) |
| 연소압 | MPa(kg/cm$^2$) | 25.7(262.6) |
| 지상 비추력<br>진공 비추력 | m/s(sec)<br>m/s(sec) | 3053(311.2)<br>3310(337.5) |
| 프리버너 온도($T_{gg}$) | K | 823 |
| 터빈 효율 | | 0.789 |
| 터빈 압력비 | | 1.792 |
| 산화제 펌프 효율 | | 0.751 |
| 주 연료펌프 효율 | | 0.747 |
| 2차 펌프(kick pump) 효율 | | 0.292 |
| 프리버너 압력 | MPa(kg/cm$^2$) | 43.2(440) |
| 재생냉각채널 차압 | MPa(kg/cm$^2$) | 15.7(160) |

| 항 목 | | 값 |
|---|---|---|
| 연료 유량제어밸브 차압 | MPa(kg/cm$^2$) | 16(163) |
| 연소기 혼합비 제어밸브 | MPa(kg/cm$^2$) | 12.7(130) |
| 질량, dry/wet | kg | 2290 / 2520 |
| 크기(높이 / 직경) | m | 3780 / 2100 |
| 개발기간 | | 1999~2011 |
| 발사체 | | Angara로켓의 1,2단 |

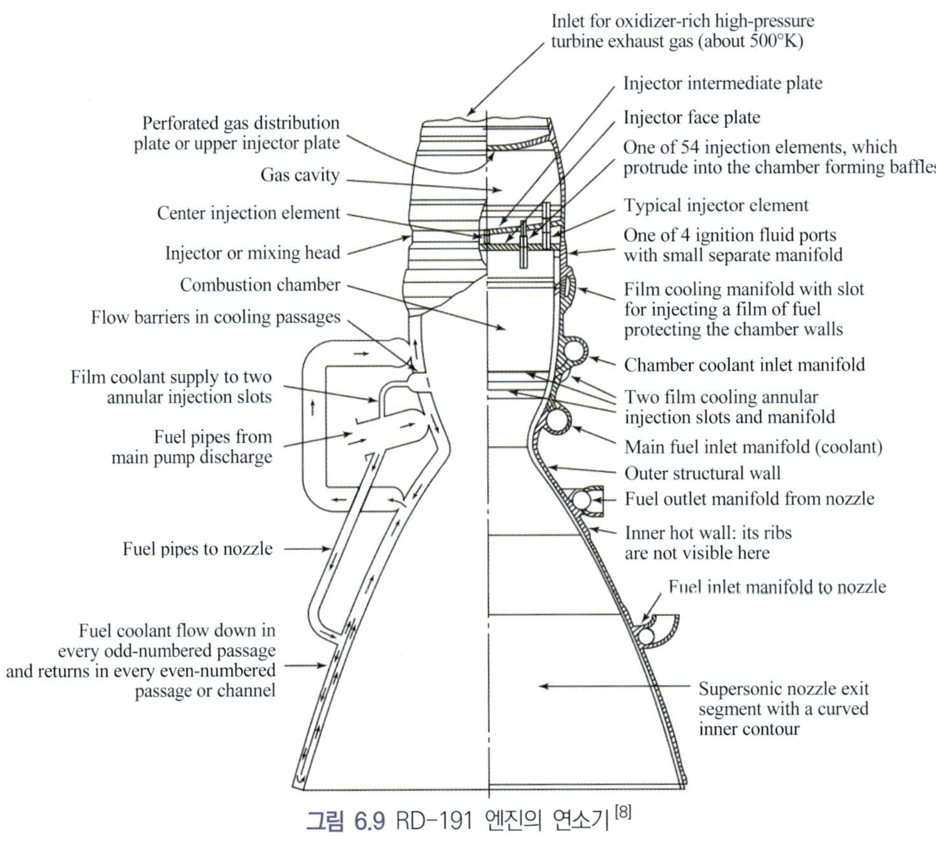


**그림 6.9** RD-191 엔진의 연소기[8]

그림 6.9는 RD-191 엔진 연소기의 단면도이다. 재생냉각의 구조가 복잡하며, 연소기 벽면에 3개의 막냉각 슬롯이 존재한다. 대부분의 연료가 가장 열적 부하가 큰 연소기 목부분(열전달이 많은 부분)의 재생냉각채널로 진입한 후에 연소기의 다른 부분으로 흐른다. 엔진 시동 시에 복잡한 재생냉각 채널에 있던 기체로 인하여 연료 충전속도가 변화하는 것을 방지하기 위하여 연료 라인 내부를 이젝터로 진공화한 후에 연료밸브를 개방하여 연료를 연소실로 보낸다.

# 제3절 | Vulcain (수소 가스발생기 사이클 엔진)

**Vulcain 엔진**은 프랑스의 Snecma에서 1988년에 개발을 시작하여 1996년에 첫 비행에 사용한 수소연료 엔진이다. Vulcain 엔진의 개발 철학은 '고성능이 아니라 최상의 신뢰도를 갖는 저가 엔진 개발'이었고,[1] 따라서 다단연소 사이클이 대신 가스발생기 사이클을 선정하였다.

Vulcain 엔진은 Ariane 5 로켓의 1단용 엔진이었는데, 현재는 개량 버전인 Vulcain 2 엔진이 사용되고 있다.

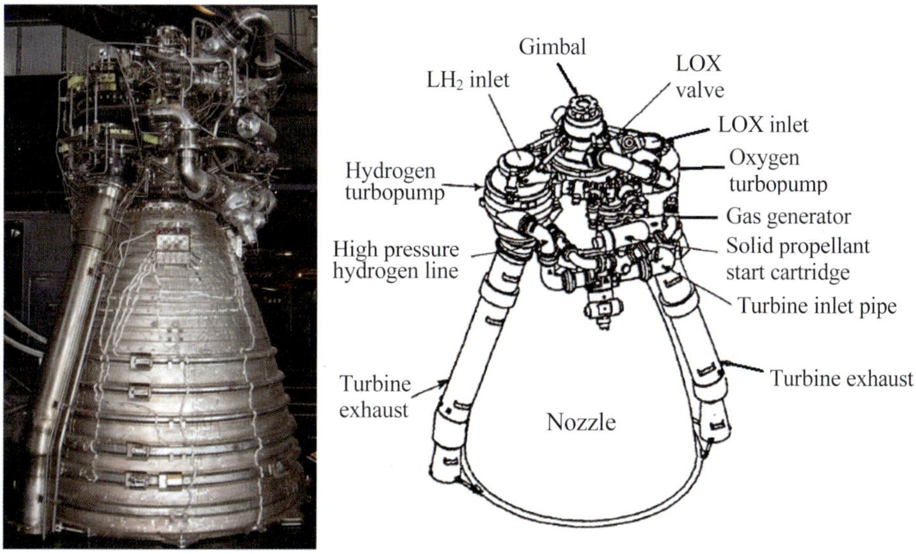


**그림 6.10** Vulcain의 형태 좌[4], 우[2]

## 1 구조

Vulcain은 가스발생기 사이클 엔진으로 액체산소와 액체수소를 추진제로 사용한다. Vulcain 엔진은 액체수소 터보펌프와 액체산소 터보펌프를 따로 가지고 있으며, TVC 제어가 가능하도록 상단에 짐벌이 설치되어 있다. 노즐은 팽창비가 45이고, 원형 튜브들을 나선형으로 감은 형태의 재생냉각채널이 연소기 벽을 보호한다.

그림 6.11은 Vulcain 엔진과 개량형인 Vulcain 2 엔진의 추진제 흐름도이다.

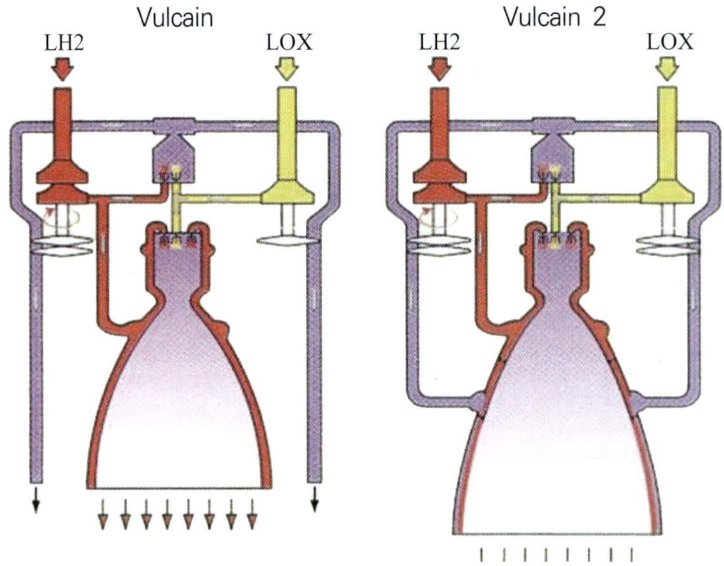


그림 6.11 Vulcain과 Vulcain 2 엔진의 추진제 흐름도[3]

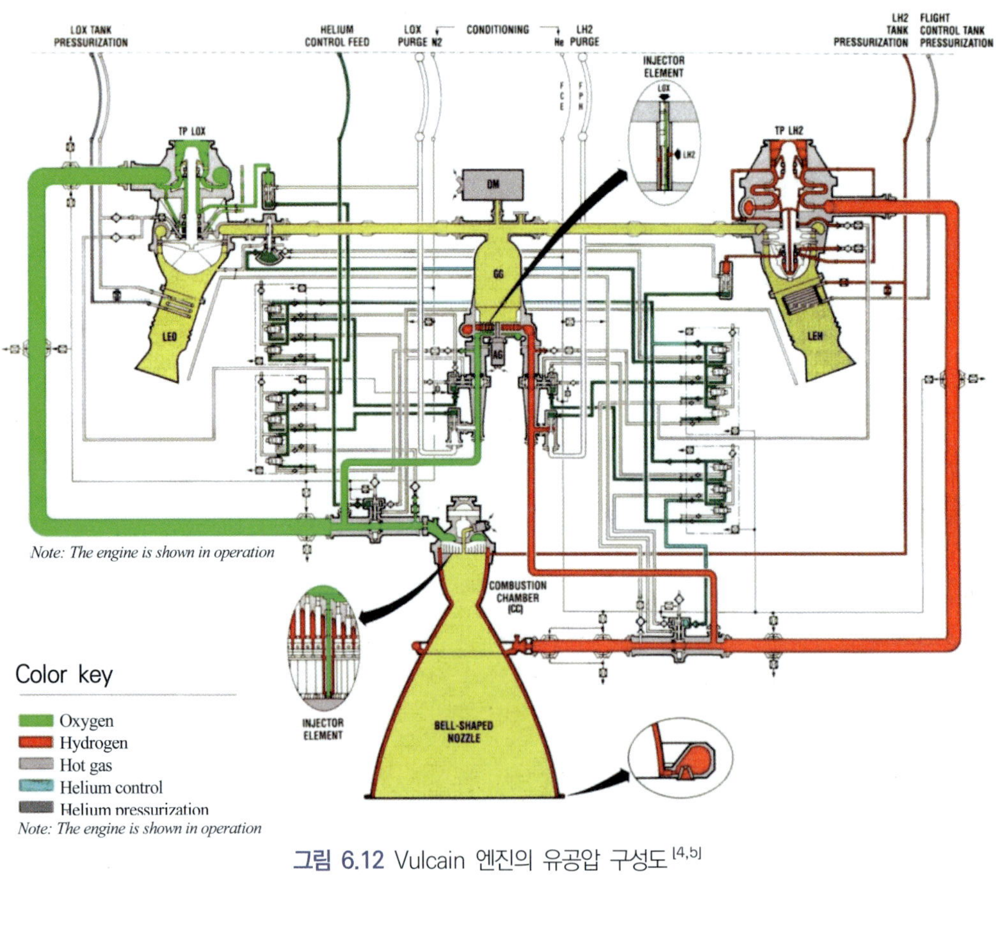


그림 6.12 Vulcain 엔진의 유공압 구성도[4,5]

연소기의 재생냉각은 연료인 수소를 사용하며, 단일 가스발생기로 얻은 연소가스를 분기하여 수소 터빈과 산소 터빈을 구동하고, 이로써 펌프들에서 필요한 동력을 얻는다.

Vulcain 2 엔진의 산화제 터빈은 2단형이고, 터빈을 구동한 가스를 연소기 노즐팽창부에 진입시키는 구조[7]를 갖고 있다.

Vulcain 엔진의 보다 자세한 유공압 구성도는 그림 6.12와 같다.

## 2 성능

Vulcain 엔진의 진공 추력은 1140kN이며, 진공 비추력은 431초이다. 연소압은 100bar이고, 추진제 혼합비는 5.3이며, 노즐 팽창비는 45이다. 약 600초의 비행운용 시간 동안 초당 250kg/s의 추진제가 노즐을 통해 4,000m/s로 배출하면서 추력을 발생한다.

개선된 Vulcain 2 엔진은 Vulcain 엔진에 비하여 20% 이상 성능이 향상되었다.

**표 6.5** Vulcain 엔진의 성능

| 항 목 | | 단위 | Vulcain | Vulcain 2 |
|---|---|---|---|---|
| 추진제 | | | 액체산소/액체수소 | 좌동 |
| 사이클 | | | 가스발생기 사이클 | 좌동 |
| 추력(진공) | | kN | 1140 | 1350 |
| 비추력(진공) | | sec | 431(4.23km/s) | 434 |
| 연소압 | | bar | 110 | 116 |
| 혼합비 | | | 5.3 | 6.13 |
| 노즐 팽창비 | | | 45 : 1 | 60 |
| 건조 질량 | | kg | 1680 | 2040 |
| 크기 | 전체 길이 | mm | 3050 | |
| | 노즐 외경 | | 1760 | |
| 수명 | | sec | 6000(20번 시동) | 5400(20번 시동) |
| 첫/마지막 사용 | | | June 1996/Dec. 2009 | |
| 사용로켓 | | | Ariane 5의 1단 엔진 | |
| 신뢰도 | | | > 0.99957 | |

7 Saturn-V 로켓의 F-1 엔진과 같은 행태이다. F-1 엔진에서 가스발생기 가스는 터빈을 통과한 이후에 주연소기의 노즐부로 투입된다.

## 3 주요 구성품

### 가. 연소기

Vulcain의 연소기는 짐벌구조물(cardan), 분사기, 연소실 및 팽창노즐로 구성된다.

연소기의 진공 추력은 100.7kN이고, 동축 분사기를 사용하며, 파이로 점화기를 이용하여 점화한다. 연소기는 재생냉각으로 보호되고 있으며, 확대노즐부는 덤프냉각을 한다.

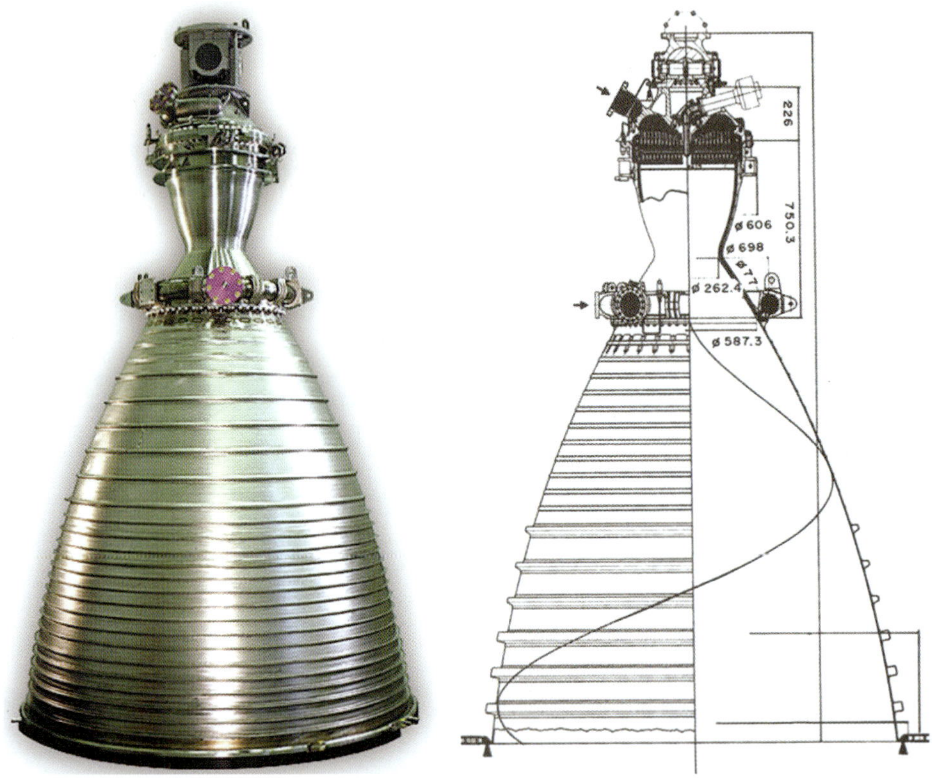


그림 6.13 Vulcain의 연소기[6,7]

연소기의 연료 주입구 위쪽은 360개의 변화하는 단면적을 갖는 구리합금재질의 재생냉각채널로 구성되어 있고, 확대 노즐부는 인코넬 600 재질로 제작된 0.4mm의 456개 사각형 튜브로 만들어졌다.

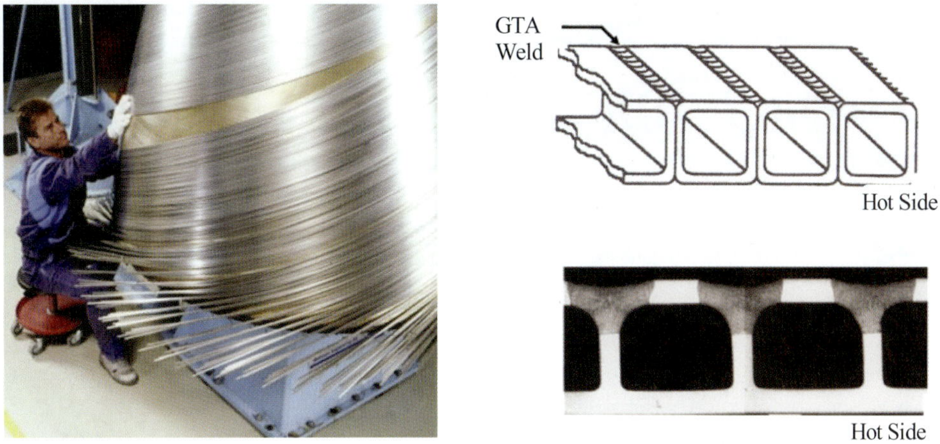


**그림 6.14** Vulcain의 확대 노즐부 재생냉각채널[8,9,10]

Vulcain 엔진의 연소기 성능은 표 6.6과 같다.

**표 6.6** Vulcain 엔진용 연소기의 성능[11]

| 항 목 | | 단 위 | 값 |
|---|---|---|---|
| 연소기 유량 | 수소 | kg/s | 37.4 |
| | 산소 | kg/s | 221.0 |
| 연소기 입구 | 수소 압력 | bar | 154.9 |
| | 수소 압력 | bar | 136.4 |
| | 수소 온도 | K | 131.5 |
| | 산소 온도 | K | 93.7 |
| 노즐 팽창비 | | | 45.1 |
| 노즐 출구 직경 | | m | 1.76 |
| 연소기 무게 | | kg | 625 |
| 엔진 전체길이 | | m | 3.07 |

Vulcain 엔진은 동축 분사기(coaxial injection)를 사용한다. 분사기 재질은 인코넬 718이다. 분사기 헤드에는 516개의 분사기가 있고, 중앙에 점화튜브용 포트가 위치한다.[22]

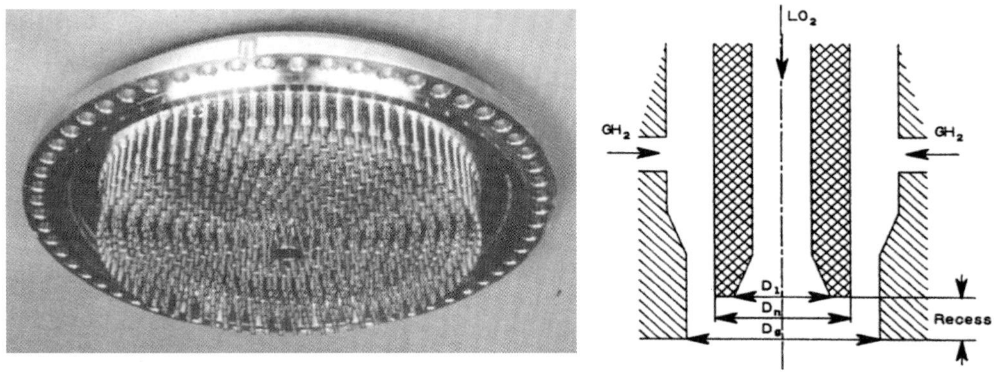


그림 6.15 Vulcain 엔진의 연소기[7]와 전형적인 coaxial injector[9]

## 나. 터보펌프

Vulcain 엔진에는 2개의 분리된 터보펌프가 장착된다. 액체산소 터보펌프는 3.6MW의 동력에 회전수가 13,600rpm이고, 액체수소 터보펌프는 12MW의 동력에 회전수는 34,000 rpm이다. 총 추진제 유량은 235kg/s이고, 그 중 수소가 41.2kg/s이다.

Vulcain 2 엔진의 산소 터보펌프와 수소 터보펌프의 회전수는 12,600과 35,500rpm이며, 터빈 동력은 5.1과 14.1MN이다.

터보펌프는 파이로 시동기로 초기 구동되고, 이후에 파이로 점화기로 점화된 수소 과잉의 가스발생기 가스로 작동된다.

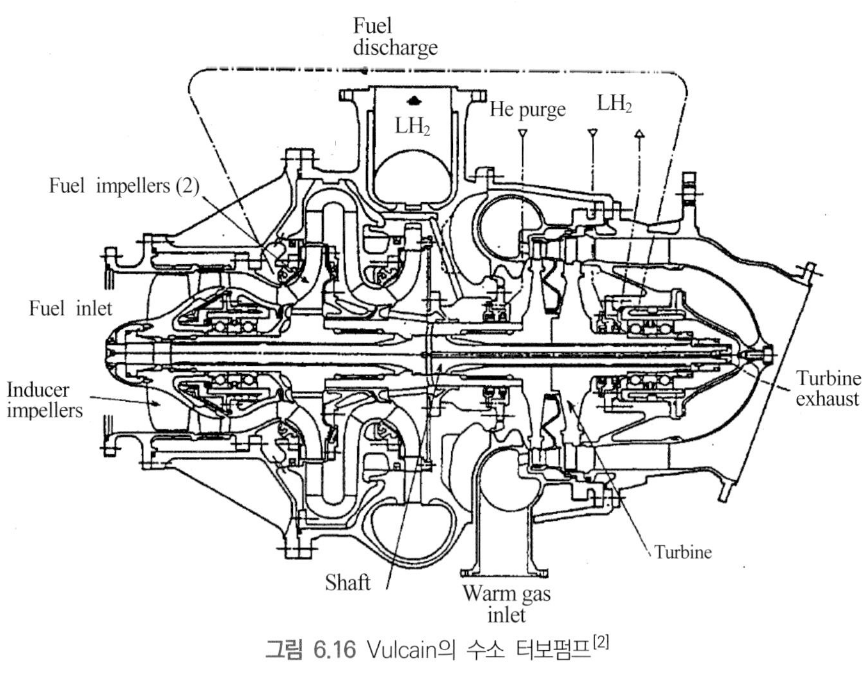


그림 6.16 Vulcain의 수소 터보펌프[2]

### (1) 수소 터보펌프

수소 터보펌프는 프랑스의 Snecma에서 제작한다. 수소 터보펌프의 터빈은 2단형이며, 그림 6.16, 6.17과 같다.

Vulcain과 Vulcain 2의 수소 터빈은 구성은 비슷하지만, Vulcain 2에서는 더 높은 동력으로 터보펌프의 회전수와 출구압을 증가시켰다.

**그림 6.17** Vulcain 2의 수소 터빈[12]

표 6.7은 액체수소 터보펌프의 제원이다.

**표 6.7** Vulcain 엔진의 수소 터보펌프[12]

| 항목 | 단위 | Vulcain | Vulcain 2 |
|---|---|---|---|
| 타입 | | 2단, axial, 천음속 | 2단, axial, 천음속 |
| 동력 | MW | 7.4~15.5 | 9.9~20.4 |
| 회전수 | rpm | 28500~36000 | 31800~39800 |
| 입구압 | bar | 2~6 | 4~7.5 |
| 출구압 | bar | 52~105 | 60~122 |
| 입구온도 | K | 760~950 | 770~960 |
| 터빈 블레이드 중간 직경 | m | 0.24 | 0.24 |

### (2) 산소 터보펌프

산소 터보펌프는 이탈리아의 Avio가 개발하였다. Vulcain 엔진에서 산소 터보펌프에는 1단 터빈을 사용한 반면 Vulcain 2 엔진은 2단형으로 업그레이드되었고, 동일한 무게에서 크기와 액체산소의 유량이 증가하였다.

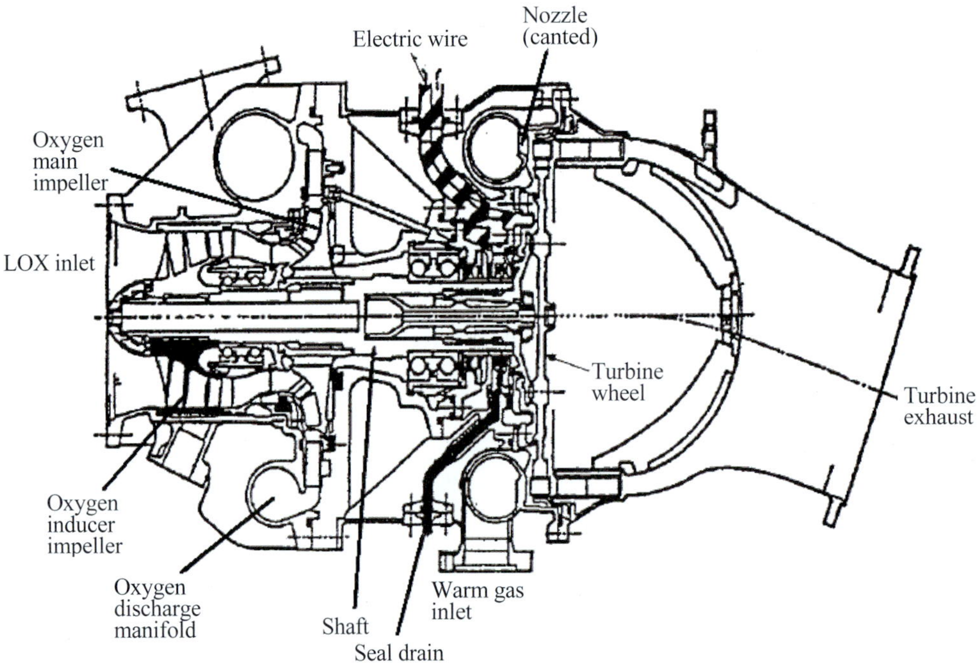


그림 6.18 Vulcain의 산소 터보펌프[2]

그림 6.19 Vulcain 2의 산소 터빈[13]

표 6.8은 액체산소 터보펌프의 제원이다.

표 6.8 Vulcain 엔진의 산소 터보펌프[13]

| 항목 | | 단위 | Vulcain | Vulcain 2 |
|---|---|---|---|---|
| 타입 | | | 1단, axial, 초음속 | 2단, axial, 천음속 |
| 동력 | | MW | 5 | 5 |
| 회전수 | | rpm | 13000 | 11300~13700 |
| 유량 | | kg | 208 | 270 |
| 펌프 | 입구압 | bar | 3 | 7 |
| | 출구압 | bar | 45~88 | 40~101 |
| 펌프 입구온도 | | K | 91 | 91 |
| 터빈 입구온도 | | K | 760~950 | 770~960 |
| 터빈 블레이드 중간 직경 | | m | 0.32 | 0.32 |
| 터보펌프 크기 | | $mm^2$ | 700 × 500 | 828 × 534 |
| 터보펌프 무게 | | kg | 250 | 250 |

## 제4절 | SSME (수소 다단연소 사이클 엔진)

스페이스 셔틀(Space Shuttle)은 재사용 가능한 최초의 우주왕복선이다. 초기부터 우주선(orbiter)과 엔진(SSME: Space Shuttle Main Engine)의 재사용을 염두에 두고 설계하였고, 이로써 운용비용이 크게 감소될 것으로 기대되었다. 그러나 실제로는 1회용 로켓보다 더 많은 비용이 소모되었으며, 2011년 7월 Atlantis호의 마지막 비행과 함께 퇴역했다.

### 1 Space Shuttle의 개요

Space shuttle의 구상은 1969년에 논의가 되었으며, 개발은 1970년에 시작되었고, 첫 비행은 1976년 7월 4일이 예정이었다. 초기 우주왕복선은 2단형 완전 재사용 형태였으나, 정치적 지원을 받기 위하여 계획은 수정되었고, 개발 비용도 초기 예상된 비용 100~140억 달러에서 55억 달러(추가 10억 달러 지원 가능)로 삭감되었다. 이로써 NASA와 개발자들에게 비용, 위험과 일정상에 타협이 요구되었으며, 정해진 비용 내에서 생산을 하기 위하여

액체추진 재사용 1단은 고체 부스터로 변경하고, 왕복선용 연료탱크도 1회용으로 바꿨다.[1,2,3]

## 2 SSME의 개요

**SSME 엔진**은 우주왕복선의 주엔진으로, 수소를 연료로 사용하는 다단연소 사이클 구조로 개발되었다. 지상 추력과 비추력은 각각 2,279kN과 366초이고, 추력/무게비는 73.1(건조 질량 3,527kg)이다.[4] SSME의 개발은 1970년에 NASA가 제안요구서를 공개함으로써 시작되었으며, 첫 엔진시험이 1977년 3월, 첫 비행이 1981년 4월에 이루어졌다. 우주왕복선에는 3개의 SSME가 장착되는데, 재사용을 함으로써 프로그램이 종료될 때까지 왕복선이 130회 비행을 하는 동안 50개의 엔진만이 사용되었다.[5]

SSME 개발 당시 재사용 요구조건은 55회 반복 비행(7.5시간 수명)이었다. 이러한 재사용 운용 요건에도 불구하고 NASA 전문가들은 최고 성능을 지향하여, SSME의 연소압은 20.5MPa, 연료펌프용 프리버너 온도는 962K, 산화제 펌프용 프리버너 온도는 817K, 산화

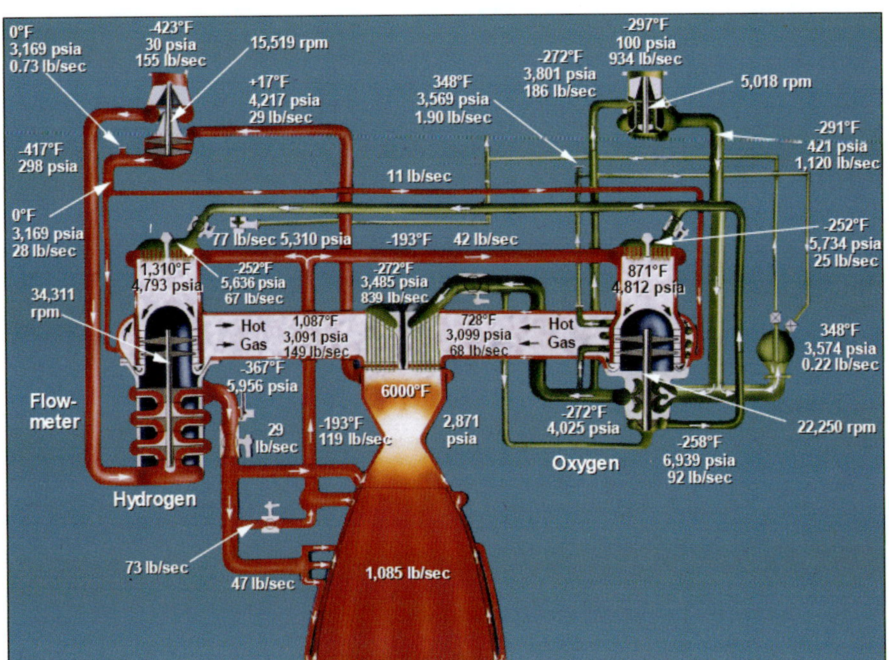


**그림 6.20** SSME의 추진제 흐름도[6]

제 펌프(booster/main)의 회전수 5,018/22,250rpm, 연료펌프(booster/main)의 회전수는 15,519/34,311rpm으로 높다. 게다가 엔진 개발과정 중에 발사체의 요구에 따라 엔진 추력이 초기 설계추력대비 109%로 상향되었다.

이와 같이 SSME는 고성능으로 설계되어서 엔진제작에 고강도의 재질이 요구되었다. 더불어 SSME는 연료로 수소를 사용하는데, 수소는 금속재료를 취화(embrittlement)[8]하는 경향을 갖는다.[7] 따라서 SSME는 -253~760℃ 범위의 수소, 산소 및 수소과잉가스에 접촉하는 1,500개가 넘는 부품을 718 합금(Alloy 718)으로 제작하였고, 718 합금의 총 무게는 SSME 무게의 51%를 차지했다.[8]

## 3 재사용을 위한 구조

SSME는 재사용을 고려하여 구성품들을 분리할 수 있는 블록구조(block structure)로 개발되었다. 이로써 수리 및 교체가 용이해졌으나, 반면 기밀특성이 나빠진 결과를 가져왔다. 최신 엔진들은 사고를 줄이기 위하여 최대한의 기밀을 보장하는 방법으로 용접을 많이 사용하는 경향에 반한 것이다. 그리고 일회용 엔진과는 다른 아래와 같은 기술적 결정들이 적용되었다.

- 터보펌프, 제어밸브 등을 블록 구조로 제작하여 시험 간 유지보수 편의 획득.
- 터빈디스크에 교체형 블레이드를 적용하여 터빈디스크 교체없이 손상된 블레이드만 교체 가능.
- 터보펌프의 구조와 작동 파라미터에 산업용 펌프 기술을 채용하여 캐비테이션, 섭동 및 진동 방지 보장.
- 상태 검사 파라미터 항목과 검사 대상을 확대하고 주요 부품에 대한 육안검사 허용.

SSME는 추진제 공급을 위해 2개의 터보펌프와 2개의 부스터펌프를 장착하였고, 연소기는 전체 대비 20%의 수소 유량을 재생냉각채널로 흘려보내서 냉각한다. 이때 수소는 305K까지 가열되어 수소 부스터 펌프 구동에 사용된 후 일부는 수소탱크 가압에, 나머지는 고온가스 매니폴드(HGM)의 냉각공간을 지나 주연소기로 들어간다.

8 수소가 금속에 침투하여 금속의 연성을 감소시키면서 미세한 균열을 만들어내는 현상으로, 금속의 내부 균열이 발전하면서 구조물이 파괴될 수 있다.

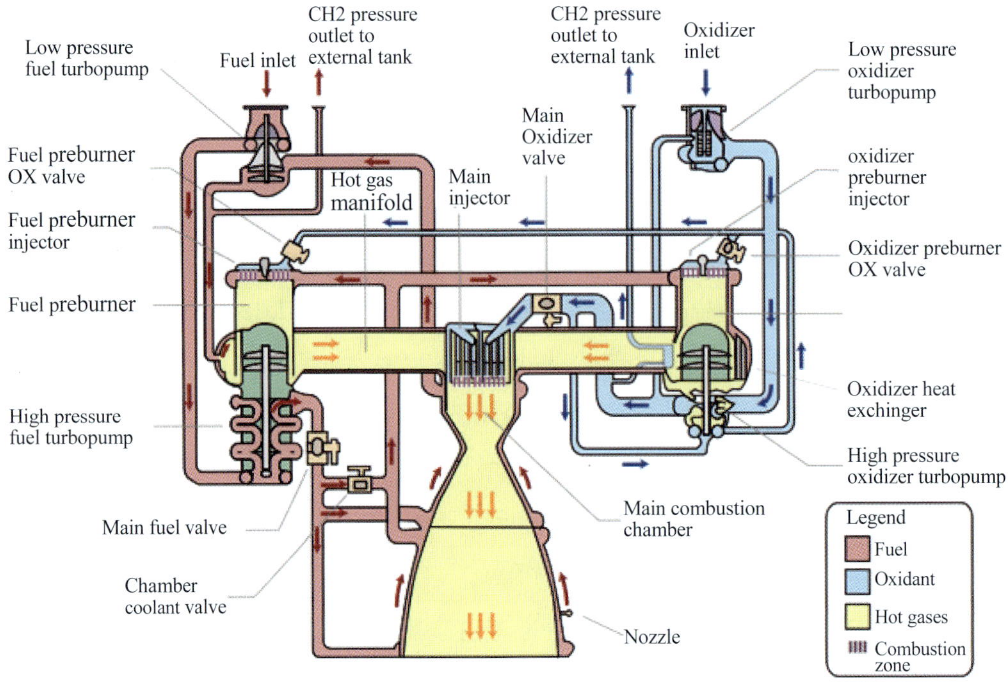


그림 6.21 SSME 구조[4]

산소 및 수소 터보펌프는 육안검사를 용이하게 하기 위하여 그림 6.22와 같이 연소기에 대하여 약 12°씩 기울여서 장착되었다.

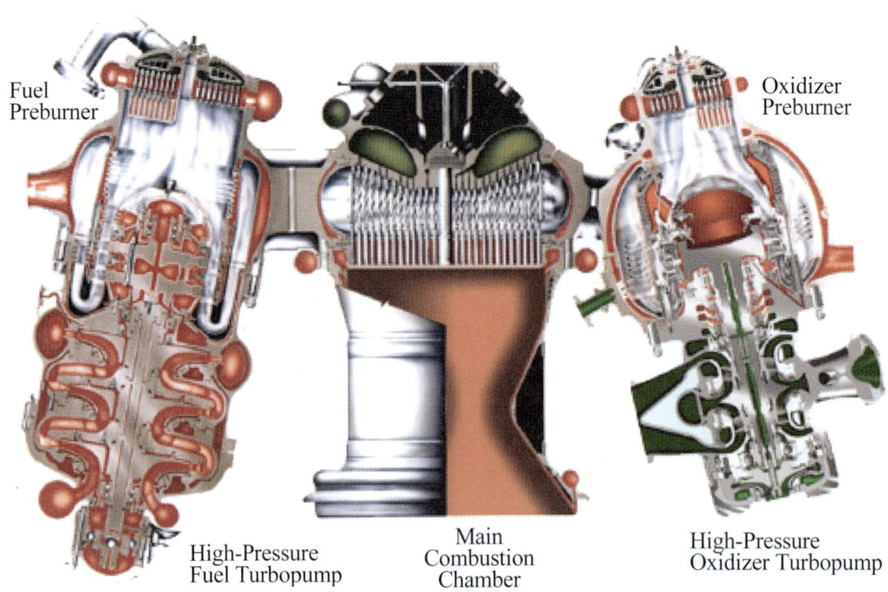


그림 6.22 SSME 파워 헤드부 구성[6]

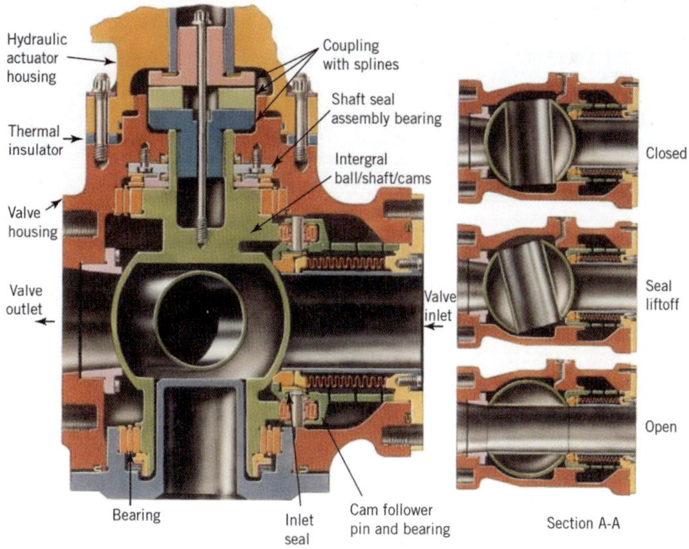


그림 6.23 SSME의 산화제 밸브[9]

재점화 운용의 편의를 위해 연소기 점화기는 전기 스파크 방식(Spike igniter)을 채택했다. 모든 제어밸브는 추력 제어 및 추진제혼합비 제어 기능 이외에 시동/정지 밸브 역할도 동시에 수행한다.

SSME의 수명요구조건은 큰 수리 없이 55회 비행을 수행하는 것이었고, 이러한 요건을 맞추기 위하여 고강도와 내열재료(예, 니켈합금 718을 사용하여 노즐 제작) 사용, 효과적인 열보호 코팅(터보펌프의 고온가스 공급 매니폴드) 적용 및 비정상 상황조사, 진단·예방을 위한 최신 컴퓨터가 장착되었고, 재생냉각채널은 재사용 조건 하에서 연소기의 수명을 늘려주었다.[9] 그러나 SSME는 작동성능이 한계값에 가까웠기 때문에 고비용의 수리 없이 수명을 늘리는 것에는 한계가 있었다.[10]

## 4 재사용을 위한 검사 및 유지보수

### 가. 재사용 수명 인증

재사용 수명과 반복사용 가능 횟수를 시험으로 검증하는 것은 상당히 어려운 일이다. 일반적으로 구성품의 경우 특별한 설비를 이용하여 가혹조건하에서 **가속시험**[9]을 수행함으로써

9 적정 조건하에 긴 시간 동안 검증해야 하는 대상에 대하여 동일한 효과가 있는 것으로 평가되는 가혹 조건에서 짧은 시간 동안 수행하는 시험을 **가속시험**이라고 한다.

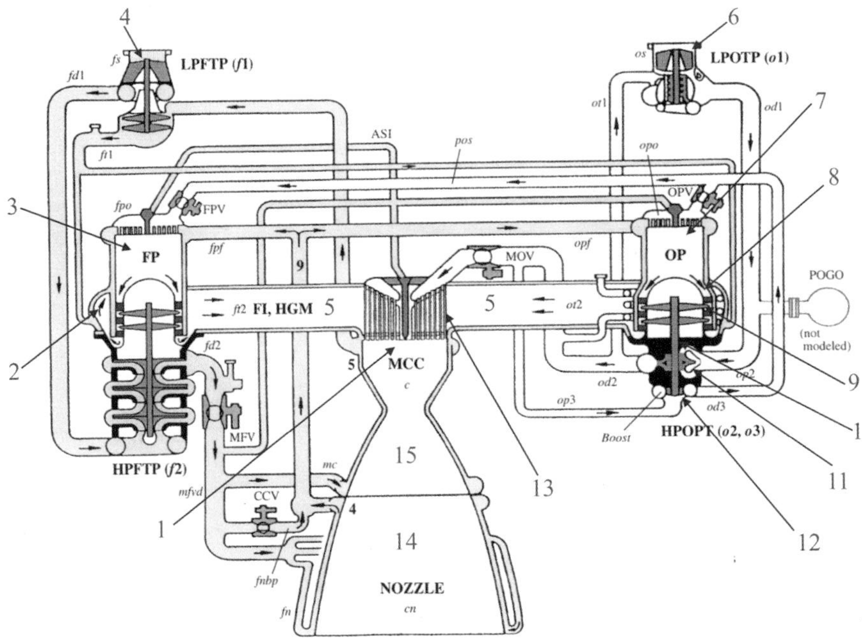


그림 6.24 SSME 육안 검사 포인트[5]

수명요구조건의 만족 여부를 확인하는데, 이때 가속시험의 조건이 실제 조건에 상응하여야 한다.

SSME 경우에는 2개의 엔진으로 비행시간의 2배 동안 지상시험을 함으로써 수명요구조건을 검증되었다. 즉, **50% fleet leader rule**을 적용하였는데, 지상에서 동일제품에 대해 2배 이상의 시험을 수행한 이후에만 우주왕복선의 임무에 적용하는 원칙을 준수하였다.[11,12,13]

## 나. 검사

SSME의 비행 전후에 외관과 내부 검사가 수행되었다. 내부검사에는 그림 6.24와 같은 위치에 설치된 검사용 포트를 이용하였다.

정기적인 검사 이외에 엔진 구성품을 개선하거나 결함이 있는 부품을 교체하게 되는 경우에는 추가의 유지보수 업무가 수행되었다.

## 다. 진단과 사고방지

SSME는 비정상 및 사고상황 발생에서 엔진을 보호하기 위하여 온보드 컴퓨터를 장착해서, 연소압과 펌프 후단압, 터빈입구온도, 터보펌프 회전수, 터보펌프의 진동을 측정하고 분석하였다. 이로써 왕복선에 장착된 엔진 3개 중의 하나에 이상이 발생할 경우 해당 엔진을 보다 안정된 작동조건으로 낮추고 나머지 두 엔진의 추력을 높임으로써 임무 완수가 가능

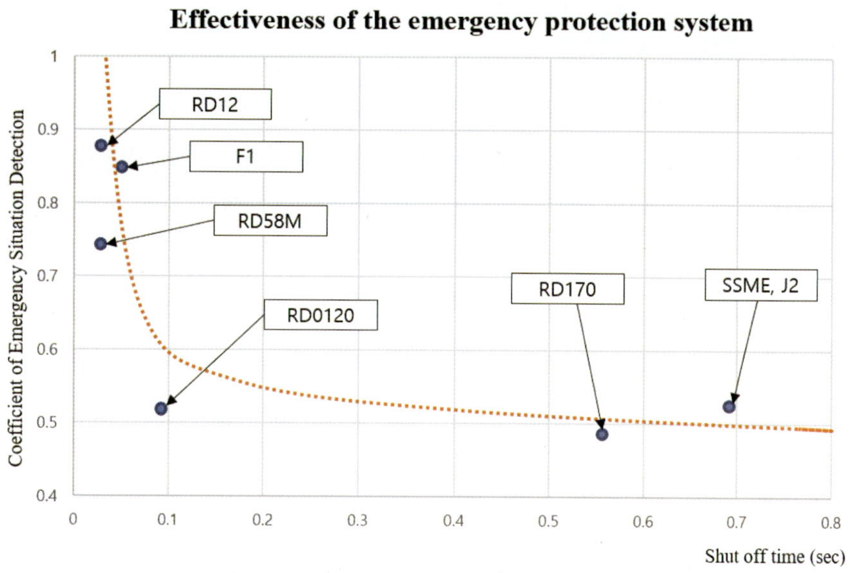


**그림 6.25** 사고방지 시스템의 효과 비교[5]

하도록 설계되었다.

SSME의 개발 시험용 사고방지시스템은 피해의 확산을 막기 위하여 사고발생 직전에 작동하는 형태가 아니라, 엔진의 수명을 보장하는 차원에서 사전에 엔진을 정지하는 기능을 수행하였고, 사고예측율은 연료펌프의 경우 0.517, 산화제 펌프는 0.06 등이었으며 전체적으로 0.311이었다.[15]

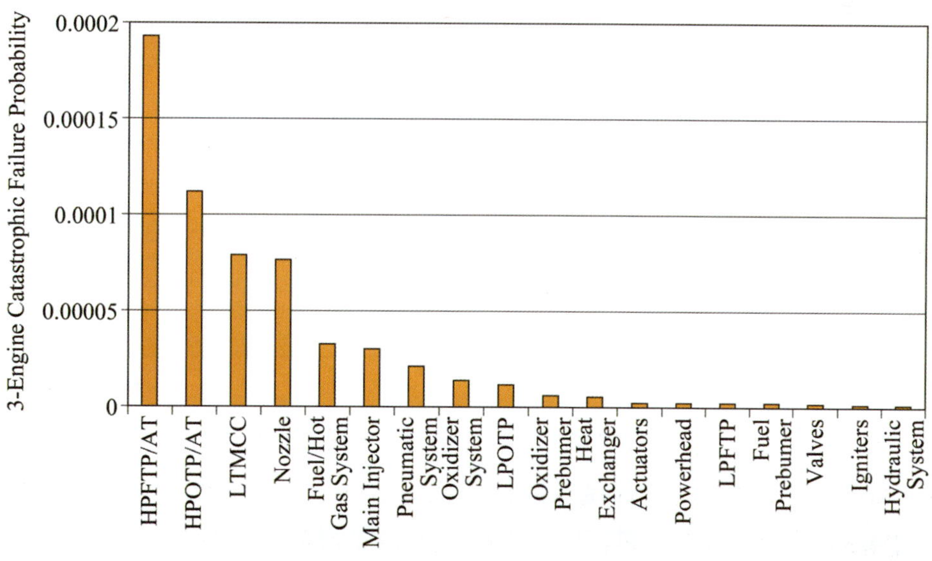


**그림 6.26** SSME 엔진 구성품의 고장 가능성[14]

## 라. 유지보수

엔진의 재사용을 위해서는 엔진의 작동능력 상태를 평가하고 유지하는 것이 필수적이다. SSME의 비행간 유지보수는 ① 내부 컴퓨터에 저장된 데이터를 자동 처리하여 얻은 결과로 엔진의 상태 검사와 관련된 업무 수행 ② 주요 취약부분에 대한 육안 검사 ③ 기본 검사(매 비행 후) ④ 정기검사(3~4번 비행 후), ⑤ 기계획된 유지보수와 ⑥ 엔진의 수정 및 부품교체 이후에 수행되는 비계획 유지보수로 구성되었다.

SPACE SHUTTLE MAIN ENGINE GROUND
TURNAROUND OPERATIONS AND MAINTENANCE

- SCHEDULED TURNAROUND MAINTENANCE
  - ROUTINE TASKS
    - HIGH-PRESSURE FUEL TURBO-PUMP TURBINE BEARING DRYING
    - EXTERNAL INSPECTIONS
    - TURBOPUMP TORQUE/SHAFT POSITION CHECKS
    - INTERNAL INSPECTIONS
    - ENGINE SERVICING
    - LEAK TESTS
    - AUTOMATIC/ELECTRICAL CHECKOUTS
    - PRELAUNCH CONFIDENCE CHECK
    - PRELAUNCH CLOSEOUT INSPECTION
    - LAUNCH SITE LANDING OPERATIONS
  - PERIODIC TASKS
    - LEAK TESTS
    - INSPECTIONS
- UNSCHEDULED MAINTENANCE
  - AS REQUIRED
- REMOTE SITE LANDING REQUIREMENTS
  - SCHEDULED OPERATIONS AND MAINTENANCE
    - ENVIRONMENTAL PROTECTION SET INSTALLATION
    - HPFTP DRYING
    - FERRY FLIGHT SET INSTALLATION
    - LEAK CHECKS
    - TVC LOCK INSTALLATION
  - UNSCHEDULED MAINTENANCE
    - AS REQUIRED

**그림 6.27** SSME의 지상 유지보수 [16]

엔진의 유지보수 작업형태의 결정과 향후 운용 중에 발생 가능한 결함 및 고장을 예측하기 위해 비행 중 SSME의 온보드 컴퓨터에 저장된 엔진 작동 데이터의 자동검사 결과가 이용되었다.

# 5 SSME의 교훈

SSME의 개발에서 미국의 개발자들은 최고의 성능과 재사용이라는 두 마리 토끼를 잡으려고 시도하였다. 그러나 성능을 높이고자 연소압을 높이면 엔진 작동 중에 구성품에 가해지는 운용조건이 가혹해지고 결함과 고장 가능성이 증가한다.

따라서 SSME 운용 중에 이러한 고장 가능성을 배제하고자 검사/진단 및 유지보수에 만전을 기하고자 하였고, 이로써 비용이 과대해졌으며 재사용의 의미가 퇴색해버렸다. 우주왕복선 프로그램을 중지할 시기에 왕복선을 통해 1kg의 화물을 우주로 보내는데 소요되는 비용은 당시 1회용 발사체보다 1.4~3.3배 정도가 되었다. 이러한 비효율은 우주 왕복선이 유인 발사체였다는 점과 함께 재사용을 위해서 왕복선의 열차폐 타일 및 엔진의 유지보수에 큰 비용이 필요했기 때문에 발생하였다.

그림 6.28은 연소압(250 vs. 150bar)에 따른 재사용 엔진제작과 유지보수 비용 예측을 보여준다. SSME 개발 시 고성능화 추구는 개발 및 운용의 어려움과 재사용 시 유지보수의 고비용을 초래하였다.

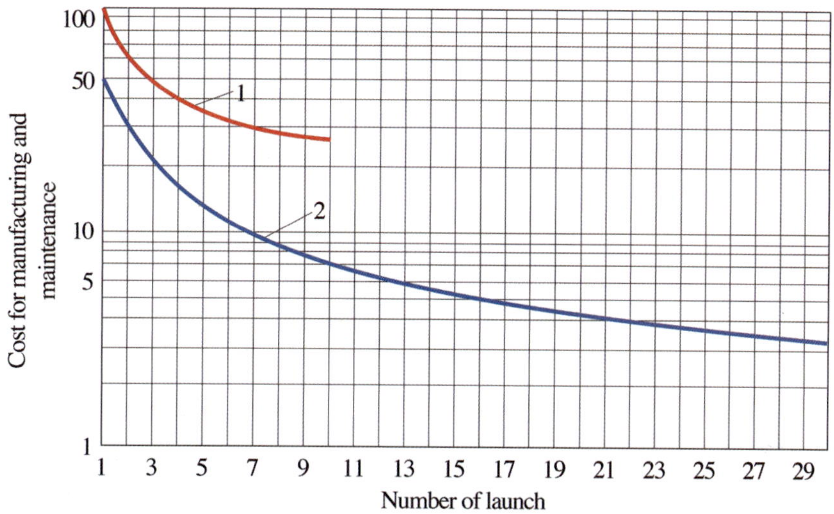


1-$P_{cc}$=250 bar, 2-$P_{cc}$=150 bar

그림 6.28 재사용 횟수와 비용간의 관계 [5]

SSME 개발시험에서는 기존의 단계적 개발시험 대신에 한 번에 모든 구성품을 완비한 상태로 수행하는 **All-up testing** 철학이 적용되었다. 이러한 개념은 아폴로 프로젝트에서는 성공적이었으나, SSME 개발시험에 있어서는 많은 시험의 실패와 이에 따르는 비용 증가 및 일정 지연을 일으켰다.[3]

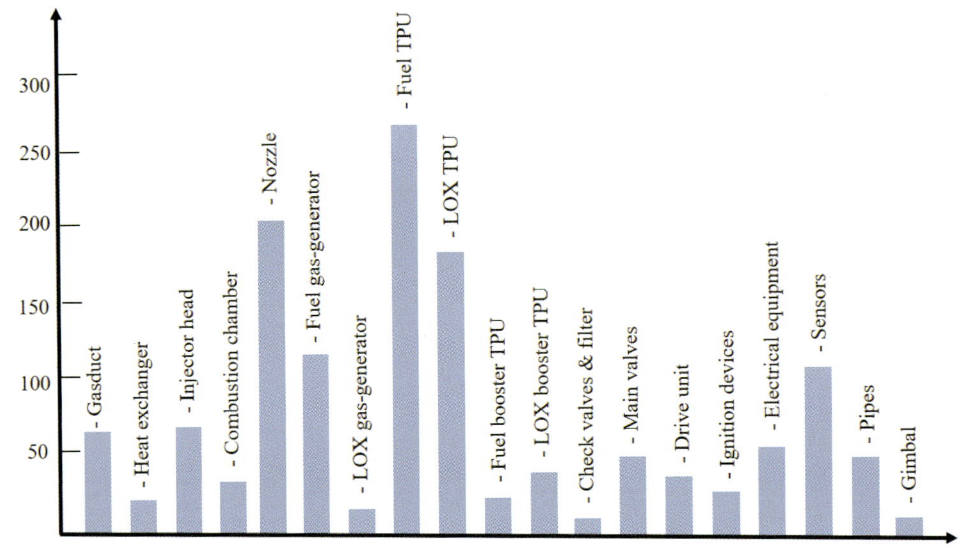


**그림 6.29** SSME 개발시험에서 고장 부분 [5]

따라서 경제성 있는 엔진 개발을 위해서는 적절한 성능 선택, 저비용 제작방법, 시험과 운용의 효율성, 개발자의 윤리의식과 각종 설비의 유지보수비 등 다각적인 면에서 통합적인 검토가 필요하다.[10]

## 제5절 | RL10 (수소 팽창식 사이클 엔진)

**RL10 엔진**은 미국의 Pratt & Whitney(현 Aerojet Rocketdyne)에서 최초로 개발한 상단용 팽창식 사이클 엔진이다. 1950년대 개발이 시작되어 첫 지상연소시험이 1959년에 있었고, 1963년 첫 비행에 성공했다. Saturn I, Atlas, Delta V 로켓들의 상단에 사용되었고, 미국의 차세대 로켓인 OmegA와 Vulcan 로켓의 상단 엔진으로 사용될 예정이며, 매우 높은 신뢰성을 인정받고 있다.

10 6장 4절의 SSME에 대한 내용은 저자의 논문[16]을 다수 원용하였다.

## 1 구조

RL10은 팽창식 사이클 엔진으로, 프리버너 및 그와 관련된 밸브들이 없기 때문에 구조가 간단하고 안전성과 신뢰성이 매우 높다. 수소 펌프와 수소 터빈은 동일축에 놓여 있고, 산소 펌프의 회전축은 수소 터보펌프의 회전축과 기어로 연결되어 있다. 수소펌프는 37,250rpm으로 회전하고 기어에 의해 산소펌프는 14,900rpm으로 회전한다.

터보펌프의 케이스, 연료펌프 임펠러, 터빈 로터는 알류미늄 합금으로 제작되었고, 산화제 펌프의 임펠러와 기어의 재질은 스테인리스 스틸이다. 연소기의 재생냉각채널은 360개의 튜브로 이루어졌다. 짐벌 마운트가 설치되어 연소기를 ± 4도까지 회전 가능하며, 산화제와 연료의 동시 소진을 위하여 혼합비 제어를 10%까지 수행할 수 있다.[1]

**그림 6.30** RL10 엔진의 형상(좌)[2]와 터보펌프 구조(우)[3]

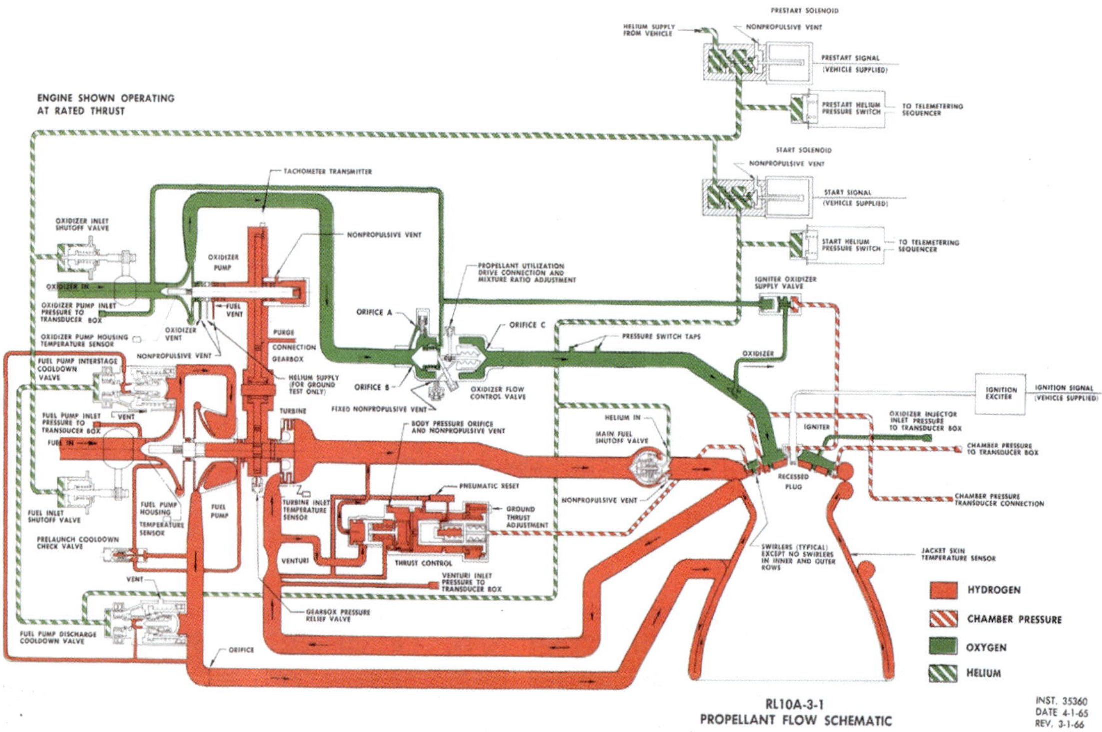


**그림 6.31** RL10A-3-1 엔진의 유공압 구조[4]

## 2 작동 방식

RL10의 작동방식은 다음과 같다.

액체수소가 2단 펌프로 들어가서 압력이 상승된 후에 연소기의 재생냉각채널을 통과하면서 약 200K까지 가열된다. 가열된 수소 가스는 벤투리를 지나 가속된 후에 2단 터빈을 회전시키고 연소기로 진입한다. 터빈의 반동도는 0.5이다. 벤투리 후반에는 추력제어밸브가 있는데, 터빈으로 들어가는 유량을 바이패스시킴으로써 추력을 줄일 수 있다.

액체산소는 펌프에서 승압된 후에 혼합비 제어밸브를 통과해서 연소기에 들어간다.

## 3 성능

팽창식 사이클에서는 연료가 재생냉각채널에서 열전달로 얻은 에너지를 이용하여 터빈을 구동시키는데, 열전달량이 한정되어 있으므로 터빈 구동력에 한계가 있고 따라서 연소압을 크게 높일 수 없다. RL10A는 연소압이 2.72MPa, 추력은 67.7kN, 비추력은 440초이다.

RL10A-3-3 엔진의 성능은 표 6.9와 같다.

**표 6.8** RL10A-3-3의 성능[5]

| 항목 | | 단위 | 값 |
|---|---|---|---|
| 추력 | $F_v$ | kN | 67.7 |
| 연소압 | $p_{CC}$ | MPa | 2.72 |
| 노즐 팽창비 | $ER$ | - | 57.1 |
| 추진제 혼합비 | $O/F$ | - | 5.6 |
| 유량 | $\dot{m}$ | kg/s | 15.7 |
| 터빈 압력비 | $PR_{TB}$ | - | 1.4 |
| 재생냉각채널에서 수소 온도 상승 | $\Delta T_{regen}$ | K | 189.9 |
| 산화제 펌프 양정 | $\Delta p_{OP}$ | MPa | 3.52 |
| 수소펌프 양정 | $\Delta p_{FP}$ | MPa | 6.36 |
| 터빈 감압 | $\Delta p_{TB}$ | MPa | 1.30 |
| 연소 효율 | $\eta_{c*}$ | - | 0.983 |
| 추력계수 효율 | $\eta_{C_f}$ | - | 0.979 |
| 산화제 펌프 효율 | $\eta_{OP}$ | - | 0.643 |
| 연료펌프 효율 | $\eta_{FP}$ | - | 0.536 |
| 터빈 효율 | $\eta_{tb}$ | - | 0.725 |
| 진공 비추력 | $Isp_v$ | s | 440.0 |
| 터빈 동력 | $P_{TB}$ | kW | 459.0 |
| 터빈 유량 | $\dot{m}_{TB}$ | kg/s | 2.21 |
| 터빈 입구온도 | $T_{TB}^{in}$ | K | 214.8 |
| 터빈 출구온도 | $T_{TB}^{ex}$ | K | 202.0 |
| 바이패스 유량 | $R_{TB}^{bypass}$ | % | 5.72 |
| 산화제 펌프 동력 | $P_{OP}$ | kW | 66.2 |
| 연료펌프 동력 | $P_{FP}$ | kW | 391.3 |
| 연료 펌프에서 수소 온도변화 | $\Delta T_{FP}$ | K | 9.85 |
| 터빈에서 수소 온도변화 | $\Delta T_{TB}$ | K | 12.8 |
| 산화제 펌프에서 산소 온도변화 | $\Delta T_{OP}$ | K | 1.03 |

## 제6절 | Prometheus (메탄 가스발생기 사이클 엔진)

**프로메테우스(Prometheus)**는 유럽에서 야심차게 개발하고 있는 저비용 재사용 엔진이다. 프로메테우스 엔진은 연료로 메탄을 사용하는 100톤급 추력의 엔진으로 가스발생기 사이클 구조로 되어 있다.

그림 6.32 프로메테우스 엔진의 3D 모델[1]

### 1 개요

2015년에 **프로메테우스 엔진**의 개발 프로젝트가 시작되었다.

이 프로젝트의 목적은 100톤급 첨단 저비용 메탄엔진을 설계, 생산, 시험하는 것으로, 프로메테우스 엔진의 제작비용을 1백만 유로로 줄이면서, 운용의 유연성, 추력제어, 재점화, 1

단 엔진 혹은 상단엔진으로 호환, 비행 전/후 지상운용의 최소화를 목표로 하고 있다. 이러한 야심찬 목표를 달성하기 위하여 극한의 design-to-cost approach가 적용되고, 엔진 구성품 생산에 적층제조기법(Additive Manufacturing) 등 혁신적인 기술과 진보된 산업역량이 투입되며, 엔진의 관리와 모니터링을 위해 전기 명령시스템, on-board 엔진 컴퓨터가 채택되었다.

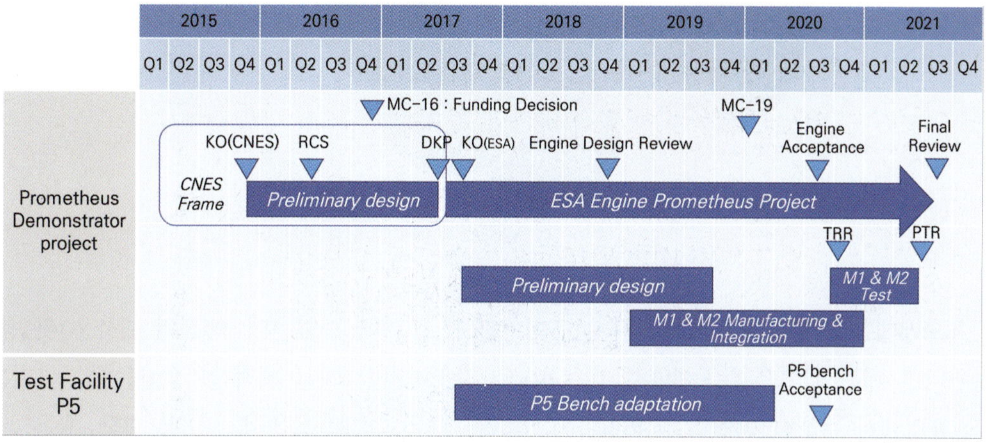


그림 6.33 프로메테우스 엔진의 개발계획 [2]

## 2 엔진개발 주요과제

프로메테우스 엔진개발 프로젝트의 주요 과제는 다음과 같다.

- 연간 50대 양산에서 제작단가가 1기당 1백만 유로 이하
- 생산과정에서 적층제작 기술 및 빠른 조립 절차와 저비용 기술의 광범위한 적용
- Agile & lean 관리체계 적용으로 개발 시간을 단축하여 2020년에 연소시험 시작
- 엔진의 낮은 제작비용하에 실용적인 design-to-reusability approach, 재사용 여부 판단용 실시간 엔진진단, 광범위한 추력 제어, 전기 명령
- 고추력/무게비, LOx-메탄 추진제의 성능잠재력을 최대 활용
- 높은 신뢰도를 보장하는 엔진의 강인 설계
- 적용(1개 사용 및 클러스터링, 1단 및 상단), 비행(재점화, 추력제어)과 지상유지보수(1회 사용 및 재사용) 측면에서 다재다능함

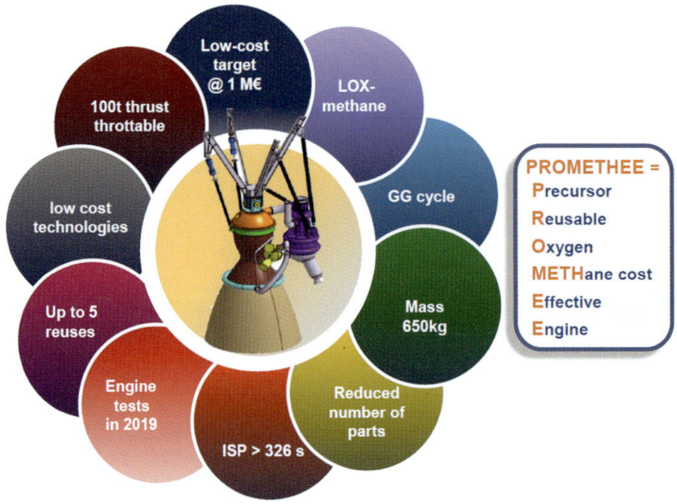


그림 6.34 프로메테우스 엔진의 목표 [3]

프로메테우스 엔진의 재사용 횟수는 5회 정도를 고려하고 있는데, 엔진의 재사용 횟수가 늘어나면 엔진 1기당 운용비용은 지속적으로 감소하지만 엔진 제작단가의 증가를 가져온다. 유럽에서 수행한 엔진의 비용평가에 의하면 5~6회 재사용에서 총비용(제작, 운용, 인건비, 제작시설 유지관리비, 시험 비용 포함)이 최저를 지나 6회를 초과하여 재사용할 경우 총비용이 오히려 증가하는 것으로 나타났고, 따라서 프로메테우스 엔진의 재사용 횟수는 5회까지로 결정됐다.

프로메테우스 프로젝트는 과거의 로켓 엔진 설계 방식과는 완전히 다른 세 가지 현대적인 주요 원칙을 기반으로 한다.

- 일반적인 자동차 산업에서와 같은 극한의 설계 비용
- 혁신에 중점을 둔 저비용 개발
- 프로그램 구현에서 애자일(agile) 접근 방식

프로메테우스 엔진의 설계 시 비용감소에 중점을 두었고, 다음과 같은 비용감소 설계를 선택했다.

- 간단한 사이클 구조(Simplified cycle architecture)
- 저비용 기계적 조성(Low cost mechanical set up)
- 표준 전기 명령(Standard electrical command)
- 간단한 서브시스템(Simplified sub-systems)
- 3D 적층제조기술(3D Additive Manufacturing)

프로메테우스 엔진의 성능은 다음 표와 같다.

표 6.10 프로메테우스 엔진의 성능 [4]

| Engine Characteristics | |
|---|---|
| Thrust (vacuum) | 100 kN |
| Engine Cycle | Gas Generator |
| ISP | 320 s (First Stage)<br>360 s (Upper Stage) |
| Mass Target | 780kg |
| Fuel | CH4(methane) |
| Oxidizer | LOx(oxygen) |
| Mixture Ratio | 3.4 |
| Chamber Pressure | 110 bars |
| Throttling Capability | 30% to 110% thrust |
| Reusability Potential | Up to 5 |
| Additive Manufacturing | Most of engine parts |

## 3 엔진의 구조

유럽은 저비용 개발과 운용을 목표로 추진제와 사이클에 대한 다양한 trade-off 연구를 수행하였으며, 최종적으로 프로메테우스 엔진의 연료로 메탄을, 사이클로는 가스발생기 사이클 방식을 선정했다. 메탄 연료와 가스발생기 사이클은 저비용 목표에 부합한다.

엔진의 연료로 수소가 아닌 메탄을 선정한 이유는 메탄의 경우 터보펌프를 1축으로 만들 수 있는 등 비용에서 수소보다 우위에 있기 때문이다. 그리고 가스발생기 사이클은 다단연소 사이클에 비하여 구조가 간단하고 작동 조건도 양호하다.

프로메테우스 엔진은 가장 간단한 형태인 1축의 터보펌프를 사용하며, 총 4개의 밸브 중에 3개가 제어가능한 밸브이고, 이로써 추력을 30~110%까지 조절할 수 있다.

엔진 사이클의 구성은

- 단일축 터보펌프
- 가스발생기
- 2개의 연소기 밸브(VCO & VCM)

- 2개의 가스발생기 밸브(VGO & VGM)
- 연소기 재생냉각

이다.

엔진의 진공 추력은 1000kN이며, 지상조건에서 300kN까지 추력을 감소시킬 수 있다. 프로메테우스 엔진은 다용도, 재사용을 특징으로 한다.

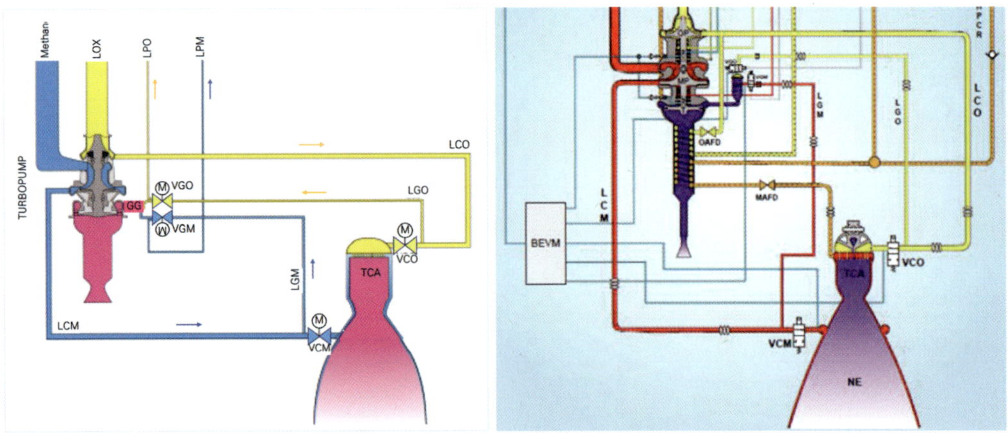


그림 6.35 프로메테우스 엔진의 사이클 구조[5,2]

## 4 다용도 및 저비용 목표

프로메테우스 엔진은 유럽의 다양한 차세대 로켓의 주력 엔진으로, 초소형 로켓으로부터 Ariane 로켓의 후속 모델에까지 사용될 예정이다. 이러한 접근법은 재사용 발사체 운용에 의하여 엔진의 연간 제작 기수의 감소[11]를 만회할 수 있는 수요를 창출할 것으로 기대되고 있다.

프로메테우스 엔진은 저가의 100톤급 재사용 가능한 메탄 엔진으로, 동급 추력인 Vulcain 2.1 엔진의 1/10 비용을 목표로 하고 있다. 이러한 야심 찬 목표에 도달하기 위해서는 혁신적인 기술과 첨단 산업 활용, 엔진 구성요소의 적층제조 생산, 전체 전기 명령 시스템 도입 및 엔진 관리/모니터링을 위한 온보드 로켓 엔진 컴퓨터(REEC) 등을 적용하였다.

11 연간 엔진 제작 대수의 감소는 엔진 한 개당 제작비용의 증가와 함께 제작 인원 및 장비 유지에 어려움을 초래한다.

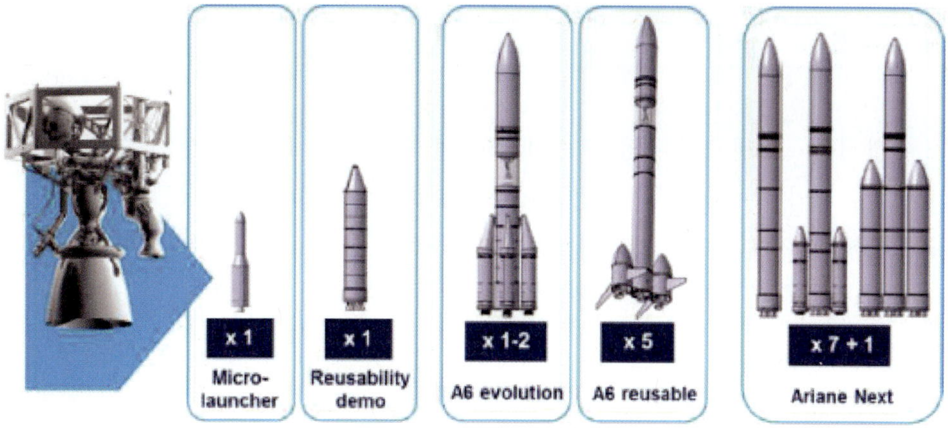


그림 6.36 프로메테우스 엔진의 용도[6]

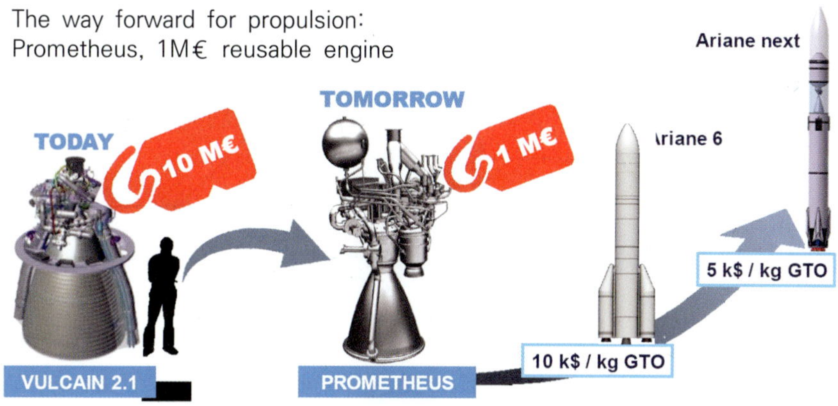


그림 6.37 프로메테우스 엔진의 비용 목표[4]

## 제7절 | BE-4 (메탄 다단연소 사이클 엔진)

**BE-4**(Blue Engine 4)는 Blue Origin에서 개발하고 있는 액화천연가스(LNG)[12]를 연료로 사용하는 다단연소 사이클 엔진이다.

12 액화천연가스(LNG; Liquefied Natural Gas)는 메탄, 에탄, 프로판 및 부탄 등으로 이루어져 있는데, 일반적으로 LNG 성분의 90% 이상을 메탄이 차지한다. Blue Origin이 LNG(메탄)를 연료로 선택한 이유는 다음과 같다.[2]

## 1 구조

BE-4 엔진은 고효율과 저비용 연료인 LNG를 사용한다. LNG는 엔진 열로 기화되어 LNG 탱크를 가압하는 **자가 증기 가압(autogenous pressurization)**에 사용될 수 있어서 비싼 헬륨과 복잡한 추진제 탱크의 가압시스템이 불필요하다. 그리고 LNG는 저추력 모드에서도 케로신에서 발생하는 수트나 코킹 문제가 없고, 엔진 내부공간의 세척도 단순하여 재사용에 유리하다.

BE-4 엔진은 산화제과잉 추진제를 이용하는 프리버너를 적용하고 고성능의 다단연소 사이클의 구조를 가졌지만, 연소압은 134bar로 다단연소 사이클로서는 비교적 낮게 설계되었다. 이것은 성능, 일정 및 재사용 요구사항을 충족시키면서 개발 위험을 낮추기 위한 신중한 선택이다.[1]

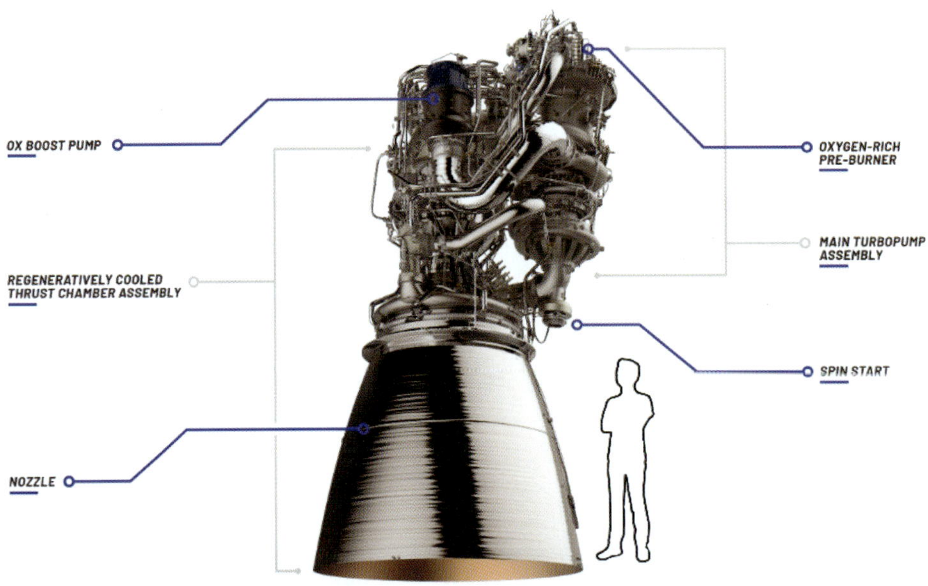


그림 6.38 BE-4 엔진의 구조[1]

① 시중에서 손쉽게 구할 수 있고 가격이 저렴하다. 엔진 개발시험과 발사체 운용이 증가할수록 소모성 연료의 비용도 무시할 수 없다. ② 메탄을 기화해서 연료탱크의 가압이 가능하다. 이 경우 가격이 치솟고 있는 헬륨의 사용을 줄일 수 있어서 경제적이고 발사체 시스템도 단순해진다. ③ 메탄은 케로신과 달리 수트(soot) 문제가 없고, 엔진 시험 후 엔진 내부의 잔류 메탄은 자연 기화로 제거가 가능하기 때문에 저비용 시험이 가능하며, 재시험 횟수 및 시험 범위를 증가시킬 수 있다. ④ 수소는 극저온이고 밀도가 작은 반면, 메탄은 비추력 등 연료로서의 여러 특성이 케로신과 수소의 중간쯤이며 특별한 단점이 존재하는 않는다.

## 2 성능

엔진은 산화제과잉 프리버너를 사용하는 다단연소 사이클 엔진으로서, 추력은 2,400kN이고, 100회의 재사용과 정상 추력의 65%까지 광범위한 추력감소 능력을 가지도록 설계되었다.[3]

그림 6.39 BE-4 엔진 형상

## 3 현황

미국 텍사스의 Van Horn에 있는 시험설비에서 BE-4 엔진에 대한 개발시험이 진행되고 있으며, 앨라배마의 Huntsville에서 엔진이 제작 중이다. BE-4엔진은 현재 개발 중인 New Glenn 재사용 로켓에 7개가 장착되고, ULA사의 Vulcan 로켓에 2개가 장착될 예정이다.

그림 6.40 BE-4 엔진의 구성품 [4]

# 제8절 | Raptor (메탄 full-flow 다단연소 사이클 엔진)

**랩터(Raptor) 엔진**은 SpaceX에서 개발하고 있는 메탄을 연료로 사용하는 full-flow 다단연소 사이클 엔진으로 초대형 2단형 로켓인 Starship의 1단과 2단에 사용될 예정이다.

2019년 7월에 Starhopper를 이용한 랩터 엔진의 첫 비행시험이 수행되어 22초간 비행 후 성공적으로 착지하였다.

## 1 구조

**랩터 엔진**은 full-flow 다단연소 사이클 구조로, 산화제 펌프 구동을 위한 산화제과잉 프리버너와 연료펌프 구동을 위한 연료과잉 프리버너가 사용된다. 일반적인 다단연소 사이클의 경우 터보펌프 하나와 프리버너 한 개를 갖고 연소기로는 터빈을 통과한 프리버너 가스와 또 다른 추진제가 액체로 주입됨에 반하여 **full-flow 다단연소 사이클** 엔진은 '산화제 터보펌프 + 산화제과잉 프리버너' 한 세트와 '연료 터보펌프 + 연료과잉 프리버너' 한 세트로

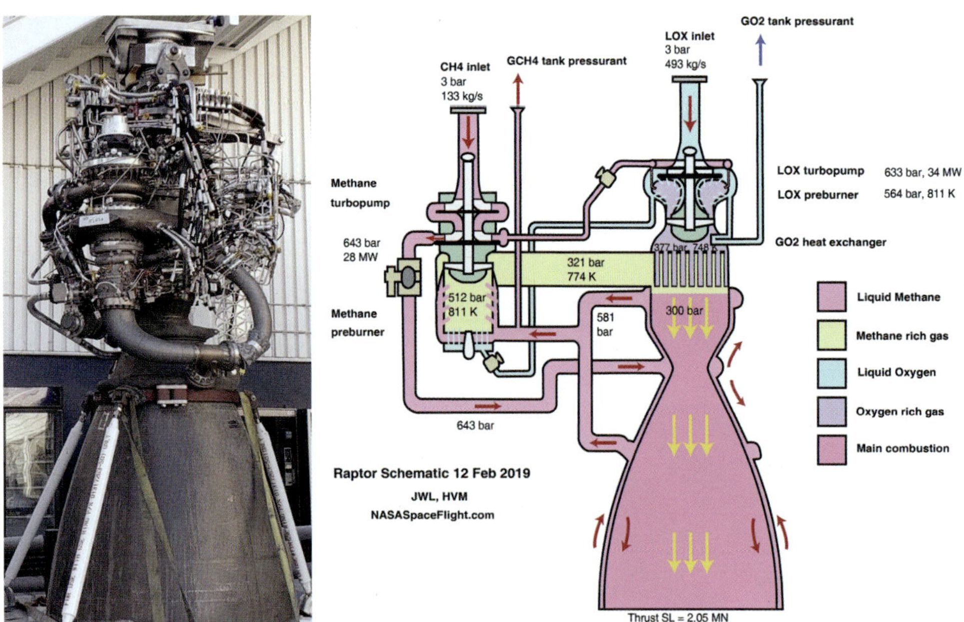


그림 6.41 랩터 엔진 형상(좌)와 구성도(우) [1,2]

총 2세트의 터보펌프를 갖고 연소기로는 산화제과잉 가스와 연료과잉 가스가 들어간다. 즉 모든 추진제는 연소가 되어서 터빈을 구동하는데 사용된 이후에 연소기로 진입된다. 터빈 구동에 추진제 전체가 모두 사용됨으로 터빈 동력이 크고, 따라서 펌프 구동력도 크게 할 수 있어서 매우 높은 연소압을 만들 수 있다. 랩터 엔진은 높은 연소압 덕분에 추력이 큼에도 불구하고 상대적으로 엔진 크기가 작다.

엔진에는 열교환기가 장착되어서 액체메탄과 액체산소를 가열하여 추진제 탱크를 가압하는 자가 증기 가압방식을 적용하였고, 연소기 점화는 스파크 점화기를 이용한다.

## 2 성능

BE-4와 마찬가지로 랩터 엔진의 공개정보는 극히 적어서 SpaceX의 홈페이지에 랩터 엔진의 성능에 대한 내용은 추력(2MN)이 전부이다.

위키피디아(Wikipedia)[2]에 나와 있는 랩터 엔진의 성능은 표 6.11과 같다.

**표 6.11** 랩터 엔진의 성능 [2]

| 항 목 | 단위 | 내 용 |
|---|---|---|
| 추진제 | | 액체산소/액체메탄 |
| 사이클 | | full-flow 다단연소 사이클 |
| 터보펌프 | | 2 × 다단 펌프 |
| 추력 | kN | 2000 |
| 추력무게비 | | > 170 |
| 비추력(진공) | sec | 380 |
| 비추력(지상) | sec | 330 |
| 연소압 | bar | 300 |
| 추진제혼합비 | | 3.8 |
| 노즐 팽창비 | | 40 |
| 길이 | m | 3.1 |
| 직경 | m | 1.3 |
| 건 무게 | kg | 1,500 |

랩터 엔진은 과냉각 액체산소와 과냉각 액체메탄을 추진제로 사용한다. 이로써 추력과 비추력을 높이고 터보펌프에서 캐비테이션 발생 가능성을 낮추었다. 엔진 사이클 중에 연소압을 최대로 만들 수 있는 full-flow 다단연소 사이클을 채택함으로써 연소압을 300bar까지 올릴 수 있었고, 노즐 팽창비도 40까지 키워서 지상 비추력 330초의 고성능을 갖게 되었다.

랩터 엔진은 정상 대비 20%까지 추력을 감소시킬 수 있다.[3]

## 제9절 | M10 (메탄 팽창식 사이클 엔진)

**M10 엔진**은 액체산소와 액체메탄을 추진제로 하는 10톤급 팽창식 사이클 엔진이며, Vega E 로켓의 상단에 사용될 예정이다.

M10 엔진의 개발에는 AVIO가 러시아 KBKhA와 공동 수행했던 LM10-MIRA 데모엔진 개발 프로그램으로 얻은 기술과 경험을 많이 활용하였다.

### 1 M10 엔진의 구조

M10 엔진은 팽창식 폐회로 사이클(closed expander cycle) 구조로 되어 있고, 산화제 터보펌프와 연료 터보펌프, 토치 점화기가 장착되어 있다. 추력제어밸브는 터보펌프를 우회하는 바이패스라인에 설치되고, 추진제 혼합비 밸브는 산화제 터보펌프 후단에 위치한다. 연소기 전단에는 추진제 개폐밸브(OMV, FMV)가 있고, 배관 냉각과 엔진 시동/정지 시에 사용되는 배출밸브(DVO, DVM)가 개폐밸브 전단에 존재한다.

그림 6.42 M10 엔진과 연소기의 형상 [1,2]

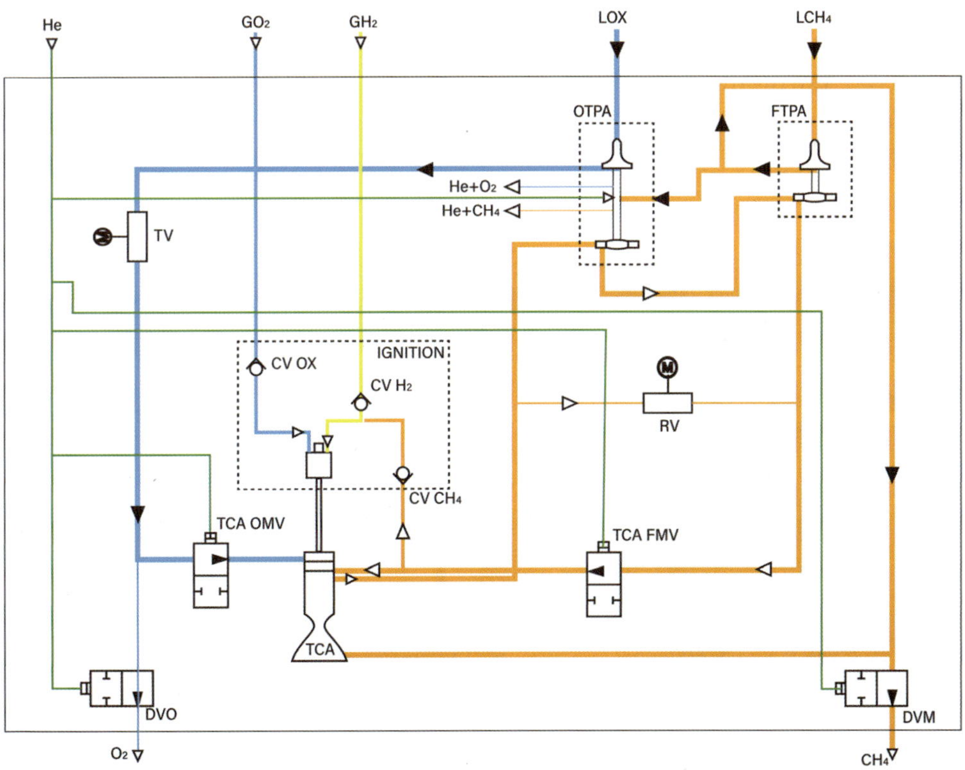


그림 6.43 M10 엔진의 유공압 구조 [1]

## 2 M10 엔진의 성능

M10 엔진은 추력이 98kN, 혼합비 3.4이며, 최소 비추력이 362초이다. 엔진은 추력제어가 가능하여 정상 추력의 75%까지 추력 수준을 낮출 수 있다. M10는 재점화가 가능한데, 점화방법으로는 가스산소와 가스수소를 사용하는 토치 점화기를 이용한다. 재생냉각채널에서 열에너지를 받은 메탄은 순차적으로 2개의 터보펌프에 있는 터빈을 회전시켜서 펌프에 구동 동력을 제공한다. 엔진의 추력제어는 제어밸브(RV: regulator valve), 혼합비 제어는 스로틀 밸브(TV: throttle valve)를 사용하여 원하는 엔진의 성능을 구현한다.[3]

## 3 M10 engine 개발 선행연구(LM10-MIRA 데모 엔진 개발)

LM10-MIRA 데모 엔진(LM10-MIRA demonstrator engine)은 M10 엔진의 선행 연구에 해당한다. LM10-MIRA 데모 엔진 개발은 러시아의 KBKhA와 이탈리아의 AVIO가 2007년부터 2014년까지 공동 수행하였는데, 산소와 액화천연가스를 추진제로 사용하는 7.5톤급 팽창식 사이클 엔진을 개발하고 시험하는 것이 목표였다.

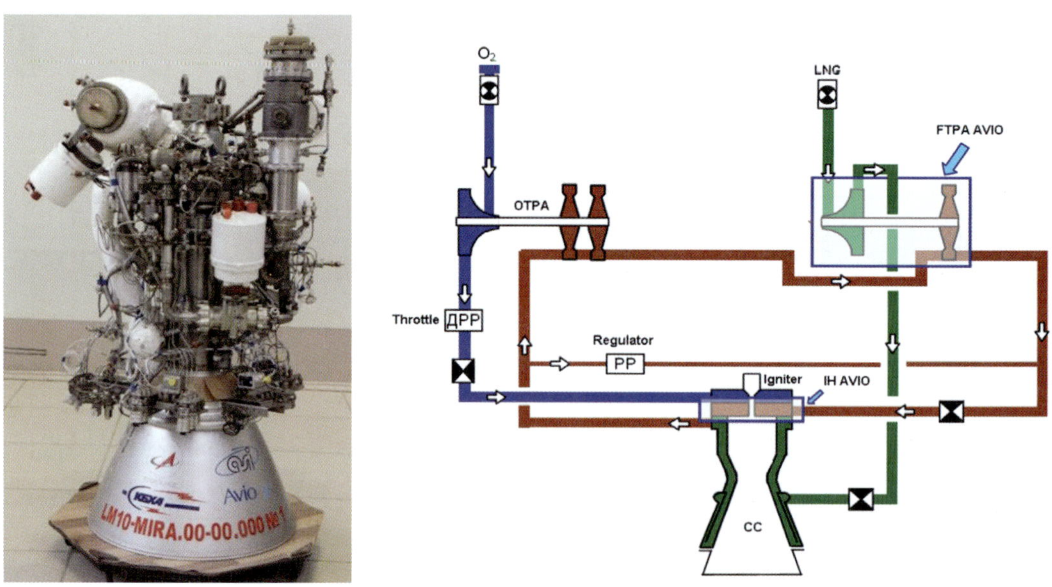


그림 6.44 LM10-MIRA 데모 엔진과 구성도[4]

LM10-MIRA 데모 엔진은 개발기간과 비용을 최소화하기 위하여 엔진의 대부분은 KBKhA가 제작한 RD-0146U 엔진의 구성품을 이용하였고, 분사기 헤드와 연료펌프만 AVIO의 제품을 사용하였다.

논문[5]에는 LM10-MIRA 데모 엔진 개발에 대한 설명과 함께 목표 엔진에 대한 간략한 소개가 나온다. 그림 6.45의 우측과 표 6.12는 목표엔진의 기능 구성도와 성능특성이며, 이로써 M10 엔진의 성능 수준을 예측할 수 있다.

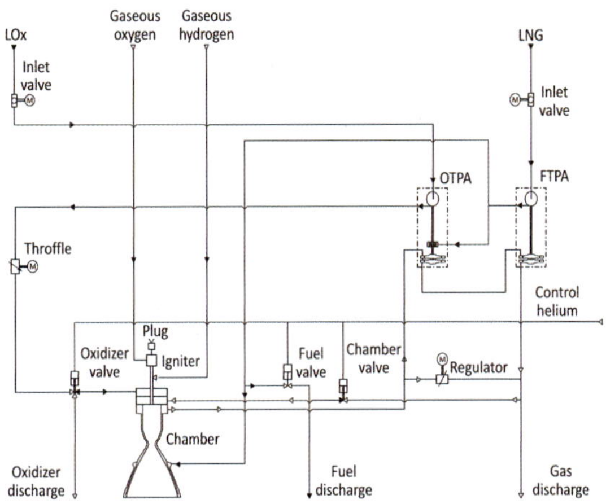


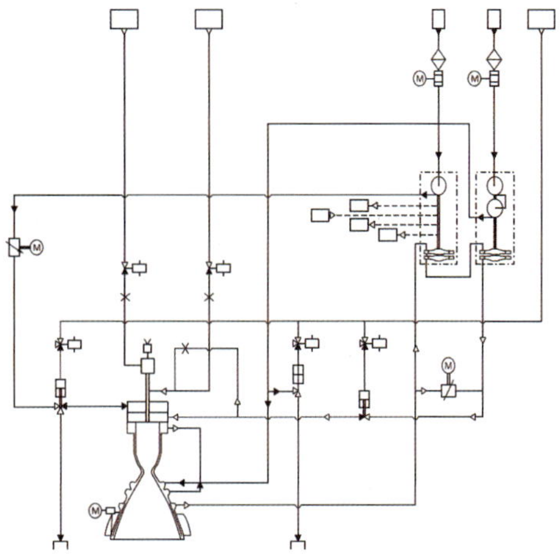

그림 6.45 LM10-MIRA(좌)와 목표엔진(우)의 기능 구성도 [5]

표 6.12 목표 엔진의 성능 [5]

| Parameter | Meaning |
|---|---|
| Propellants | LOx-LNG |
| Schematic | Expander cycle |
| Thrust in vacuum(kN) | 98.1 |
| Minimum $I_{sp}$ in vacuum(kgf·s/kg) | 364 |
| Total flow rate(kg/s) | 27.6 |
| Mixture ratio | 3.4 |
| Number of chambers | 1 |
| Thrust vector | ±6° |
| Max diameter(mm) | 1300 |
| Max length(mm) | 1900 |
| Weight(kg) | <295.5 |
| Number of restarts | 5 |

## 제10절 | Rutherford (전기 펌프 사이클 엔진)

러더퍼드(**Rutherford**) 엔진은 전기펌프(electric pump-fed) 사이클 방식의 액체로켓엔진이다.

미국의 Rocket Lab에서 개발하였으며, 액체산소와 케로신을 추진제로 사용하며, Electron 로켓의 1단과 2단에 장착된다.

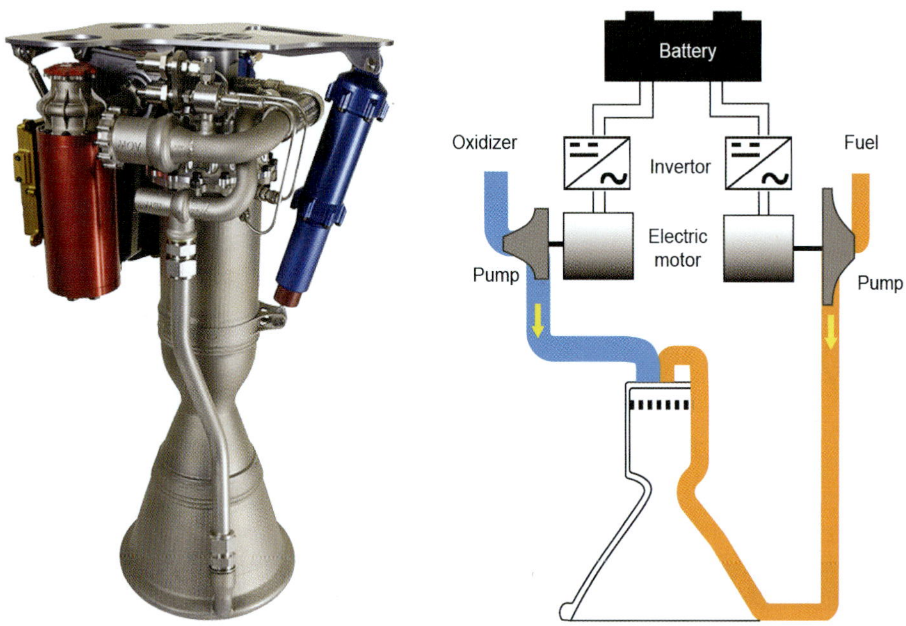


그림 6.46 Rutherford 엔진(좌)[1] 및 전기펌프 사이클 엔진 구조(우)

### 1 구조

Rutherford 엔진은 2개의 전기펌프를 이용하여 액체산소와 케로신을 승압한 후 연소기로 보낸다. 각각의 전기펌프는 리튬 폴리머 배터리의 전원을 쓰는 직류전기모터(brushless DC electric motor)에 의해 구동되며, 효율이 95%에 이른다. 전기모터의 동력은 37kW급이고, 회전수는 40000rpm이다.[2]

Rutherford 엔진의 연소기, 분사기, 펌프, 밸브 등을 포함한 거의 모든 구성품은 **3D 프**

린팅[12](electron-beam melting[13] 방법)으로 만들어지며,[3] 이로써 엔진을 가볍게 만들 수 있었다.

## 2 성능

Electron 로켓의 1단에는 Rutherford 엔진 9개가 장착되고, 2단에는 고공노즐을 갖춘 Rutherford 엔진 1개가 사용된다. 1단용 Rutherford 엔진의 지상 추력은 18kN, 비추력은 303초이며, 2단용 엔진의 진공추력과 비추력은 각각 22kN과 333초이다.[4]

## 3 전기펌프 방식으로서 Rutherford 엔진의 특징

전기펌프 사이클 방식에서는 터빈대신에 전기모터로부터 펌프의 구동력을 얻는다.

따라서 기존의 터보펌프 방식(특히 가스발생기 사이클 및 다단연소 사이클) 엔진 대비 다음과 같은 특징이 있다.[5,6,7]

- 터빈이 없음 → 터빈을 구동하기 위한 연소장치(가스발생기 또는 프리버너)가 없음. → 연소장치용 점화기와 밸브류가 없음: 엔진 구조와 시동이 단순함.
- 펌프의 회전속도의 정확한 변경과 유지가 용이함 → 엔진 추력 및 혼합비 제어가 쉬움.

전기펌프 사이클 방식은 위와 같은 장점으로 인하여 개발 기간 및 난도를 줄일 수 있지만, 현재로는 배터리와 모터의 무게 및 성능의 한계로 인하여 높은 추력무게비(추력/무게)를 만들기 어렵다.

12 **3D 프린팅**은 **적층제조**(additive manufacturing)라고도 불리며, 시제품을 신속하게 만들 수 있고, 개선이 용이하며, 복잡한 형상을 빠르게 만들 수 있는 장점이 있어서 소량다품종이 필요한 우주 분야에서 활용이 급격히 증가하고 있다.

13 **전자빔 용융**(electron-beam melting) **방법**은 평평하게 깔은 금속 분말층 중에서 필요한 부분만을 전자빔으로 완전히 녹인 후 굳혀서 한층 한층 쌓아 올리는 적층제조 방식이다.

## 제11절 | 엔진 사이클 비교

6장에서 언급된 사례와 같이 사이클 측면에서 다양한 엔진들이 개발 중에 있다. 이처럼 액체로켓엔진에서 압도적인 우위를 가지는 사이클이 존재하지 않는 이유는 발사체의 임무에 따라 엔진에 요구하는 기능과 성능 등이 다르기 때문이다.

표 6.13은 엔진 사이클 해석과 해외 엔진개발 사례들을 검토하여 엔진 사이클들을 비교한 표이다. 엔진의 개발 난이도와 비용 등은 엔진개발업체가 가지고 있는 개발 경험과 구축되어 있는 인프라 및 엔진의 목표 성능 등에 따라 차이가 크므로 단순 비교가 어렵다.

**표 6.13** 엔진 사이클의 비교 [8]

| 사이클 | 전기펌프 방식 (전기펌프 사이클) | 터보펌프 방식 | | |
|---|---|---|---|---|
| | | 가스발생기 사이클 | 다단연소 사이클 | 팽창식 사이클 |
| 형태 | 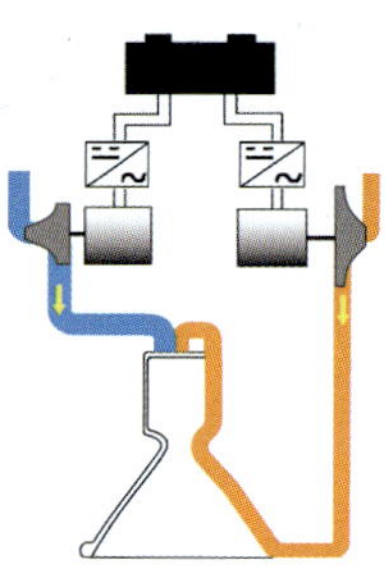 | 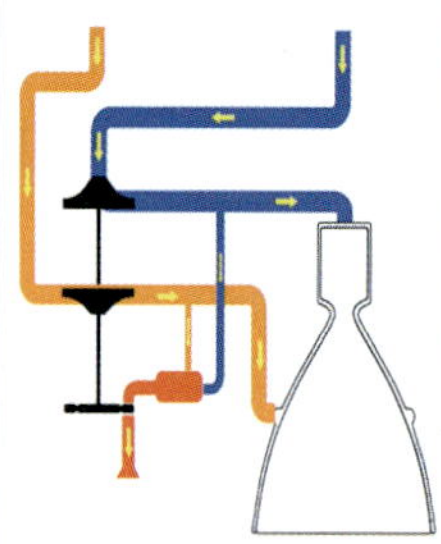 | 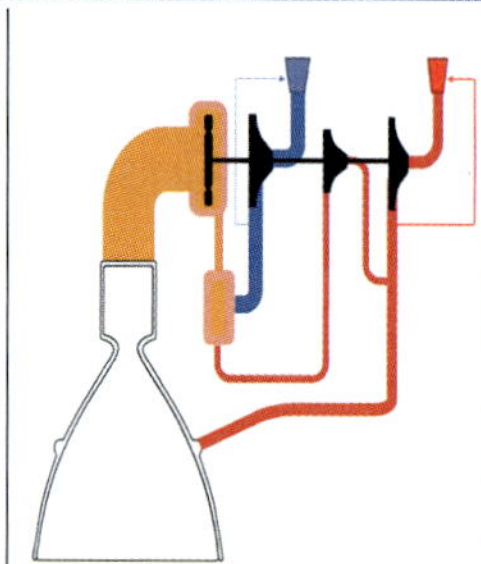 | 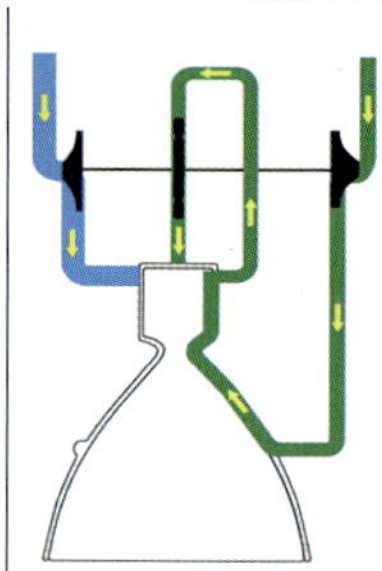 |
| 펌프 구동원 | 모터(배터리) | 가스발생기 | 프리버너 | 재생냉각채널에서 연료가열 |
| 타입 | closed cycle | open cycle | closed cycle | closed cycle |
| 큰 추력 | * | ** | *** | * |
| 큰 비추력 | *** | ** | *** | *** |
| 간단한 구조 | *** | ** | * | *** |
| 무게 | ** | *** | ** | *** |
| 안전성 | *** | ** | * | *** |
| 개발 수월성 | *** | ** | * | ** |

표 6.14에는 각 사이클에서 필요한 구성품들을 열거하였다.

전기펌프 사이클의 경우 펌프를 전기모터로 구동하므로 터빈과 유량제어밸브가 필요하지 않은 대신 전기모터, 인버터 및 배터리가 추가되어야 한다. 가스발생기 사이클 엔진의 경우 터보펌프를 구동하기 위한 가스발생기와 가스발생기용 밸브들이 필요하다. 가스발생기 사이클에서는 가스발생기 가스가 터빈 배기부를 통과하여 대기로 배출되는데, 터빈 배기부에

**표 6.14** 엔진 사이클의 구성품 비교[8]

| 사이클 | 전기펌프 방식 (전기펌프 사이클) | 터보펌프 방식 | | |
|---|---|---|---|---|
| | | 가스발생기 사이클 | 다단연소 사이클 | 팽창식 사이클 |
| 형태 | 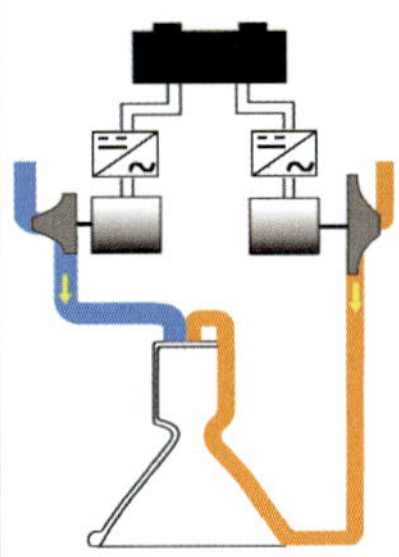 | 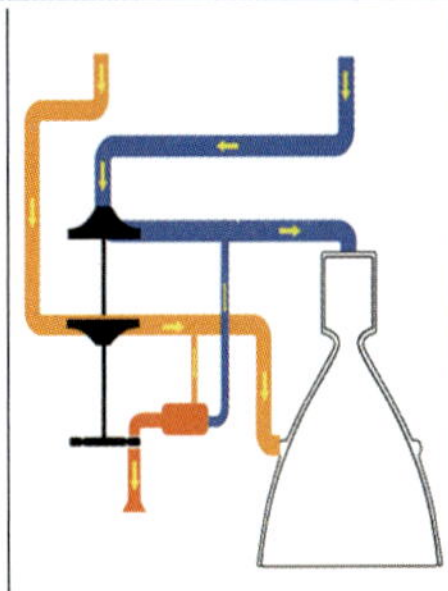 | 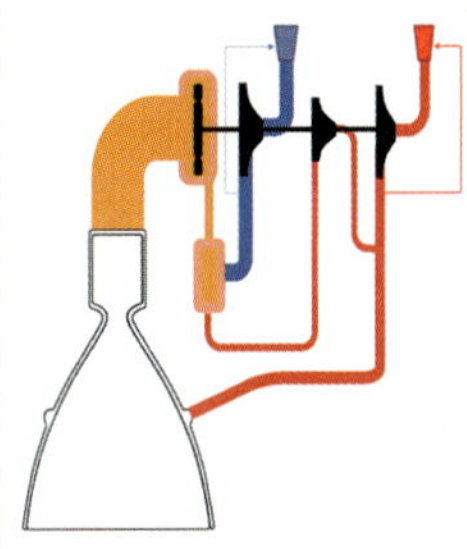 | 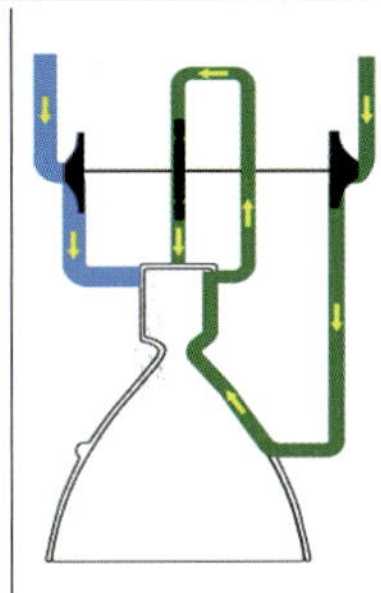 |
| 연소기 | ○ | ○ | ○ | ○ |
| MOV | ○ | ○ | ○ | ○ |
| MFV | ○ | ○ | ○ | ○ |
| 터보펌프 | 펌프 ○ (터빈 ×) | ○ | ○ | ○ |
| GG/ Preburner | | ○ | ○ | |
| GG igniter | | ○ | ○ | |
| GOV | | ○ | ○ | |
| GFV | | ○ | ○ | |
| O busterpump | | | △ | |
| F busterpump | | | △ | |
| control valve | | ○ | ○ | ○ |
| electric motor | ○ | | | |
| inverter | ○ | | | |
| battery | ○ | | | |

열교환기(추진제 탱크의 가압을 위하여 사용)의 설치가 용이하다. 다단연소 사이클 엔진의 경우 가장 많은 수의 부품이 필요하다. 다단연소 사이클에서는 터보펌프의 안전과 성능향상을 위하여 펌프 전단에 **부스터 펌프**를 장착하는 것이 일반적인데, 부스터 펌프를 장착하는 대신에 추진제 탱크압력을 높이는 방법을 사용할 수도 있다. 부스터 펌프의 장착 여부는 무게, 기술적 난이도와 안전성 등에 대하여 비교/분석하여 결정한다. 팽창식 사이클은 상대적으로 구성품 수가 적다.

LIQUID ROCKET ENGINE

# 부록

"설계의 필요성없이 창조적인 아이디어를 상상할 수 없습니다. 목적이 있고 설계를 해야 할 때 사람은 우주의 법칙과 질서를 경험하게 됩니다."

– 베르너 폰 브라운(1912 ~ 1977)
독일 출신의 미국 로켓개발 책임자

## 제1절 | 우주속도

지구의 높은 산꼭대기에서 대포를 쏜다고 하자. 이때 공기의 저항을 무시하고, 오직 중력만 작용한다고 가정한다.

대포알의 속도가 작을 경우에는 중력에 의하여 곧 땅에 떨어진다(D지점). 대포의 발사속도가 크면 대포알은 멀리 떨어지고(E지점), 발사속도를 더 높이면 더 멀리까지 날아간다(F지점). 대포알의 속도가 이보다 더 빠른 어떤 속도에서는 대포알이 지구 표면에 떨어지지 않고 지구 궤도를 계속 돌게 된다.[1] 이 속도를 **제1 우주속도** 또는 **궤도속도**(orbital velocity)라고 한다. 그리고 제1 우주속도보다 더 빠른 속도에서 대포알은 지구 중력을 이기고 우주 밖으로 나갈 수 있다. 이 속도를 **제2 우주속도** 또는 **지구 탈출속도**라고 한다.

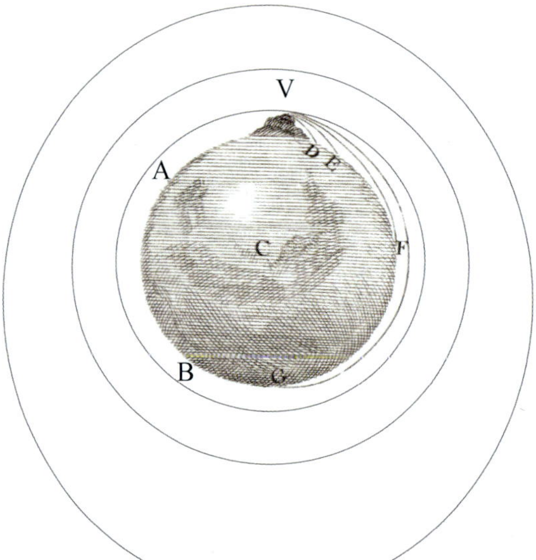


**그림 A.1** 뉴턴의 대포 상상실험 [1]

1 물리학 관점에서는 대포알이 지구 표면으로 '떨어지지 않는다'보다는 '무한히 떨어진다'라는 표현이 더 적합하다.

## 1 제1 우주속도

중력 가속도 g를 받는 인공위성 m이 지구로 떨어지지 않고 지구 궤도를 돌기 위한 속도 $v$(제1 우주속도)를 구해보자.

인공위성이 지구로 떨어지지 않기 위해서는 원심력 a와 중력가속도 $g$가 같아야 한다. 여기서 원심력 $a=\frac{v^2}{r}$이므로, $\frac{v^2}{r}=g$이어야 하고, 이때 속도는

$$v=\sqrt{g\cdot r}$$

이다.

공기저항이 없는 지표면에서 인공위성이 회전한다고 하면 지구 반지름이 $r=6{,}370\,km$이므로 $v=\sqrt{g\cdot r}=\sqrt{9.81\cdot 6{,}371}\approx 7.9\,km/s$이며, 따라서 지구 표면 궤도를 돌기 위한 제1 우주속도는 7.9 km/s이다.

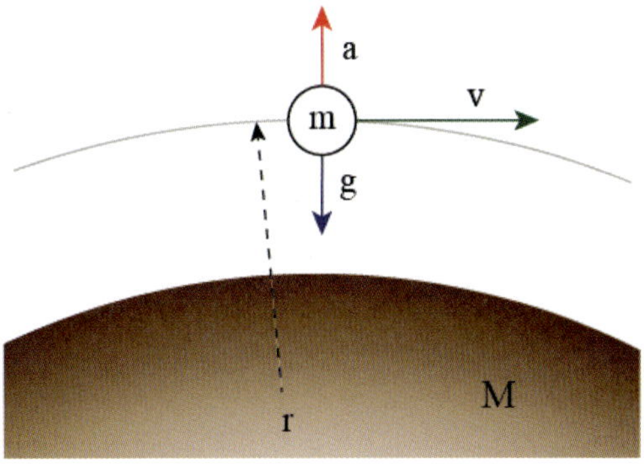


그림 A.2 지구표면에서 궤도 비행을 위한 속도

그런데 실제 인공위성은 지구표면에서가 아니라 수백 km 이상의 궤도에서 회전을 한다. 따라서 이를 고려하면 위 식에서 $r=R+h$가 된다.

그리고 높은 고도에서는 다음 식과 같이 중력가속도가 감소한다.

$$g=G\frac{M}{(R+h)^2}$$

여기서 중력 상수 $G\approx 6.674\cdot 10^{-11}\,Nm^2kg^{-2}$이다. 중력 상수값은 각각 1kg인 두 물체가 1m 사이에 있을 때 작용하는 인력과 같다.

궤도 비행을 위해서는 인공위성의 원심력이 중력가속도와 같아야 하므로

$$g = G\frac{M}{(R+h)^2} = \frac{v^2}{(R+h)}$$

이다.

식을 정리하면

$$v = \sqrt{G\frac{M}{(R+h)}}$$

가 된다. 여기서 지구의 질량 $M = 5.97 \cdot 10^{24}\,kg$이다.

위 식으로부터 고도 $h$가 커지면 제1 우주속도 $v$가 작아짐을 알 수 있다. 지구 상공 100km, 300km, 500km에서 제1 우주속도는 각각 7844m/s, 7726m/s, 7600km/s로 계산이 된다.

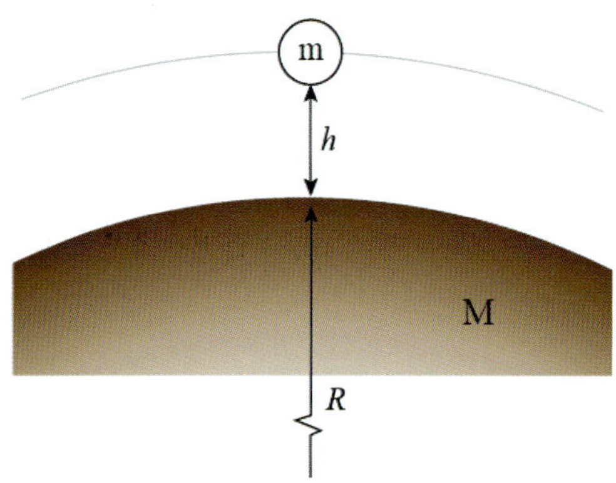


그림 A.3 지구 상공 h에서 궤도비행을 위한 속도

## 2 위성의 회전 주기

위성의 회전주기는

$$T = \frac{2\pi(R+h)}{v} = 2\pi(R+h)\sqrt{\frac{(R+h)}{GM}}$$

이고, 회전주기가 지구의 자전주기와 같은 24시간이 되기 위한 거리 $h$를 구하면

$$24h = 2\pi(6371\,km + h)\sqrt{\frac{(6371\,km + h)}{9.81\,m/s \cdot (5.97 \cdot 10^{24}\,kg)}}$$
$$h = 35{,}800\,km$$

이다.

즉 위성이 적도 상공 35,800km의 원형 궤도를 돈다고 할 때 위성은 지구의 한 지점 상공에 계속 놓이게 되어서 지구 표면의 한 부분에 대한 지속적인 관찰, 통신 및 방송에 매우 유용하다. 이 궤도를 **지구정지궤도**(GEO: Geostationary Orbit)라고 부른다.

## 3 로켓 방정식의 적용

로켓 방정식[2]을 이용하여 인공위성의 궤도비행을 가능하게 하는 로켓의 구조비와 엔진의 비추력을 구할 수 있다.

만약에 추진제와 구조 무게비(추진제 무게/로켓구조무게)가 4라고 하면

$$7.9\,km/s = u_e \ln\left(1 + \frac{4}{1}\right)$$
$$u_e = 5\,km/s$$

이다.

따라서 추진제와 구조 무게비 4에서 로켓이 7.9km/s를 얻기 위해서는 엔진의 비추력이 5km/s(=510초)가 되어야 한다.

실제로 이러한 엔진은 존재하지 않으므로 추진제/구조 무게비를 낮추는 방안으로 다단로켓이 개발되었다.

## 4 제2 우주속도

**탈출속도**는 로켓이나 우주선이 지구 등의 중력장을 탈출하기 위한 최소 속도이다. 에너지 보존법칙을 이용하여 지구 탈출속도를 간단히 구해보자.

지구 표면에서 발사되는 로켓에 오직 중력만이 작용한다고 가정할 때, 에너지 보존법칙에 의하여 지구 표면에서 총 에너지는 포텐셜 에너지가 0인 무한 거리에서 총 에너지와 같다.

$$(E_{kinetic} + E_{potential})_i = (E_{kinetic} + E_{potential})_f$$

2 로켓 방정식은 부록 2절에 설명되어 있다.

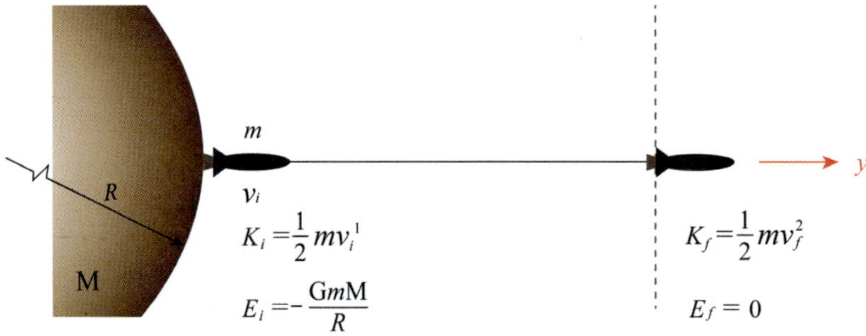


그림 A.4 지구 탈출 속도

여기서 무한 거리의 $f$ 지점을 포텐셜 에너지의 기준점($E_{potential} = 0$)으로 정하면 $(E_{potential})_f = 0$이고, $(E_{potential})_i = -G\frac{mM}{R}$이 된다. 초기속도와 최종속도를 각각 $v_i$, $v_f$라 하면, 에너지 보존식은 다음과 같다.

$$\frac{1}{2}mv_i^2 - G\frac{mM}{R} = \frac{1}{2}mv_f^2 + 0$$

따라서 탈출 가능한 속도 $v_i = \sqrt{2G\frac{M}{R} + v_f^2}$ 이다.

최소탈출속도 $v_e$는 $v_f = 0$일 때이므로, $v_e = \sqrt{2G\frac{M}{R}}$ 이다.

위 식은 다른 행성에서의 탈출 속도를 구하는데도 사용 가능하다. 만약에 지구에 국한할 경우 최소탈출속도는 다음과 같다.

$$\frac{1}{2}mv_i^2 - mgR = \frac{1}{2}mv_f^2 + 0 \text{ (여기서 } v_f = 0\text{일 때 } v_i\text{가 최소탈출속도가 된다)}$$

$$v_e = \sqrt{2gR} = \sqrt{9.81 \cdot (6371 \cdot 10^3)} = 11.2\,km/s$$

발사 장소가 적도에 위치해 있을 경우 지구의 회전속도(465m/s)를 이용할 수 있으므로 탈출속도가 작아지는 이점이 있다.

만약에 위성이 제1 우주속도보다 크고 제2 우주속도보다는 작은 속도에서 로켓으로부터 구형 궤도의 접선방향으로 분리되면 위성은 **타원형 궤도**를 갖게 된다.

# 제2절 | 로켓방정식

## 1 로켓 방정식의 유도

로켓 방정식은 변화하는 질량을 갖는 물체의 운동량 관계식으로 구할 수 있다.

**충격량-운동량 정리**(principle of impulse and momentum)에 의하면 초기 운동량에 시간 $\Delta t$동안 힘이 가해지면 운동량은 변화한다. 이것을 식으로 표현하면 다음과 같고, 추진하고 있는 로켓에 적용하면 그림 A.5와 같다.

$$\text{운동량}_{time=t} + \int F_{cv}\Delta t = \text{운동량}_{time=t+\Delta t} \tag{A-1}$$

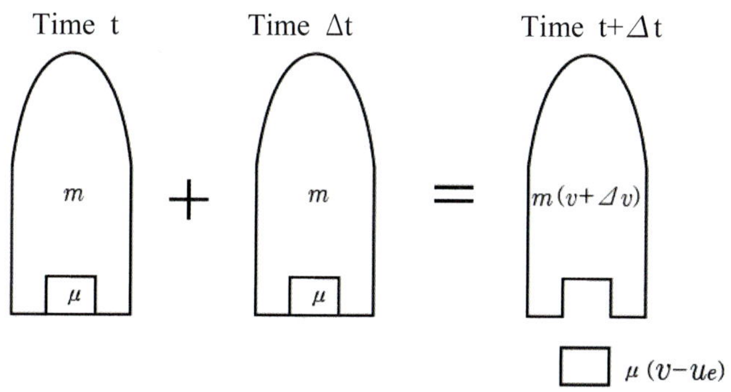


$$(m+\nu)v \quad + \quad \int F_{cv}\Delta t \quad = m(v+\Delta v)+\mu(v-u_e)$$

그림 A.5 로켓의 운동량 보존

그림에서 $\mu$를 로켓 추진제의 연소가스 무게라고 하고, 로켓에서 분출하는 상대속도를 $v_e$라고 하면, 연소가스가 노즐로 배출되기 전인 시간 $t$일 때 운동량은 $(m+\mu)v$이고, 로켓에 작용하는 외부힘이 $\int F_{cv}\Delta t$일 때, 시간 $t+\Delta t$에서 운동량은 $m(v+\Delta v)+\mu(v-u_e)$이다.

$$(m+\nu)v+\int F_{cv}\Delta t = m(v+\Delta v)+\mu(v-u_e)$$

$$mv+\mu v+\int F_{cv}\Delta t= mv+m\Delta v+\mu v-\mu u_e$$

$$\int F_{cv}\Delta t= m\Delta v-\mu u_e$$

여기서, 로켓의 관점에서 $\Delta t$동안 로켓의 무게 변화는

$$\Delta m = m(t+\Delta t) - m(t) = -\mu$$

이다.

이 식을 위 식에 적용하고,

$$\int F_{cv} \Delta t = m\Delta v + \Delta m u_e$$

양변을 $\Delta t$로 나누면

$$F_{cv} = m\frac{dv}{dt} + \frac{dm}{dt} u_e$$

이다.

만약에 로켓이 지구를 멀리 벗어난 우주에서 비행한다면 중력과 공력의 영향을 받지 않으므로 외부힘 $F_{cv} = 0$이다.

이때 식은

$$m\frac{dv}{dt} = -u_e \frac{dm}{dt} \tag{A-2}$$

이다.

$m\frac{dv}{dt} = ma$이므로 식 (A-2)는 다음과 같다.

$$ma = -u_e \frac{dm}{dt}$$

로켓은 추진제 연소가스가 분출될 때 힘 $u_e \frac{dm}{dt}$의 반작용으로 추력을 얻게 된다. 특히 추진제 연소가스의 속도 $u_e$가 로켓의 속도 $v$보다 작더라도($u_e < v$), 로켓은 추진력을 얻을 수 있다는 것을 알 수 있다.

식 (A-2)를 이용하여 로켓 방정식을 유도하면

$$dv = -u_e \frac{dm}{m}$$

양변을 적분하면

$$\int_{v_i}^{v} dv = -u_e \int_{m_i}^{m} \frac{dm}{m}$$

여기서 $v_i$과 $m_i$는 초기 속도와 무게이고, $v$와 $m$은 비행 중인 어느 시점에서 속도와 무게이다.

적분을 풀면

$$v - v_i = u_e \ln \frac{m_i}{m}$$

여기서 $v$는 절대속도이고, $u_e$는 로켓을 기준으로 한 연소가스의 상태속도이다.

이 식을 러시아의 치올콥스키가 1897년에 처음 유도하였으며, **로켓방정식**이라 부른다. 이 식으로 어떤 구조비($m_{str}/m_i$)를 가진 로켓이 낼 수 있는 최대 속도를 계산할 수 있다.

발사 초기에 로켓의 질량($m_i$)은 로켓 구조무게($m_{str}$)와 추진제 무게($m_{prop}$)의 합이고, 최종 로켓의 무게는 $m_f = m_{prop} - m_f = m_{str}$이므로, 로켓의 최대 속도는 다음의 식으로 표현된다.

$$\begin{aligned} \Delta v_{\max} &= u_e \ln\left(\frac{m_i}{m_f}\right) \\ &= u_e \ln\left(\frac{m_i}{m_i - m_{prop}}\right) \\ &= u_e \ln \frac{(m_{str} + m_{prop})}{m_{str}} \\ &= u_e \ln\left(1 + \frac{m_{prop}}{m_{str}}\right) \end{aligned} \tag{A-3}$$

여기에서 인공위성의 무게($m_{sat}$)를 구분해서 쓰면

$$\Delta v_{\max} = u_e \ln\left(\frac{m_i}{m_f}\right) = u_e \ln \frac{(m_{sat} + m_{str'} + m_{prop})}{m_{sat} + m_{str'}}$$

이고, 위성의 제외한 순수 로켓 구조무게는 $m_{str'} = m_{str} - m_{sat}$이다.

식 (A-3)으로부터 로켓이 낼 수 있는 속도 증분은 엔진에서 가스 분출속도와 추진제 양에 비례하고 로켓의 무게에 반비례한다는 것을 알 수 있다. 따라서 엔진의 비추력을 높이고 추진제/구조 무게비($m_{prop}/m_{str}$)를 낮추는 것이 요구된다. 엔진의 비추력을 높이기 위해서 수소를 사용할 경우 수소의 낮은 밀도로 인하여 탱크가 커져서 구조비가 안 좋아진다. 추진제를 더 많이 실어서 최종속도를 올리려는 시도 또한 추진제 탱크와 함께 관련 구조물이 커지므로 추진제/구조 무게비($m_{prop}/m_{str}$)를 높이는데 한계가 있다.

앞의 로켓 방정식(A-3)을 구하는데 있어서 로켓에는 외부힘이 작용하지 않는 것으로 가정하였다. 그러나 실제 로켓이 지상에서 발사된다면 로켓은 상승을 하면서 중력과 공력저항

을 겪게 된다. 따라서 표 A.1과 A.2와 같이 로켓의 속도 증분은 중력, 공력 및 비행방향 전환 등에 의한 손실 들을 포함해야 한다.

표 A.1 지구 저궤도 비행 및 귀환을 위한 우주왕복선의 속도증분 분석[2]

| 항 목 | 속 도 |
|---|---|
| 이상적인 위성 속도 | 7790m/s |
| 중력 손실을 극복하기 위한 $\Delta u$ | 1220m/s |
| 수직 방향으로부터 피치 기동을 위한 $\Delta u$ | 360m/s |
| 공력 저항에 대응하기 위한 $\Delta u$ | 118m/s |
| 궤도 진입 | 145m/s |
| 지구 재진입을 위한 기동 및 공력 브레이크 | 60m/s |
| 보정 기동과 속도 조정 | 62m/s |
| 위도 28.5도에서 지구의 회전에 의해 제공되는 초기속도 | -408m/s |
| 요구되는 미션 총 속도(Total required mission velocity) | 9347m/s |

표 A.2 Saturn V로켓의 속도 증분[3]

| 단 | 특성 속도 (m/s) | 중력 손실 (m/s) | 공력 손실 (m/s) | 항법 손실 (m/s) | 실제 속도 (m/s) |
|---|---|---|---|---|---|
| 1단(S-IC) | 3660 | 1220 | 46 | 0 | 2394 |
| 2단(S-II) | 725 | 335 | 0 | 183 | 4207 |
| 3단(S-IVB) | 4120 | 122 | 0 | 4.5 | 3993.5 |
| Total | 12505 | 1677 | 46 | 187.5 | 10594.5 |

# 제3절 | 추력벡터제어와 롤제어

## 1 추력벡터제어

로켓의 비행 방향을 바꿀 수 있는 방법은 그림 A.6과 같이 크게 네 가지가 있다.[3] 이중

3 네 가지 방법 이외에도 연소기 노즐부에 가스를 주입하여 추력벡터제어를 수행하는 2차 주입 시스템(Secondary injection system)이 대륙간 탄도미사일에 적용되기도 하였다.

에서 날개를 이용한 방법은 공기가 있는 대기권에서만 사용 가능한 수단이고, 우주공간에서는 엔진의 추력방향을 바꾸어서 로켓이 가고자 하는 방향으로 유도한다.

최신 로켓에서는 엔진이나 연소기의 축방향을 회전시켜서 추력 방향을 바꾸어 로켓의 방향을 제어하는 **짐벌 방식**(Gimbaled Thrust)이 널리 사용된다.

구소련에서는 추력벡터와 롤제어를 위한 추가의 **버니어 엔진**을 장착하는 경우가 많았고, 독일의 V-2 로켓 및 Redstone 등 초기 발사체는 엔진의 연소 분출가스를 흑연 소재로 만든 회전하는 **베인**(thrust vane)으로 방향을 바꾸어서 로켓의 방향 제어를 하였다.

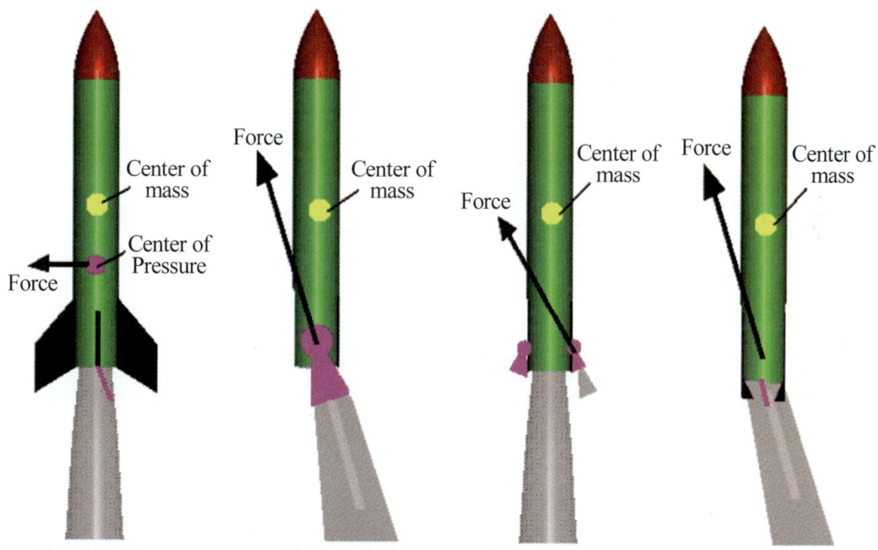


그림 A.6 로켓의 방향 제어 방법 [4]

## 2 롤제어

엔진이 2개 이상 장착이 되어 있으면 로켓을 롤방향으로 회전시킬 수 있다. 그러나 엔진이 하나 장착된 경우에는 롤제어를 위해서 다음의 두 방법이 이용될 수 있다.[4]

### (가) 가스발생기 사이클 엔진

가스발생기 사이클 엔진에서는 가스발생기 가스가 터빈을 돌린 후에 대기로 배출되는데,

4 상단의 경우 롤제어를 위한 추력기를 별도로 장착하기도 한다.

이 터빈배기가스를 이용하여 롤제어를 수행할 수 있다. 한국형 발사체의 2단에 장착된 75톤급 엔진의 경우 아래 그림 A.7과 유사하게 터빈배기덕트 후단에 롤제어노즐(roll control nozzle)을 달아서 롤제어 기능을 수행한다.

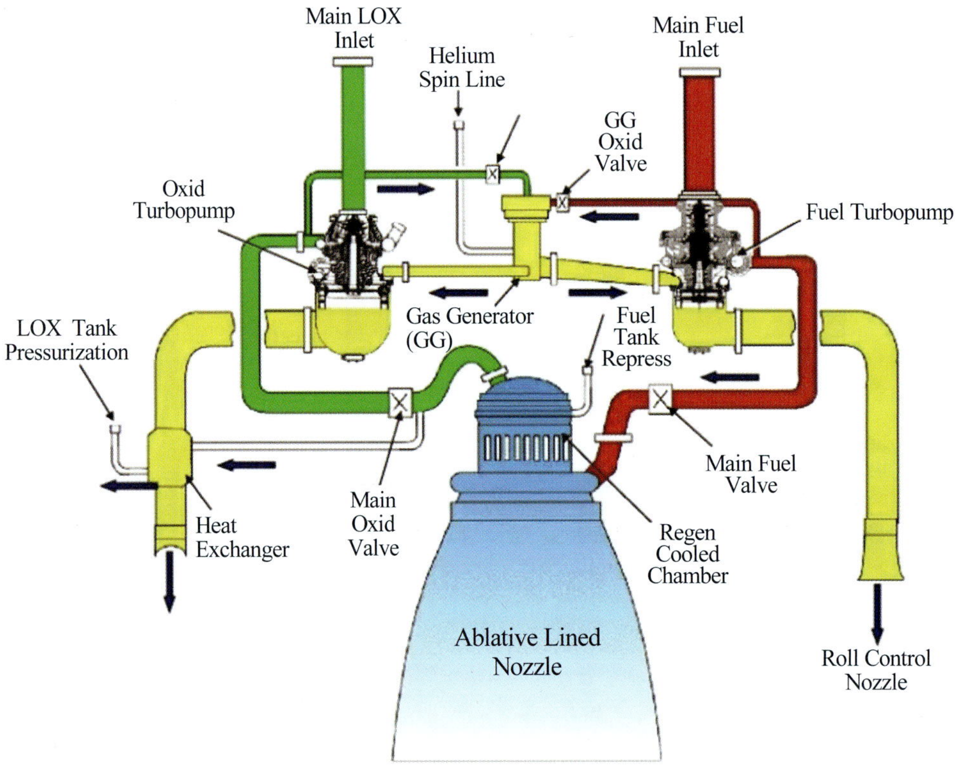


**그림 A.7** RS-68엔진의 터빈 배기가스를 이용한 롤제어[5]

## (다) 다단연소 사이클 엔진

다단연소 사이클 엔진의 경우 모든 추진제가 연소기를 통하여 배출되므로 연소기 한 개로는 롤제어를 수행할 수 없다. 이 경우 엔진의 연소가스를 일부 추출하여 로켓의 외피에 설치된 롤추력 노즐로 배출하여 로켓의 롤제어를 할 수 있다.

나로호 1단의 경우 그림 A.8과 같이 RD-191엔진의 프리버너에서 일부 가스를 추출하여 롤추력을 생성하였다.

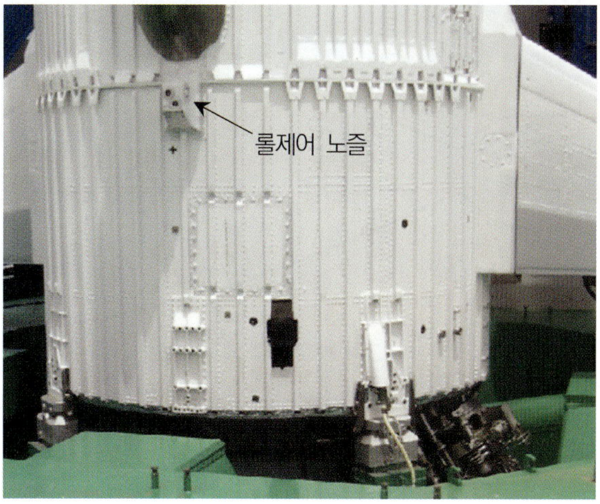


**그림 A.8** 나로호 1단 롤제어용 노즐

## 제4절 | 노즐 출구속도

연소기에서 압력이 $P_c$이고 온도가 $T_c$인 연소가스가 노즐에서 팽창하면서 가속될 때 노즐 출구에서 가스속도 $V_e$를 구해보자.

### 1 노즐 유동의 이해

연소기 안에 있는 고온 고압의 가스는 축소-팽창노즐을 통과하면서 가속된다.

만약에 노즐 벽에서 열출입과 마찰이 없다고 하면 가스의 흐름은 등엔트로피 유동이 되고 오직 단면적 변화에 따라 가속되거나 감속된다.

연소실 내부 압력 $P_c$가 노즐 바깥쪽의 압력보다 충분히 높을 때 연소실 내 가스는 축소노즐을 지나면서 속도가 증가한 후 노즐 목에서 마하 1의 속도가 되고 팽창노즐에서 초음속으로 가속된다.

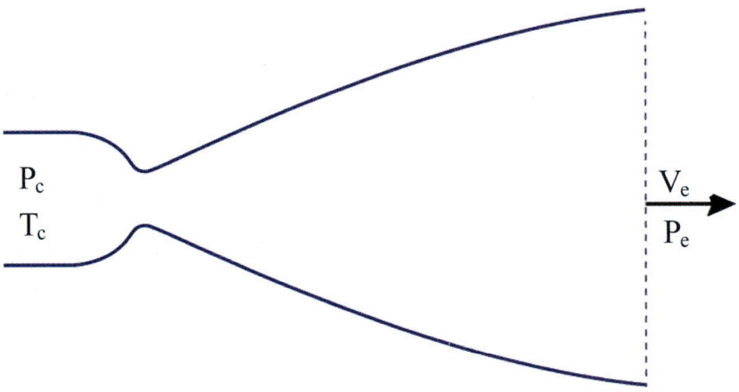


그림 A.9 노즐 출구속도

## 2 노즐 출구속도 계산

등엔트로피 유동(노즐 벽에서 열전달과 마찰이 없음)에서 노즐 입출구에 대하여 에너지 보존법칙을 적용하면

$$h_c + \frac{1}{2}V_c^2 = h_e + \frac{1}{2}V_e^2$$

이다. 여기서 엔탈피 $h = C_p T$이고 연소실 내부 유동 속도 $V_c$는 무시할 정도로 작으므로

$$C_p T_c = C_p T_e + \frac{1}{2}V_e^2 \tag{A-4}$$

가 된다.

연소실 내 온도 $T_c$(열에너지)는 노즐 출구에서 속도 $V_e$(운동에너지)가 증가함에 따라 $T_e$로 감소한다.

식 (A-4)를 노즐 출구속도 식으로 고치면

$$V_e = 2\sqrt{C_p(T_c - T_e)} = 2\sqrt{C_p T_c\left(1 - \frac{T_e}{T_c}\right)} \tag{A-5}$$

이다.

정압비열 $C_p$과 특정기체상수 R은 다음의 관계가 있다.

$$C_p = \frac{k}{k-1}\mathrm{R}$$

$$\mathrm{R} = \frac{R}{\mu}$$

여기서 $C_p$는 정압비열, $k$는 비열비, $R$은 일반기체상수, $\mu$는 분자량이다.

식 (A-5)는 다음과 같고

$$V_e = \sqrt{\frac{2k}{k-1}\frac{R}{\mu}T_c\left[1-\frac{T_e}{Tc}\right]} \tag{A-6}$$

등엔트로피 유동에서 온도, 압력 및 밀도비 간에는 다음의 관계가 있으므로

$$\frac{T_e}{T_c} = \left(\frac{P_e}{P_c}\right)^{\frac{k-1}{k}} = \left(\frac{\rho_e}{\rho_c}\right)^{k-1}$$

식 (A-6)는 다음 식이 된다.

$$V_e = \sqrt{\frac{2k}{k-1}\frac{RT_c}{\mu}\left[1-\left(\frac{P_e}{P_c}\right)^{\frac{k-1}{k}}\right]}$$

여기서 $V_e$는 연소압 $P_c$와 연소온도 $T_c$인 가스가 노즐을 통하여 압력 $P_e$로 팽창할 때 노즐 출구에서 분출속도이다.

## 제5절 | 터빈 동력식

엔탈피 $h_o$의 가스발생기 가스 $\dot{m}_{gg}$가 터빈을 회전시키고 엔탈피 $h_2$가 되어 터빈 후단으로 빠져나간다고 할 때, 손실은 무시할 경우 터빈이 획득할 수 있는 이론적인 최대 동력은 다음과 같다.

$$N_{t,\max} = \dot{m}_{gg}(h_o - h_2)$$

$h = C_p T$이므로,

$$N_{t,\max} = \dot{m}_{gg} C_p (T_o - T_2)$$

이고, 등엔트로피 유동을 가정하면,

$$N_{t,\max} = \dot{m}_{gg} C_p T_o\left(1-\frac{T_2}{T_o}\right) = \dot{m}_{gg} C_p T_o\left(1-\left(\frac{P_2}{P_o}\right)^{\frac{k-1}{k}}\right) \tag{A-7}$$

이며, 기체 상태방정식을 적용하면 식 (A-7)은 다음과 같다.

$$N_{t,\max} = \dot{m}_{gg} \frac{k}{k-1} R_{gg} T_o \left(1 - \left(\frac{P_2}{P_o}\right)^{\frac{k-1}{k}}\right)$$

그러나 ① 터빈 노즐과 터빈 블레이드에서 공력학적 손실, ② 터빈 디스크의 마찰력, ③ 터빈 출구속도와 ④ 터빈 블레이드와 내벽사이 틈에서 누설 등에 의한 손실로 인하여 실제 터빈의 동력은 이론적인 최대 동력에 효율을 곱한 값이 된다.

즉 터빈의 실제 가용동력은

$$N_t = \eta_t \cdot N_{t,\max} \tag{A-8}$$

이고, 식 (A-7)과 (A-8)로부터 다음의 식을 얻는다.

$$N_t = \eta_t \dot{m}_{gg} \frac{k}{k-1} R_{gg} T_o \left[1 - \left(\frac{P_2}{P_o}\right)^{\frac{k-1}{k}}\right] \tag{A-9}$$

터빈입구에서 가스발생기 가스의 속도가 작으므로 정체온도는 터빈 입구온도($T_o \approx T_{gg}$), 정체입구압은 터빈 입구압($P_o \approx P_{in}$)으로 가정할 수 있다. 터빈출구온도 $P_2$를 $P_{out}$으로 고쳐쓰면 식 (A-9)는 다음과 같은 형태가 된다.

$$N_t = \eta_t \dot{m}_{gg} \frac{k}{k-1} R_{gg} T_{gg} \left[1 - \left(\frac{P_{out}}{P_{in}}\right)^{\frac{k-1}{k}}\right] \tag{A-10}$$

터빈 압력비 $\pi_t = \frac{P_{in}}{P_{out}}$의 형태로 식 (A-10)을 다시 쓰면,

$$N_t = \eta_t \dot{m}_{gg} \frac{k}{k-1} R_{gg} T_{gg} \left[1 - \left(\frac{1}{\pi_t}\right)^{\frac{k-1}{k}}\right] \tag{A-11}$$

이다.

## 제6절 | 펌프 상사법칙, 비속도, 흡입 비속도

펌프의 흡입 비속도를 이해하기 위해서는 펌프 상사법칙과 비속도(specific speed)에 대해 먼저 알아보자.

## 1 펌프 상사법칙

펌프의 유량($\dot{Q}$)과 양정($H$)은 펌프회전수($w$) 및 크기($D$)와 다음과 같은 관계를 갖는다.

$$\dot{Q} \propto \omega D^3 \qquad \text{(A-12)}$$

$$H \propto \omega^2 D^2 \qquad \text{(A-13)}$$

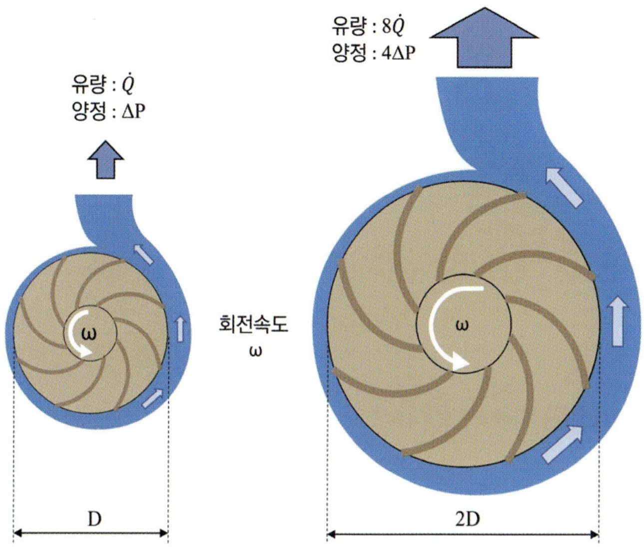


그림 A.10 펌프 상사법칙(좌: 모델 펌프, 우: 실제 펌프)

만약 그림 A.10과 같이 기하학적으로 동일한 모양을 갖는 두 개의 펌프(모델 펌프와 실제크기 펌프)가 있을 때, 식 (A-12)와 (A-13)으로부터 두 펌프에 대하여 다음의 식이 성립한다.[5]

$$\frac{\dot{Q}_M}{\omega_M D_M^3} = \frac{\dot{Q}}{\omega D^3} \quad \text{또는} \quad \frac{D}{D_M} = \left( \frac{\dot{Q}\,\omega_M}{\dot{Q}_M \omega} \right)^{\frac{1}{3}} \qquad \text{(A-14)}$$

$$\frac{H_M}{\omega_M^2 D_M^2} = \frac{H}{\omega^2 D^2} \quad \text{또는} \quad \frac{D}{D_M} = \left( \frac{H}{H_M} \right)^{\frac{1}{2}} \frac{\omega_M}{\omega} \qquad \text{(A-15)}$$

식 (A-14)와 (A-15)에서

5 그림 A.10과 같이 기하학적으로 동일한 형상을 유지한 상태에서 직경을 2배로 크게 하면, 식 (A-12)와 (A-13)에 의해 유량은 8배, 양정은 4배가 증가한다.

$$\frac{D}{D_M} = \left(\frac{\dot{Q}\,\omega_M}{\dot{Q}_M\omega}\right)^{\frac{1}{3}} = \left(\frac{H}{H_M}\right)^{\frac{1}{2}}\frac{\omega_M}{\omega} \tag{A-16}$$

이므로, 식 (A-16)의 두 번째와 세 번째 항을 풀면

$$\left(\frac{\dot{Q}}{\dot{Q}_M}\right)^{\frac{1}{3}} = \left(\frac{H}{H_M}\right)^{\frac{1}{2}}\left(\frac{\omega_M}{\omega}\right)^{\frac{2}{3}}$$

$$\left(\frac{\dot{Q}}{\dot{Q}_M}\right)^{\frac{1}{2}} = \left(\frac{H}{H_M}\right)^{\frac{3}{4}}\frac{\omega_M}{\omega} \tag{A-17}$$

$$\frac{\omega_M\sqrt{\dot{Q}_M}}{H_M^{3/4}} = \frac{\omega\sqrt{\dot{Q}}}{H^{3/4}}$$

식 (A-17)으로부터 모든 기하학적으로 상사인 펌프의 파라미터 조합$\left(\frac{\omega\sqrt{\dot{Q}}}{H^{3/4}}\right)$이 같음을 알 수 있다.

## 2 펌프의 비속도

펌프의 **비속도(specific speed)**는 기하학적으로 상사인 펌프들의 기준이 되는 표준 펌프가 갖는 회전수를 의미한다. 즉 기하학적으로 상사인 펌프들은 동일한 비속도를 갖는다.

펌프의 비속도는 표준펌프(standard pump)를 기준으로 삼음으로써 식 (A-17)은 다음과 같이 쓸 수 있다.

$$\frac{\omega_s\sqrt{\dot{Q}_s}}{H_s^{3/4}} = \frac{\omega\sqrt{\dot{Q}}}{H^{3/4}}$$

즉,

$$\omega_s = \frac{\omega\sqrt{\dot{Q}/\dot{Q}_s}}{H^{3/4}/H_s^{3/4}} \tag{A-18}$$

비속도의 단위는 회전수($rpm$) 또는 회전속도($rad/s$)이며[6,7], 표준펌프의 양정, 유량(또

6 펌프의 비속도를 무차원화하는 경우도 있다.

7 회전속도 $\omega$ [$rad/s$]와 회전수 $n$ [$rpm$]는 다음과 같이 환산된다.

$$w = n \cdot 2\pi/60 = n \cdot \pi/30 \simeq 0.105n$$

는 동력)으로 어떤 기준값과 단위를 선택하느냐에 따라 계수값이 달라진다.

표준 펌프의 양정이 $1\,m$이고, 유량이 $0.075\,m^3/s$일 때[8] 식 (A-18)은 다음과 같다.

$$n_s = \frac{n\sqrt{\dot{Q}/0.075}}{H^{3/4}/1} = 3.65\,\frac{n\sqrt{\dot{Q}}}{H^{3/4}}$$

$$n_s = 3.65\,\frac{n\sqrt{\dot{Q}}}{H^{3/4}} \qquad \text{(A-19)}$$

여기서 $n$의 단위는 $[rpm]$이고, 유량($Q$)과 양정($H$)의 단위는 $[m^3/s]$와 $[m]$이다.

회전속도$[rad/s]$, 유량$[m^3/s]$, 양정$[J/kg]$의 단위를 쓰는 SI 단위계에서 동일한 비속도 $n_s$값을 얻기 위해서는 계수값이 193.3이어야 한다. 따라서 SI 단위계를 사용할 때 비속도 식은 다음과 같다.

$$n_s = 193.3\,\frac{\omega\sqrt{\dot{Q}}}{H^{3/4}} \qquad \text{(A-20)}$$

여기서 $n_s$과 $w$의 단위는 $rad/s$이고, 유량과 양정의 단위는 각각 $Q[m^3/s]$, $H[J/kg]$이다.

비속도는 펌프 설계단계에서 효율이 높은 임펠러의 형태를 선택할 때 사용된다.

표 A.3 펌프 비속도와 임펠러 형상 관계[6]

| 펌프 비속도 | $n_s = 40 \sim 80$ | $n_s = 80 \sim 150$ | $n_s = 150 \sim 300$ |
|---|---|---|---|
| 임펠러 형상 | 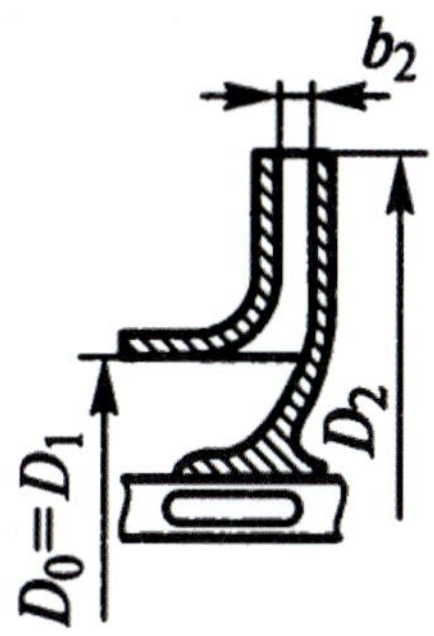 | 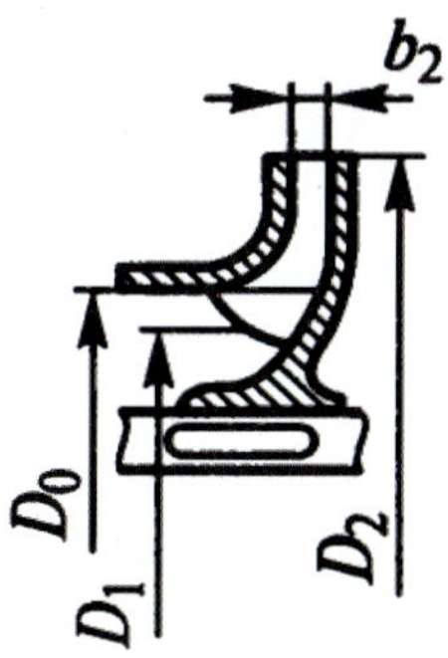 | 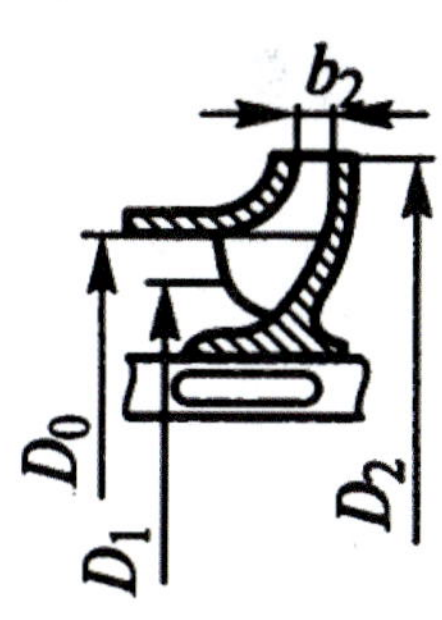 |
| 임펠러 입출구 직경비 | $D_2/D_o \approx 2.5$ | $D_2/D_o \approx 2.0$ | $D_2/D_o \approx 1.8 \sim 1.4$ |

8 손실을 고려하지 않을 때 펌프의 동력이 1마력이라면, $N = 1\,hp = 75\,kgf \cdot m/s = g\dot{m}H = g\rho QH = 1000 \cdot 9.81 \cdot Q \cdot 1$이고, 따라서 $Q = 0.075\,m^3/s$이다.

임펠러의 기하학적 형상(특히 임펠러 출구직경 대비 입구직경 비, $D_2/D_o$)은 펌프의 효율과 밀접한 관계가 있다.

높은 양정이 필요할 때는 펌프에서 고효율을 내기 위하여 임펠러의 직경비 $D_2/D_o$가 커야 하며, 이때 비속도는 작은 값을 가진다.

반대로 비속도 $n_s$가 커지면 펌프의 양정은 줄고 유량은 증가하는데, 이때 펌프는 높은 효율을 얻기 위해서 작은 임펠러의 길이(즉, 작은 $D_2/D_o$)를 가진다.

이러한 상관관계에 따라 펌프 설계 시에 비속도를 알면 고효율을 위한 임펠러의 대략적인 모양을 알 수 있다.

일례로 설계 중인 펌프가 회전수 10,000rpm, 양정 $H = 500\,m$이고, 유량 $Q = 0.1\,m^3/s$일 때 비속도 $n_s$는

$$n_s = 3.65 \cdot 10000 \cdot \frac{\sqrt{0.1}}{500^{3/4}} = 108$$

이 되고, 이때 최적의 임펠러 형상은 비속도값에 대응하는 임펠러 입출구 직경비를 가진다.

그림 A.11은 수소 연료를 사용하는 다양한 액체로켓엔진의 산소펌프와 수소펌프의 비속도 값을 보여준다. 수소펌프는 산소펌프에 비하여 작은 비속도 값을 갖고 이로부터 수소펌프의 임펠러가 산소펌프의 임펠러보다 긴 형태임을 알 수 있다.

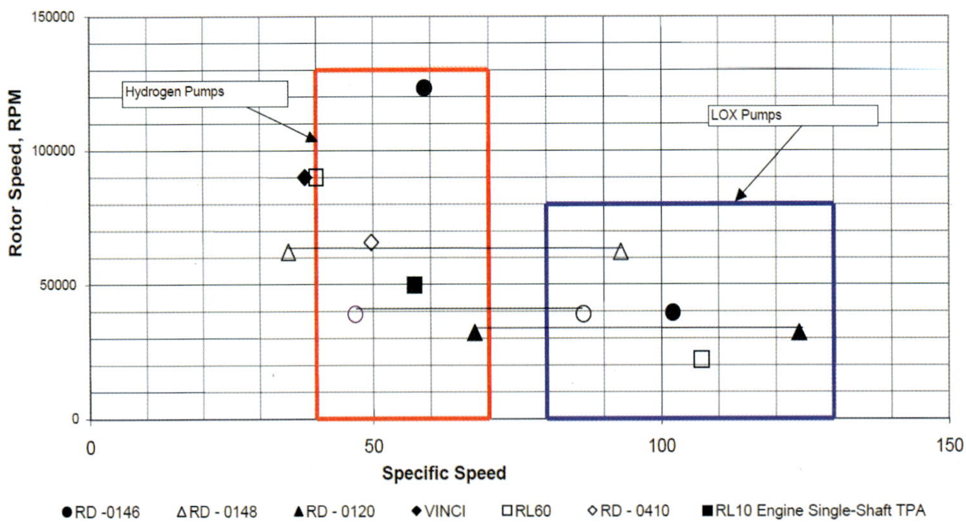


그림 A.11 수소연료를 사용하는 액체로켓엔진의 산소펌프와 수소펌프의 비속도 값[7]

## 3 펌프의 흡입 비속도

펌프의 설계에 있어서 중요한 과제 중에 하나는 펌프 입구압이 주어졌을 때 펌프의 최대 허용 회전수를 구하는 것이다.

식 (A-12)와 (A-13)에서 보듯이 펌프의 회전수 증가는 동일한 양정과 유량에서 펌프의 크기와 무게를 작게 하고, 동일한 크기에서는 양정과 유량을 크게 할 수 있다.

그런데 펌프의 회전수를 높이는 것은 캐비테이션이라는 물리적인 현상에 의해 제한을 받는다.

### 가) 캐비테이션

**캐비테이션**(cavitation)은 갑자기 압력이 낮아지는 지점에서 작은 공동(vapor-filled cavities)을 형성하는 물리적인 현상으로, 공동이 펌프 구조물 근처에서 붕괴하면서 강한 충격파로 구조물에 손상을 준다.

그림 A.12는 캐비테이션 버블(공동)이 상부에 있는 구조물 표면에서 붕괴되는 과정을 보여준다. 매우 작은 내부압력(거의 진공)을 갖는 버블이 구조물 근처에서 붕괴될 때 그림 A.12의 7~18 과정에서와 같이 진공이 깨지면서 액체가 초음속의 속도로 버블 내부에 파고드는데, 이때 초음속의 액체유동(supersonic fluid microjet)은 큰 파괴적인 에너지로 펌프 표면(특히 펌프 임펠러)을 쳐서 손상을 일으킨다.

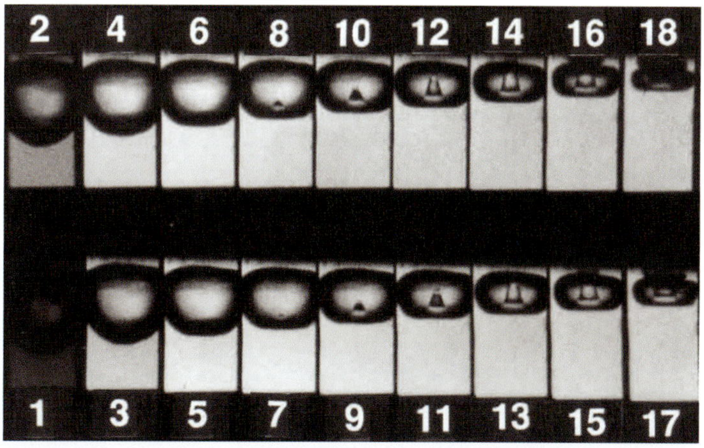


그림 A.12 캐비테이션 버블의 붕괴 진행[8,9]

그림 A.16은 우주왕복선 엔진(SSME)의 축소형 산화제 펌프 수류시험 과정 중에 발생한 캐비테이션 모습이다.

그림 A.13 SSME 엔진의 축소형 산화제 펌프내 캐비테이션[10]

## 나) 유효흡입헤드(NPSH)

추진제가 가지고 있는 전압(total pressure)은 다음 식과 같다.

$$P_o = P + \frac{\rho v^2}{2}$$

펌프에서 추진제는 인듀서와 임펠러를 지나면서 속도가 증가하고 이때 정압(static pressure)은 감소하게 된다. 만약 정압이 유체의 증기압 $P_v$보다 작아지면 캐비테이션이 발생한다.

펌프 내부의 최소압 $P_{\min}$은 펌프의 입구압 $P_{in}$에서 인듀서와 임펠러 구간의 속도 증가 및 형상에 의한 압력손실의 크기 $\Delta P_{ad}$를 뺀 값이다.[6]

$$P_{\min} = P_{in} - \Delta P_{ad}$$

이러한 펌프 내부 최소압 $P_{\min}$은 캐비테이션 방지를 위해 추진제의 증기압 $P_v$보다 커야 한다.

$$P_{\min} > P_v$$

따라서

$$P_{in} - \Delta P_{ad} > P_v$$

또는

$$P_{in} - P_v > \Delta P_{ad}$$

이어야 한다.

펌프의 캐비테이션 특성과 관련해서 다음의 두 용어가 자주 사용된다.

**표 A.4** 흡입헤드의 정의

| NPSH 종류 | 의 미 | NPSH값 결정 |
|---|---|---|
| 요구흡입헤드<br>NPSHr<br>(Net Positive Suction Head Required) | - 캐비테이션 피해를 방지하기 위해 펌프 입구에서 요구되는 최소 양정<br>- 펌프 정상 출구압을 2~3% 정도 감소[9] 시키는 펌프 입구헤드($P/\rho$)로 **한계흡입헤드**(NPSHc: critical net positive suction head)라고도 불림 | - 펌프 제작사가 실험으로 NPSHr을 결정한다. 즉, NPSHr은 제작된 펌프의 고유한 특성이다. |
| 유효흡입헤드<br>NPSHa<br>(Net Positive Suction Head available) | - 펌프 운용조건에서 실제 펌프 입구의 헤드를 **유효흡입헤드**(NPSHa)라고 한다. | - 펌프 사용자가 다음 식으로 계산한다.<br>$NPSH_a = \dfrac{(P_o - P_s)}{\rho}$<br>- 펌프와는 무관하게 펌프의 작동환경(입구압, 유체의 증기압 및 밀도)에 의해 결정된다. |

**캐비테이션 마진**(NPSH margin)은 유효흡입헤드(NPSHa)에서 요구흡입헤드(NHSHr)을 뺀값으로, 펌프가 캐비테이션에 대해 안전한 영역에서 운용되는지를 보여주는 척도이다.

## 다) 펌프 흡입 비속도

펌프의 **흡입 비속도(suction specific speed,** $n_{ss}$)는 펌프의 비속도 식 (A-19)와 유사한 형태로 표현된다.[10]

$$n_{ss} = 298\,\frac{\omega_{\max}\sqrt{\dot{Q}}}{NPSH_r^{3/4}} = 298\,\frac{\omega_{\max}\sqrt{\dot{Q}}}{\left[\left(P_{in,cav} - P_s\right)/\rho\right]^{3/4}} = 298\,\frac{\omega_{\max}\sqrt{\dot{Q}}}{\Delta h_{cav}^{3/4}} \qquad \text{(A-21)}$$

9 펌프시험 중에 입구압 $P_{in}$을 지속적으로 낮추다 보면 펌프 내의 작은 영역에 캐비테이션이 생기면서 펌프의 정상 출구압이 2~3% 정도 감소하는 순간이 있다. 이후 펌프 입구압을 더 낮추게 되면 캐비테이션 발생이 광범위하게 확대되어 펌프의 출구압은 급격히 떨어진다.

10 펌프의 흡입 비속도식 (A-21)은 펌프의 비속도식(A-20)처럼 상사법칙을 이용해서 유도된다.[12]

여기서 $w_{\max}$의 단위는 $[rad/s]$이고, 유량 $Q$과 $\Delta h_{cav}$의 단위는 $[m^3/s]$, $[m^2/s^2]$이다.

$\Delta h_{cav}$는 펌프의 시험을 통하여 실험적으로 구해진다. $\Delta h_{cav}$가 작을수록 캐비테이션 방지 특성(anti-cavitation property)이 좋다는 것을 의미하며, 흡입 비속도는 커진다.

펌프의 흡입비속도 $n_{ss}$는 경험값이며, 보통 펌프는 $n_{ss}=800\sim1100$ 정도이고, 캐비테이션을 억제하는 설계가 적용된 임펠러를 갖는 펌프의 경우 $n_{ss}=2000\sim2200$, 고정밀 인듀서를 포함한 고성능 펌프의 경우 $n_{ss}=3000\sim3500$에 이른다.[6,12]

$\Delta h_{cav}$과 $n_{ss}$값을 알 때 작동 조건(회전수, 유량, 양정)에서 펌프가 캐비테이션에 안전한지를 알 수 있고, 유량과 양정이 주어졌을 때 펌프에서 가능한 최대 회전수도 다음 식으로 구할 수 있다.

$$w_{\max} = \frac{n_{ss}NPSH_r^{3/4}}{298\sqrt{Q}}$$

## 제7절 | 특성속도

연소기의 **특성속도**는 추진제유량 $\dot{m}$이 연소실에서 연소될 때 연소실(연소기 아음속부)에서 생성되는 추력을 의미하며, 다음의 식으로 정의된다.

$$C^* = \frac{P_c A^*}{\dot{m}} \tag{A-22}$$

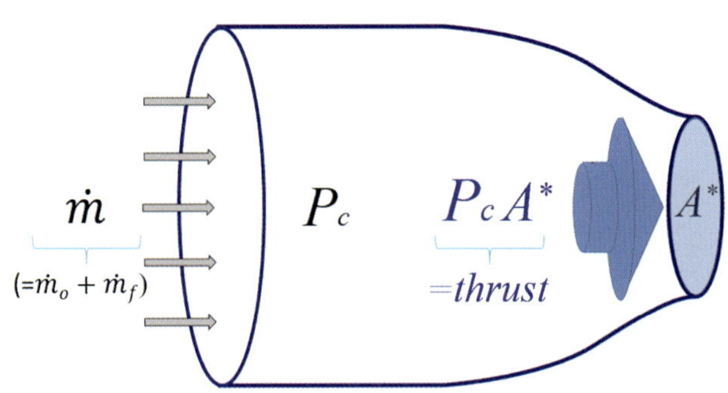


그림 A.14 특성속도의 이해

즉, 연소기의 특성속도가 크다는 것은 같은 추진제 유량에서 연소실이 큰 추력을 만들어 낸다는 뜻으로, 연소실의 성능 지표로 널리 사용된다.

이론적인 특성속도식을 얻기 위하여 노즐목 $A^*$을 통과하는 질량의 유량식을 먼저 구하고자 한다. 노즐 내부에서 등엔트로피 유동을 가정하면,

$$C_p T_o = C_p T + \frac{1}{2}v^2$$

식을 변형하면,

$$\frac{T_o}{T} = 1 + \frac{v^2}{2C_p T}$$

여기서 식에 $C_p T = \left(\frac{k}{k-1}R\right)T = \frac{a^2}{k-1}$를 대입하여 다음의 마하관계식이 얻어진다.

$$\frac{T_o}{T} = 1 + \frac{(k-1)v^2}{2a^2} = 1 + \frac{k-1}{2}M^2$$

여기서 $M = \frac{v}{a}$이다. $M = 1.0$인 노즐 목에서 $T^*, P^*, \rho^*$을 구하면,

$$\frac{T^*}{T_o} = \frac{2}{k+1}$$

$$\frac{P^*}{P_o} = \left(\frac{T^*}{T_o}\right)^{\frac{k}{k-1}} = \left(\frac{2}{k+1}\right)^{\frac{k}{k-1}}$$

$$\frac{\rho^*}{\rho_o} = \left(\frac{T^*}{T_o}\right)^{\frac{1}{k-1}} = \left(\frac{2}{k+1}\right)^{\frac{1}{k-1}}$$

$$v^* = (kRT^*)^{\frac{1}{2}} = \left(\frac{2k}{k+1}RT_o\right)^{\frac{1}{2}}$$

위 식을 이용하여 노즐목을 통과하는 유량식을 구하면

$$\dot{m} = \rho^* A^* v^* = \rho_o\left(\frac{2}{k+1}\right)^{\frac{1}{k-1}} A^* \left(\frac{2k}{k+1}RT_o\right)^{\frac{1}{2}}$$

$$= \frac{P}{RT_o}\left(\frac{2}{k+1}\right)^{\frac{1}{k-1}} A^* \left(\frac{2}{k+1}\right)^{\frac{1}{2}} \sqrt{kRT_o}$$

$$= P_c A^* \sqrt{\frac{k}{RT_o}\left(\frac{2}{k+1}\right)^{\frac{k+1}{k-1}}}$$

유량식을 특성속도식 (A-22)에 대입하면 다음의 이론적인 특성속도식이 얻어진다.

$$C^* = \frac{\sqrt{kRT_{cc}}}{k\sqrt{\left(\frac{2}{k+1}\right)^{\frac{k+1}{k-1}}}} = \frac{\sqrt{RT_{cc}}}{\sqrt{k}\left(\frac{2}{k+1}\right)^{\frac{k+1}{2(k-1)}}}$$

$$f(k)^* = \sqrt{k}\left(\frac{2}{k+1}\right)^{\frac{k+1}{2(k-1)}}$$

$$C^* = \frac{\sqrt{RT_{cc}}}{f(k)}$$

여기서 $k$는 비열비(heat capacity ratio)로 연소생성물의 팽창지수(expansion factor)를 나타낸다. $\sqrt{RT_o}$와 $f(k)$는 추진제 종류에 관계된 값으로 엔진의 다른 작동 파라미터와는 무관하다(오차는 1~2% 수준). 따라서 이론 특성속도는 오직 추진제의 종류에 따라 특정값을 갖는다. 추진제가 주어졌을 때 특성속도는 오직 연소실 내부과정의 질적 수준에 관련되어 있고, 노즐에서 일어나는 과정에는 무관하다.[6]

# 참고문헌

아래 참고문헌에서 사용한 그림에 대해서 저작권 동의를 구하였습니다. 그러나 저작권 허가를 받지 못한 일부 그림은 추후 저작권이 확인되는 대로 절차에 따라 동의를 구하도록 하겠습니다.

## 제 1 장


[1] Galeev A.G., et al., 로켓엔진과 추진기관의 시험개선 방법론: 시험설비 구성 및 시험수행의 기본 (Методология эксперименатльной отработки ЖРД и ДУ, основы проведения испытаний и устройства испытательных стендов), Киров, 2015.

[2] Jean-Marc Astorg, CNES future launcher roadmap, La Sapienza, CNES, 2019.

[3] Gubanov B.I. 에네르기아의 승리와 비극 (Триумф и трагеидя Энергии), НИЭР, 1998.

[4] Dobrovolsky M.V., 액체로켓엔진(Жидкостные ракетные двигатели), МГТУ, 2006.

[5] Frolov K.V., 로켓 우주기술(Энциклопедия: Ракетно-космическая техника) Машиностроение, 2012.

[6] Cheulwoong Kim, HaYoung Lim, GyuSik Cho, WoongRae Roh, Preliminary study on expander cycle methane engine, 70th International Astronautical Congress(IAC), Washington DC, 2019.

[7] Gahun G.G. et al., 액체로켓엔진의 구조와 설계(Конструкция и проектирование жидкостных ракетных двигателей), Машиностроение, 1989

[8] Serdyuk V.K., 우주수송시스템 설계(Проектирование средств выведения космических аппаратов), Машиностроение, 2009

[9] J-2X Extra: The Rocket Engine Development Life Cycle, Retrieved from https://blogs.nasa.gov/J2X/tag/preliminary-design-review

[10] 김철웅, 엔진시험 종합계획 연구, KARI-RET-ELN-2013-007, 2013.

[11] Moiceev V.A., Tarasov V.A., Kolmykov V.A., Filimonov A.C., 액체로켓엔진 제작 기술(Технология производства жидкостных ракетных двигателей), МГТУ, 2008.

[12] NASA systems engineering handbook, NASA SP-2016-6105, 2016.

[13] A. Iannetti, N. Girard, D. Tchou-kien, C. Bonhomme, N. Ravier, E. Edeline, Prometheus, a LOX/LCH4 reusable rocket engine, 7th EUCASS, 2017

[14] http://www.b14643.de/Spacerockets_2/United_States_1/Falcon-9/Merlin/index.htm

[15] https://www.spacex.com/news/2013/03/26/merlin-engines

[16] https://idc.nasa.gov/idc

[17] Titolo tesi, Development of LRE cooling system module in a concurrent engineering approach, University of Basilicata, 2013.

[18] https://www.dlr.de/irs/en/desktopdefault.aspx/tabid-11079/#gallery/27740

[19] A. Iannetti, N. Girard, D. Tchou-kien, C. Bonhomme, N. Ravier, E. Edeline, PROMETHEUS, A LOx/LCH4 reusable rocket engine, 7th EUCASS, 2017

[20] 김철웅, 박순영, 조원국, 액체로켓엔진 요구조건 개발, 항공우주학회 춘계학술대회, 2012.

[21] Gurtovoi A.A., Ivanov A.V., Skomorokhov G.I., Shmatov D.P., 액체로켓엔진의 설계와 해석 (Расчёт и конструирование агрегатов ЖРД), ВГТУ, 2016.

[22] ‘액체로켓엔진-2015’ 설계 작업을 위한 요구조건 (Требования к выполнению опытно-конструкторской работы <Двигатель-2015>), Roscosmos, 2010.

[23] 김철웅, 베르샤드스키 비탈리 A, 액체로켓엔진 시험-개선과정의 방법론, 추진공학회지, 2008.

[24] 러시아 국가표준 GOST R 53374-2009 (Liquid-propellant rocket engine. General requirements for production and quality inspection during supply for use), Moscow, 2009.

## 제 2 장

[1] Gahun G.G. et al., 액체로켓엔진의 구조와 설계 (Конструкция и проектирование жидкостных ракетных двигателей), Машиностроение, 1989

[2] Halchak, John A., Cannon, James L., Brown, Corey, Chapter 12: Materials for Liquid Propulsion Systems, (https://ntrs.nasa.gov/search.jsp?R=20160008869), 2018

[3] Courtesy of Bagaveev Corporation.

[4] Clément Indiana, Bastien Boust, Marc Bellenoue and Nobuyuki Azuma, Combustion of sprays from triplet injector with green propellants: ethyl alcohol and hydrogen peroxide, EUCASS2017.

[5] W. Yoon and K. Ahn, Experimental and theoretical study on spray angles of bi-swirl coaxial injectors, Journal of Applied Fluid Mechanics 11(5), 2018

[6] Dongjun Kim, Poonggyoo Han, Ji-Hyuk Im, Youngbin Yoon and Vladimir G. Bazarov, Effect of Recess on the Spray Characteristics of Liquid-Liquid Swirl Coaxial Injectors,

Journal of propulsion and power, Vol. 23, No. 6, 2007.

[7] S. Candel, G. Herding, R. Synder, P. Scouflaire, C. Rolon, L. Vingert, M. Habiballah, F. Grisch, M. Pealat, P. Bouchardy, D. Stepowski, A. Cessou and P. Colin, Experimental Investigation of Shear Coaxial Cryogenic Jet Flames, Journal of Propulsion and Power, Vol. 14, No. 5, 1998.

[8] Kanmaniraja Radhakrishnan, Numerical study on spray and Combustion Characteristics of LOX/GCH4 in Variable Area Pintle Injector, KAU, 2020

[9] Gordon A. Dressler and J. Martin Bauer, TRW Pintle Engine Heritage and Performance Characteristics, AIAA 2000-3871.

[10] Albat, R., Langel, G., Haidn, O.J., “Antriebssysteme”, in Ley, Wittmann, Hallmann (Eds.) “Handbuch der Raumfahrttechnik”, Hanser Verlag, to be published 2007

[11] Oskar J. Haidn, Advanced Rocket Engines, In Advances in Propulsion Technology for High-speed Aircraft (pp. 6-1~6-40) Educational Note RTO-EN-AVT-150.

[12] Ponomarenko A., RPA(Rocket propulsion analysis) ver. 2.3 User Manual, 2017

[13] http://www.hydro-pnevmo.ru/topic.php?ID=45

[14] Introduction to Regulator Theory and Operation, Retrieved from http:// www.swagelok.com

[15] Martin J. L. Turner, Rocket and Spacecraft Propulsion: Principles, Practice and New Developments, 2nd ed..

[16] Ivanov A.V., Skomorokhov G.I., Shmatov D.P., 액체로켓엔진 설계 (Конструирование жидкостных ракетных двигателей: дипломное проектирование), ВГТУ, 2016

[17] Presentation Film, Yuzhnoye State Design Office, 2010.

[18] R.P. Jewett & J.A. Halchak, The Use of Alloy 718 in the Space Shuttle Engine, Rocketdyne, 1991.

[19] 김철웅, 재사용 관점에서 SSME 엔진의 교훈, 항공우주시스템공학회 추계학술대회, 2018.

[20] Trofimov V.F., 꿈의 실현 (Осуществление мечты), Машиностроение, Полет, 2001.

[21] 다양한 연료를 사용하는 로켓 추진시스템의 효율성과 무게-체적 특성 (Эффективность и массогабаритные характеристики ракетной двигательной установки на различных топливах), 학회 Шаг в будущее, МГТУ.

[22] Eugene Minick, Mass Properties Consultant for the Liquid Fly-Back Booster Project, 1998.

[23] Jean-Marc astorg, CNES future launcher roadmap, La Sapienza, 2019.

## 제3장


[1] Ivanov A.V., Skomorokhov G.I., Shmatov D.P., 액체로켓엔진 설계 (Конструирование жидкостных ракетных двигателей: дипломное проектирование), ВГТУ, 2016

[2] Oskar J. Haidn, Advanced Rocket Engines, In Advances in Propulsion Technology for High-speed Aircraft, Educational Note RTO-EN-AVT-150.

[3] www.kari.re.kr (홍보용 비디오 캡처)

[4] Dobrovolsky M.V., 액체로켓엔진 (Жидкостные ракетные двигатели), МГТУ, 2006.

[5] http://www.lpre.de

[6] www.spacex.com

[7] Anatoly Koroteev, Leonid Samoilov, 러시아의 전망있는 액체로켓엔진 (Перспективные ЖРД России), Журнал Двигатель, No. 2 (8) 2000.

[8] Katorgin B.I., 대형 액체로켓엔진 제작 전망 (Перспективы создания мощных жидкостных ракетных двигателей), Вестник Российской Академии Наук, том 74, No. 3, 2004.

[9] Berezanskaya E.L., Kusaev H.V., Kudryavtseva D.V., Kurpatenkov D.V., 졸업 인증을 위한 터보펌프 공급방식 엔진의 구조 선정 및 주요파라미터 계산 설계프로젝트용 방법 지시서 (Методические казания для дипломного проектирования по выбору и расчету основых параметров схемы двигателя с турбонасосной подачей тпоилва), МОЛАИ, Москва, 1979.

[10] Gurtovoi A.A., Ivanov A.V., Skomorokhov G.I., Shmatov D.P., 액체로켓엔진 구성품의 설계와 해석 (Расчет и конструирование агрегатов ЖРД), ВГТУ, 2016.

[11] Egorychev V.C., 액체로켓엔진 연소기 설계와 계산 (Термодинамический расчет и проектирование камер ЖРД с СПК TERRA), СГАУ, 2013.

[12] Ronald W.H., Space Propulsion Analysis and Design, McGraw-Hill, 1995.

[13] Bissell W.R., Rocket Engine Turbopump Tutorial, Rockwell Internation, Rocketdyne Division, 1985.

[14] Zachary A.T., Advanced Space Engine [Preliminary design], NASA CR-121236, Rocketdyne Division, 1973

[15] Roberto Garcia, Robert Williams, Shawn Fears, Hydrodynamic Design of the Fastrac Turbopump, NASA/TM-1998-207922, NASA, 1998.

[16] Иванов А.В., 액체로켓엔진용 터보펌프의 설계와 계산 (Расчет и профилирование шнекоц

ентробежного насоса турбонасосного агрегата ЖРД), ВГТУ, 2010.

[17] Belyaev E.N., Chvanov V.K., Chervakov V.V., 액체로켓엔진 작동 과정의 수학적 모델링 (Математическое моделирование раб очего процесса жидкостных ракетных двигателей), МАИ, 1999.

## 제4장

[1] Belyaev E.N., Vorobiev A.G., 액체로켓엔진의 에너지밸런스 해석 (Энергетическая увязка параметров жидкостного ракетного двигателя), МАИ, 2016.

[2] Berezanskaya E.L., Kusaev H.V., Kudryavtseva D.V., Kurpatenkov D.V., 졸업 인증을 위한 터보펌프 공급방식 엔진의 구조 선정 및 주요파라미터 계산 설계프로젝트용 방법 지시서 (Методические казания для дипломного проектирования по выбору и расчету основных параметров схемы двигателя с турбонасосной подачей тпоилва, МОЛАИ, Москва, 1979. ка параметров жидкостного ракетного двигателя), МАИ, 2016.

[3] Egorychev V.C., 액체로켓엔진 연소기 설계와 계산 (Термодинамический расчет и проектирование камер ЖРД с СПК TERRA), СГАУ, 2013.

[4] Ronald W.H. Gary N. H., Wiley J. Larson, Space propulsion analysis and design, McGraw-Hill, 1995.

## 제5장

[1] Martin J. L. Turner, Rocket and Spacecraft Propulsion. Principles, Practice and New Developments 2nd ed., Springer, 2006.

[2] Antonio Cantiani, Design of a Centrifugal Pump for an Expander Cycle Rocket Engine, Università Degli Studi Della Basilicata, 2015.

[3] 로켓 터보 펌프의 연구 개발: 35년간의 추억(ロケットターボポンプの研究開発: 35年間の思い出) Tohoku University Press, 2013.

[4] Belyaev E.N., Vorobiev A.G., 액체로켓엔진의 에너지밸런스 해석 (Энергетическая увязка параметров жидкостного ракетного двигателя), МАИ, 2016.

[5] Fatuev Igor Yuryevich, 상업용 로켓 1단을 위한 RD-120 엔진의 변경에 관한 문제 연구 (Исследования проблем, связанных с модификацией двигателя РД-120 для первых ступеней ракет-носителей коммерческого назначения), Москва, 2003.

[6] Zenith Land launch User's Guide, Sea Launch Company, 2004.

[7] Frolov K.V., 로켓 우주기술 (Жнциклопедия: Ракетно-космическая техника) Машиностроение, 2012.

[8] http://engine.space/dejatelnost/engines/rd-120/

[9] http://www.yuzhmash.com

[10] Jean-Marc Astorg, CNES Future Launcher Roadmap, La Sapienza, CNES, 2019.

## 제6장

### 제1절 Merlin 1D 엔진 (케로신 가스발생기 사이클)

[1] https://www.spacex.com

[2] en.wikipedia.org/wiki/SpaceX_Merlin

[3] SpaceX Instagram (https://www.instagram.com/p/Bc8lfJ0l2X3/)

[4] 김철웅, Merlin 엔진의 성능 연구, 한국추진공학회 추계학술대회, 경주, 2018

### 제2절 RD-170 계열 엔진 (케로신 다단연소 사이클)

[1] Trofimov V.F., 꿈의 실현 (Осуществление мечты), Машиностроение, Полет, 2001.

[2] 김철웅, 조원국, 박순영, 설우석, 러시아와 우크라이나의 액체로켓엔진 개발 동향, 항공우주산업기술동향 8권 2호 (2010) pp. 45~54

[3] 김철웅, RD-180 엔진의 설계 및 운용상 특징, 한국우주과학회 추계학술대회, 2011.

[4] George P. Sutton, History of Liquid Propellant Rocket Engines, AIAA, 2006.

[5] Development and Characteristics of the Russian-American RD-180 Rocket Engine, AIAA Technical Activities Joint Propulsion Conference, Indianapolis, 2002.

[6] Katorgin B. I. et al., US6226980B1, Liquid-propellant Rocket Engine with Turbine Gas Afterburning

[7] Belyaev E.N., Vorobiev A.G., 액체로켓엔진의 에너지밸런스 해석 (Энергетическая увязка параметров жидкостного ракетного двигателя), МАИ, 2016.

[8] George P. Sutton & Oscar Biblarz, Rocket Propulsion Elements 9th ed., Wiley, 2016

### 제3절 Vulcain 엔진 (수소 가스발생기 사이클)

[1] https://www.flightglobal.com/vulcain-main-propulsion-system/15773.article

[2] George P. Sutton - History of Liquid Propellant Rocket Engines-AIAA (2005)

[3] Wolfgang Kitsche, Operation of a Cryogenic Rocket Engine; An Outline with Down-to-earth and Up-to-space Remarks, Springer, 2010

[4] Snecma brochur

[5] https://ntrs.nasa.gov/archive/nasa/casi.ntrs.nasa.gov/20140002716.pdf

[6] ASTRKUM Homepage, http://cs.astrium.eads.net/sp/launcher-propulsion/rocket-engines/vulcain-rocket-engine.html

[7] E. Kirner, D. Thelemann and D. Wolf, Development Status of the Vulcain Thrust Chamber, Acta Astronautica Vol. 29, No. 4, 1993.

[8] John A. Halchak, James L. Cannon, Corey Brown, Materials for Liquid Propulsion Systems, (from https://ntrs.nasa.gov)

[9] Haggander, J., et al, "Current Status of Laser Welded Sandwich Nozzle' AIAA-2002-4146 $38^{th}$ Joint Propulsion Conference, July 07-10, 2002

[10] Ryden, R., et al, "The Volvo Aero Laser Welded Sandwich Nozzle for Booster Engines" IAC-04-IAC-S.3.07 International Astronautical Conference, Vancouver, Canada Oct 4-8, 2004

[11] http://cs.astrium.eads.net/sp/launcher-propulsion/rocket-engines/vulcain-rocket-engine.

[12] $LH_2$ Turbine of Vulcain and Vulcain 2 engines, VOLVO AERO.

[13] LOX Turbine of Vulcain and Vulcain 2 engines, VOLVO AERO.

**제4절** SSME (수소 다단연소 사이클)

[1] Mark Landas, Space Shuttle Launch System 1972-2004, Osprey, 2004

[2] https://io9.gizmodo.com/early-design-specs-show-the-space-shuttle-could-have-be-1528524224

[3] Rosa Lynn B. Pinkus et al., Engineering ethics : Balance cost, schedule, and Risk Lessons Learned from the Space Shuttle, Cambridge University Press, 1997.

[4] Wikipedia (Space shuttle main engine)

[5] V.A. Bersadsky et al., the Basis of Ground Test Technology for Liquid Propellant Rocket, MAI, Moscow, 2016.

[6] Space Shuttle Main Engine Orientation, Space Transportation System Training Data, Rocketdyne, 1998.

[7] W. T. Chandler, Hydrogen Embrittlement and its Control in Hydrogen-fueled Engine System, Rocketdyne,

[8] R.P. Jewett & J.A. Halchak, The Use of Alloy 718 in the Space Shuttle Engine, Rocketdyne, 1991.

[9] A. S. Torgashin et al., FUTURE DEVELOPMENTS REUSABLE ROCKET ENGINE, Actual Problems of Aviation and Space Technology, 2016. [in Russian]

[10] A.I. Kuzin et al., Rational Selection of Components for Liquid Rocket Engine of the 1st Stage of Reusable Rocket, Aerospace Technology vol. 1, 2010. [in Russian]

[11] J.C. Blair, et al, Lessons Learned in Engineering, NASA/CR-2011-216468, 2011

[12] Report 99-1016, Investigation of the Challenger Accident, Washington, 1986. p.91

[13] R.S Ryan and L.A. Gross, Developmental Problems and Their Solution for the Space Shuttle Main Engine Alternate Liquid Oxygen High-Pressure Turbopump : Anomaly or Failure Investigation the Key, NASA Technical paper 3553, 1995.

[14] F. Jue and F. Kuck, Space Shuttle Main Engine Options for the Future Shuttle, AIAA 2002-3758

[15] RI/RD87-142, SSME Pocket Data(SSME Ground Servicing Procedures), 1989.

[16] 김철웅, 재사용 관점에서 SSME 엔진의 교훈, 항공우주시스템공학회 추계학술대회, 2018

### 제5절 RL10 (수소 팽창식 사이클)

[1] Dobrovolsky M.B., 액체로켓엔진 (Жидкостные ракетные двигатели), МГТУ, 2006.

[2] Wikipedia (Photo: An RL10A-4 engine in London's Science Museum)

[3] RL10 Turbopump Cutaway (https://www.youtube.com/watch?v=yAg6GSeTBo4)

[4] RL10 liquid rocket engine installation handbook, Rratt & Whitney Aircraft, 1966.

[5] 조원국, 김철웅, 팽창기 사이클 액체로켓엔진 성능 해석: RL10A-3-3 벤치마킹, 한국항공우주학회 추계학술대회, 2019.

### 제6절 프로메테우스 엔진 (메탄 가스발생기 사이클)

[1] https://www.esa.int/Enabling_Support/Space_Transportation/Prometheus_to_power_future_launchers

[2] P. Simontacchi et al., Prometheus: Precursor of New Low-cost Rocket Engine Family, Space

Propulsion Conference, Seville, 2018

[3] Jean-Marc Astorg, Plenary Session (Head of Agencies Round Table on Space Missions: Mid and Long Term Policies), Space Propulsion 2016, ROMA, 2016.

[4] Jean-Marc Astorg, CNES Future Launcher Roadmap, La Sapienza, CNES, 2019.

[5] C. BONHOMME, A. IANNETTI, N. GIRARD, D. TCHOU-KIEN, N. RAVIER, E. EDELINE, P. DANOUS, Prometheus: European Next Generation Liquid Rocket Engine, IAC 2017.

[6] A. Iannetti, N. Girard, D. Tchou-kien, C. Bonhomme, N. Ravier, E. Edeline, PROMETHEUS, A LOX/LCH4 REUSABLE ROCKET ENGINE, 7th EUCASS, 2017,

### 제7절 BE-4 (메탄 다단연소 사이클)

[1] https://www.blueorigin.com/engines

[2] 김철웅, 조규식, 노웅래, 미국의 재사용 발사체 개발, 항공우주산업기술동향 17권 1호, 2019.

[3] https://en.wikipedia.org/wiki/BE-4

[4] https://forum.nasaspaceflight.com/index.php?action=dlattach;topic=39674.0;attach=1101339;image

### 제8절 랩터 엔진 (메탄 full-flow 다단연소 사이클)

[1] https://www.spacex.com

[2] https://en.wikipedia.org/wiki/SpaceX_Raptor

[3] https://www.nasaspaceflight.com/2016/10/its-propulsion-evolution-raptor-engine

### 제9절 M10 엔진 (메탄 팽창식 사이클)

[1] D. Kajon, D.Liuzzi, C. Boffa, M. Rudnykh, D. Drigo, L. Arione, N. Ierardo, A. Sirbi, Development of the Liquid Oxygen and Methane M10 Rocket Engine for the Vega-E Upper Stage, EUCASS, 2019.

[2] Pietro Tadini et al., Technological Activities for the Development of ALM Thrust Chamber for M10 Rocket Engine, EUCASS, 2019.

[3] avio.com/en/vega/vega-e/vega-e-mira-motor

[4] Mikhail Rudnykh, Stefano Carapellese, Daniele Liuzzi, Luigi Arione, Giuseppe Caggiano, Paolo Bellomi, Emanuela D'Aversa, Rocco Pellegrini, S.D. Lobov, A.A. Gurtovoy, V.S. Rachuk, Development of LM10-MIRA LOX/LNG Expander Cycle Demonstrator Engine, Acta Astronautica, 2016.

[5] P. Bellomi, M. Rudnykh, S. Carapellese, D. Liuzzi, G. Caggiano, L. Arione, A.A. Gurtovoy, S.D. Lobov, V. S. Rachuk, E. D£Aversa, A. De Lillis, and R.C. Pellegrini, Development of LM10-MIRA Liquid Oxygen-liquid Natural Gas Expander Cycle Demonstrator Engine, Progress in Propulsion Physics 11, 2019.

### 제10절 Rutherford 엔진 (전기 펌프 사이클)

[1] https://www.rocketlabusa.com

[2] Grush, Loren, “A 3D-Printed, Battery-Powered Rocket Engine”, Popular Science (15 April 2015).

[3] https://en.wikipedia.org/wiki/Rocket_Lab_Rutherford

[4] https://en.wikipedia.org/wiki/Electron_(rocket)

[5] https://en.wikipedia.org/wiki/Electric-pump-fed_engine

[6] Hyun-Duck Kwak, Sejin Kwon, Chang-Ho Choi, Performance Assessment of Electrically Driven Pump-fed LOX/kerosene Cycle Rocket Engine: Comparison with Gas Generator Cycle, Aerospace Science and Technology, 77, 2018.

[7] Pable Rachov, Hernan Tacca y Diego Lentini, Electric Feed Systems for Liquid Propellant Rocket Engines, Research Report, 2010.

[8] 김철웅, 임병직, 이금오, 서대반, 소형발사체 상단엔진 사이클 비교 분석, 한국항공우주학회 추계 학술대회, 2020.

## 부록

[1] Sir Isaac Newton, Principia: Book 3, On the system of the world, 1687

[2] George P. Sutton & Oscar Biblarz, Rocket Propulsion Elements 9th ed., Wiley, 2016

[3] https://ru.wikipedia.org/wiki/формула_Циолковского

[4] https://www.grc.nasa.gov/www/k-12/rocket/rktcontrl.html

[5] B. K. Wood, “Propulsion for the 21st Century-RS-68”, AIAA Paper 2002-4324, 2002

[6] Dobrovolsky M.V., 액체로켓엔진 (Жидкостные ракетные двигатели), МГТУ, 2006.

[7] Y. Demyanenko et al., Single-Shaft Turbopumps in Liquid Rocket Engines, AIAA 2006-4377.

[8] Christopher E. Brennen, Cavitation and bubble dynamics, Oxford University press, 1996.

[9] Tomita, Y. and Shima, A. (1990). High-speed Photographic Observations of Laser-induced Cavitation Bubbles in Water. Acustica, 71, No. 3, 161-171.

[10] Christopher E. Brennen, A Review of the Dynamics of Cavitating Pumps, Jorunal of Fluids Engineering, ASME, 2013.

[11] George P. Sutton, Oscar Biblarz, Rockct Propulsion Elements, 9th ed., WILEY, 2017.

[12] Ovsyannikov B.V., Dorovsky B.I., 액체로켓엔진 터보펌프의 이론과 해석 (Теория и расчет агрегатов питания жидкостных ракетных двигателей), Машиностроение, 1986.

# 찾아보기

ㅅ



ㅇ

### ㅎ



### 기타

# 액체로켓엔진

지은이 김철웅
펴낸이 조경희
펴낸곳 경문사
펴낸날 2020년 11월 20일 1판 1쇄
등 록 1979년 11월 9일 제1979-000023호
주 소 04057, 서울특별시 마포구 와우산로 174
전 화 (02)332-2004 팩스 (02)336-5193
이메일 kyungmoon@kyungmoon.com

값 20,000원

ISBN 979-11-6073-409-6
ISBN 979-11-6073-418-8 (세트)